화려한 싱글보다 다정한 부부가 좋다

행복한 결혼

위기의 결혼

송정아 저

태영출판사

머리말

결혼은 하나님과 사람 앞에서 부부가 하나 되어 사랑을 나눌 수 있는 공식적인 허가를 받는 예식이다. 따라서 많은 사람들은 결혼을 하게 되면, 행복이 거저 올 것이라 기대들을 한다. 하지만 부부가 한때를 사랑하긴 쉬워도 평생을 변함없이 사랑하기란 결코 쉬운 일은 아닐 것이다.

행복한 가정은 부부가 지치고 힘들 때, 집으로 돌아오게 하는 힘이 있다. 추운 겨울날 따뜻한 아랫목을 찾아 가듯이, 찾아가면 언제나 따뜻한 쉼이 있는 곳, 문을 열고 들어갔을 때 풍기는 구수한 음식 냄새가 있는 그런 곳이다. 그래서 행복한 가정의 사랑의 정원에는 사랑과 희락과 화평과 오래 참음과 자비와 양선과 충성과 온유와 절제와 용서가 어우러져 행복을 꽃피우는 그런 곳이다.

그런데 우리는 언제부터인가 일하기 위해 사는 것처럼 너무나 바쁘게 살아가고 있다. 정신없이 하루하루를 살아가느라 하나님의 음성과 말씀에 귀를 기울일 마음의 여유가 없다. 시간을 조금 내어 하나님의 세미한 음성과 말씀에 마음의 귀를 기울여 보면, 그 속에 살아 움직이는 숨겨진 생명의 빛과 소중한 지혜들이 있음을 발견하게 되는데도 말이다.

필자는 근 20년 넘게 상담을 해 오면서 많은 문제의 가정들을 만나게 되었다. 부부문제, 자녀문제, 이성문제, 성문제, 고부간의 갈등, 부모와의 갈등, 친구와의 갈등 등…… 우리의 삶이란 어쩌면 문제의 연속인지도 모른다. 다 같이 부딪히는 문제의 삶이지만 어느 가정은 문제를 쉽게 풀어 나가는 가정이 있는가 하면, 어느 가정은 그 문제에 푹 빠져 앞을 보지 못하는 암담한 가정들도 있다. 건강한 가정은 건강한대로, 연약한 가정은 연약한대로 그들만이 갖는 문제들이 있기 마련이다.

'행복한 결혼 위기의 결혼'은 그동안 필자가 신문과 월간지에 실었던 칼럼들, 그리고 세미나 내용들을 모아서 한 권의 책으로 나오게 되었다. 칼럼을 쓰는 동안 부족한 글을 읽어 주시고 분에 넘치는 사랑을 보여주었던 많은 독자들에게 깊은 감사를 드린다. 제1장은 결혼이 주는 의미에 대하여, 제2장은 아름다운 성, 제3장은 중년기, 제4장은 노년기의 결혼과 부부생활에 대하여 진술하였다. 제5장 상담의 글은 어느 특정의 개인 사례가 아니라 같은 종류의 여러 사례들을 통합하여 저자가 편지형식을 빌어 구성하였다. 어느 가정이나 부딪힐 수 있는 흔한 문제의 사례들이므로 누구나 읽으면 도움이 되리라 생각한다.

본서에서 진술한 것처럼, 우리는 인생의 바다를 항해하는 항해사들이다. 때로는 잔잔한 파도 위를 미끄러지듯 나아갈 때도 있고, 때로는 폭풍우를 만나 금방 배가 파선할 것 같은 위기의 상황들도 있다. 인생의 바다에서 크고 작은 문제의 파도에 부딪혔을 때 우리는 금방 실망하고 좌절하며 삶을 포기하고 싶은 생각을 한다. 그러나 바로 이 때가 부부가 서로 손을 맞잡고 기도하며 힘을 모을 때이다. 주님과 함께 그 파도를 넘고 나면 평화의 바다가 있고 우리는 그 곳에서 다시 행복을 꽃피울 수 있다.

상담을 하면서 전문가로서의 경험과 지식, 기술 등 모든 것을 동원해도 해결할 수 없는 한계 상황에 부딪힐 때가 종종 있다. 그럴 때마다 나에게 힘과 용기, 지혜를 주셨던 분은 예수님이셨다. 내가 아무것도 할 수 없어 지쳐 있을 때에도, 그분은 항상 내 곁에서 친히 상담해 주시고 많은 문제들을 해결해 주셨다.

"너희는 내게 부르짖으라. 내가 네게 응답하겠고, 네가 알지 못하는 크고 비밀한 일을 네게 보이리라"(예레미아 33:3).

상담을 하거나, 어려움에 직면할 때면, 나는 주님을 더 자주 찾는다. 상담을 통해서 가까이 계시는 주님, 크고 비밀한 것을 보여주시는 주님을 더 가까이 만날 수 있기 때문이다.

부족한 글이지만 독자들의 삶에 많은 도움이 되는 지혜의 글이 되기를 소망하면서, 항상 옆에서 격려하며 용기를 주는 남편과 자신들의 일들을 잘 알아서 해 주는 두 아들들에게 깊은 감사를 보낸다. 그리고 출판을 허락해 주신 태영출판사 김현태 사장님과 편집부 직원 모두에게 감사드리며, 이 글을 정리하는 동안 옆에서 도와준 류은정과 진미경 선생님에게 감사를 드린다. 마지막으로 나의 위대한 스승이며 상담 감독자이신 예수님께 깊은 감사를 드린다.

2006년 8월
방배골에서
송 정 아

차 례

제 1 장

결혼이 주는 의미

행복한 결혼 생활을 하고자 하는 갈망은 인간 누구에게나 주어진 욕구 중의 하나이다. 일생을 통해서 우리는 수없이 많은 결혼식에 참여하게 된다. 주로 손님으로 참석하게 되지만 언젠가 적어도 한 번은 주인공이 되기를 누구나 기대해 본다. 그런데 많은 사람들의 축복과 기대 속에서 이루어졌던 가정들이 요즈음은 어이없이 허물어져 가고 있다.

통계청 발표에 의하면, 2002년도 우리 나라의 이혼율은 47.9%로 OECD 국가 중 제 2위였고, 2003년도는 결혼한 부부 두 쌍 중 한 쌍이 이혼을 하는 가장 높은 이혼율(53%)을 보이다가 2004년도부터 44.8%, 2005년도 40.6%로 다소 감소하고 있다. 그러나 여전히 높은 이혼율을 보이고 있다.

따라서 이혼으로 말미암아 어려움을 당하는 숫자가 교통사고로 인해 고통을 당하는 숫자보다 훨씬 많을 것이라 생각된다.

그 결과, 많은 청소년들이 한부모 슬하에서 양육을 받고 있으며, 그 여파로 독신 생활 예찬론자들이 점점 늘어가고 있는 실정이다. 또한 청소년 범죄가 증가하고 있고, 마약과 알코올 중독자, 십대들의 임신 및 임산부들이 우리 사회의 큰 골칫거리가 아닐 수 없다.

이혼한 가정, 독신자들의 가정, 이혼한 가정끼리 결합한 혼합가정들이 전통적인 가정의 숫자를 능가하고 있으며, 강의실 어느 곳에서도 이제는 전통적인 가정의 의미에 대해 논하는 모습은 찾아보기 힘들다. 전통적인 가정이 이상적인 가정이라고 논의를 하려고 하면 공격의 화살들이 이 곳 저 곳 사방에서 수없이 날아든다. 과연 이 시대의 가정들은 무엇을 향해서 어디로 달려가고 있는 것일까?

요즈음 사람들은 너무나 영악하고 똑똑하다. 자기 자신만을 사랑하지 남을 사랑하거나 이해할 줄을 모른다. 이해는커녕 남의 말에 귀기울일 줄 모르며, 가족의 구성원들조차도 서로의 생각을 받아들이거나 전달할 줄도 모른다. 더욱이 허물을 용서하거나 흉허물 없이 터놓고 대화를 하기에는 가족 구성원들의 마음이 너무나도 강퍅해져 있다. 오로지 일하기에 바쁘며 항상 돈을 벌기에 쫓기는 몸이다.

이렇듯 많은 가정들이 문제들을 껴안고 자기도 모르는 사이에 벼랑 끝으로 곤두박질치고 있다. 모두가 그 와중에 휘청거리고 있는데, 이 혼돈스러운 가정의 위기 속에서 우리 가정만은 안전하리라고 누가 과연 장담할 수 있겠는가?

자녀들을 잘 키워 보려고, 더 잘 살아 보려고 무진 애를 쓰고 있지만 모든 것이 우리의 뜻과 같이 이루어지지만은 않는다.

우리는 지금 이러한 혼돈 속에 살고 있다. 이 혼돈의 와중에 휩쓸려 곧 허물어져 버릴 모래성을 오늘도 쌓아 가고 있지는 않은지…… 아니면 반석 위에 지은 집처럼 건강하고 견고한 가정생활을 유지하고 있는지 다시 한 번 우리의 가정에, 그리고 가족구성원 모두에게 끊임없는 사랑의 마음과 눈길을 돌려야 할 때이다.

더 늦기 전에 사랑하는 기술, 대화하는 기술을 배우고 익혀서 더욱더 사랑하고, 더욱더 사랑받는 행복한 남편과 아내가 되시기를 두 손 모아 기원한다.

결혼의 의미

우리가 수없이 듣고 흘려버리는 '결혼'이라는 평범한 단어에 대해서 나는 때때로 진지하게 생각해 보곤 한다. 그리고 그 말의 의미가 다른 사람들에게는 어떻게 전해지고 또 받아들여지고 있는지도 궁금하다.

예를 들면, 감미로운 사랑이나 달콤한 행복으로 가득 찬 즐겁고 축복된 결혼을 생각하는지, 아니면 증오스러운 결혼이나 아주 권태롭고 냉랭한 기운이 도는 결혼 분위기를 연상하는지 말이다. 아무튼 결혼에 대한 느낌과 생각은 개인에 따라서 또는 그가 처해 있는

상황에 따라서 달라질 수 있다고 본다.[1)]

1. 세상적인 결혼관 대 성경적 결혼관

우리가 잘 아는 세계적인 철학자 소크라테스는 결혼관을 묻는 제자들에게 "어떻든 간에 결혼은 하고 볼 일이다. 만일 여러분이 좋은 아내를 만난다면 두 배의 축복을 받을 것이고 반대로 나쁜 아내를 만난다면 철학자가 될 것이다"라고 말했다고 한다.

전해 오는 대로 소크라테스의 아내 크산티페는 세계에서 가장 악명 높은 악처 중의 하나였다고 한다. 악처인 크산티페의 행동거지에서 갈등은 시작되었고, 그 갈등은 소크라테스로 하여금 심오한 진리를 깨닫게 하여 세계적인 철학자가 될 수 있도록 생각할 기회를 주었던 것 같다.

쇼펜하우어는 염세주의자답게 "결혼은 무덤이다"라고 표현했고, 또 키에르케고르는 "결혼은 해도 후회하고 안 해도 후회한다. 그러나 해도 안 해도 후회할 바에야 결혼을 하고 후회하는 것이 결혼을 안 하고 후회하는 것보다 낫지 않겠는가"라고 말했다고 한다. 또 결혼을 '도박'이라고 표현하는 사람들도 있다.

위의 글들은 어딘지 모르게 결혼에는 모험이 따르는 듯한, 다시 말해 잘하면 좋고 잘못하면 위기가 따른다는 것을 암시하고 있는 것 같다.

결혼은 과연 도박과 같은 것일까?

그렇다면 도박은 어떠한 것인가?

---

1) 송정아(1991). 결혼이 주는 의미. 생명의 말씀사.

도박은 들어오는 패에 따라 결정되는 한판 승부이다. 좋은 패가 들어오면 한판 멋지게 이기는 것이고, 나쁜 패가 들어오면 질 수밖에 없는 것이 도박이다. 정말 우리의 결혼이, 신랑과 신부의 만남이 패에 따라 좌우되는 한판 승부의 도박과 같은 것일까? 결코 그렇지 않으리라.

주님을 모르는 세상 사람들에게는 결혼이 도박과 같아 보일지도 모른다. 그들의 기준은 세상적인 것에 있기 때문에 학식 있는 신랑이나 장관집, 차관집의 명문 규수나 또는 부잣집 딸을 만나게 되면 그들의 결혼이 저절로 행복해지고, 그들의 일생이 저절로 성공하는 줄 안다.

그러나 예수를 믿는 그리스도인들에게는 결혼이 결코 도박일 수가 없다. 그것은 신랑 신부가 도박판에서 나누어 주는 패처럼 좋은 아내로 좋은 남편으로 태어나는 것이 아니라 자기 자신을 좋은 아내, 좋은 남편으로 만들어 가는 것이기 때문이다.

하나님의 말씀의 거울에 자신의 생각과 말과 행동을 비추어 보면서 좋은 아내가 되기 위하여, 좋은 남편이 되기 위하여 노력하며 만들어 가는 것이다. 배우자를 내 뜻과 내 틀에 맞추려고 노력하는 것이 아니라 배우자의 있는 모습 그대로를 받아들이며 그것에 나 자신을 적응시키며 맞추려고 노력할 때 하나님께서 원하시는 좋은 아내의 모습으로, 좋은 남편의 모습으로 만들어지며 다듬어져 가는 것이다. 이것이 그리스도인의 행복한 결혼 생활이고 서로 사랑하며 사랑받는 부부의 참모습이라고 생각한다.

2. 결혼이란

그렇다면 독자들이 생각하는 결혼의 의미는 무엇일까?

모든 사람들은 각자 자기 자신의 결혼관이 있고 또 자신의 결혼관에 따라 결혼의 의미도 다르게 조명되어진다. 그리고 한 사람의 결혼관도 나이에 따라서 다르게 비춰질 수 있다.

예를 들면, 감정이 풍부한 사춘기에는 보랏빛 베일에 가려진 그 어떤 신비로운 것, 또는 오색찬란한 무지개 빛이나 장미의 그윽한 향기로 가득 찬, 아름답고 낭만적인 결혼을 그려 보게 된다.

그러나 막상 결혼을 하고 보면 그렇게 황홀해 보이던 보랏빛 베일들이 하나 둘씩 퇴색해 가고 신혼의 단 꿈도 시들해져 간다. 그리고 사랑의 열매인 자녀들이 주렁주렁 줄을 이어 갈 때면, 사랑의 기쁨보다는 부부간의 갈등과 마찰로 얼룩질 때가 더 많이 있다는 것을 알게 된다. 그리하여 결혼은 결코 사춘기에서 보는 것과 같이 꿈과 낭만으로만 가득 찬 황홀한 것이 아니라는 사실을 깨닫게 된다. 이것이 젊은 부부에게서 느끼는 결혼의 의미이다.

또 자녀들이 성장하여 하나 둘씩 부모의 곁을 떠나가고, 혼자 덩그러니 빈 집에 남아서 결혼이 무엇이며 나는 누구인가? 누구를 위하여 지금껏 살아왔으며 앞으로 무엇을 할 것인가를 재음미해 보는 중년에서 느끼는 결혼의 의미 또한 다르리라고 생각한다.

나이를 먹어감에 따라 그 동안 젊음을 다 바쳐 일해 온 직장으로부터 또는 사업장으로부터 정년퇴임을 하고, 살아온 생애보다는 남은 여생이 얼마나 될까를 헤아려 보게 된다. 뿐만 아니라, 화살처럼 빠르게 지나가 버린 지난날들을 되돌아보며, 앞으로의 여생을 어떻게 보낼 것인지 생각하며, 죽음의 문턱에 서 있는 노년기에서 보는 결혼관 또한 다를 것이다.

그러기에 결혼과 가족을 연구하는 많은 학자들은 결혼과 가족에 대한 정의(定義)들을 꾸준히 내려오고 있다. 그러나 어느 누구도 이것이 절대적인 정의라고 말할 수 없는 것은 이러한 다양성 때문이다.

그럼에도 불구하고 가족생활을 연구하는 한 전문가로서 결혼에 대한 정의를 진술한다면 "결혼은 불완전한 두 인격체가 서로 만나서 하나의 성숙하고 통합적인 인격체를 이루기 위해 노력하는 과정"이라고 표현하고 싶다.

이 성숙하고 통합적인 인격체를 이루기 위한 노력의 과정 속에는 결혼 그 자체가 행복을 거저 가져다 주는 것은 결코 아니라는 사실이다. 서로 다른 배경에서 성장한 두 남녀가 부단한 노력이 없이는 결코 성숙한 결혼 생활과 원만한 가족생활을 이룰 수 없다는 말이다.

부부 생활 세미나를 인도할 때면 필자는 청중들에게 곧잘 이렇게 묻곤 한다. "가족생활 전문가인 저희 부부에게는 문제가 있을까요? 없을까요?"

대부분 "없어요"라고 대답하는가 하면, 어느 분은 "있어요" 또는 "모르겠어요"라고 대답한다. 여기에서 정답은 "있어요"이다.

어느 날 사석에서 선배 한 분을 만났다. 대화를 이끌어 가는 도중 그분은 나에게 무엇을 하느냐고 점잖게 물어 오셨다. 내가 "가족생활교육 상담가예요"라고 넌지시 대답했더니 그분 말씀이 "그럼 이 가정에는 문제가 전혀 없겠네"라고 하셨다. 나는 웃으면서, "우리 부부도 잘 싸웁니다"라고 '잘'에 힘을 주어 대답했다. 그랬더니 그 선배님은 눈을 휘둥그렇게 뜨며 믿어지지 않는다는 듯이 "정말?"하는 것이었다.

물론 여기에서 "잘 싸운다"는 말은 "자주 싸운다"라기 보다 "기술적으로 지혜롭게 잘 싸운다(fair play)"가 더 어울릴 것 같다. 우리 부부는 기술적인 부부싸움을 통해서 서로에 대해 좀 더 잘 알고 이해할 수 있었으며 부부간의 대화를 밀도 있게 다듬어 갈 수 있었다.

이 세상에 문제없는 가족이 존재할 수 있을까?

필자가 대학원에서 공부를 하고 있을 때 놀라운 현상을 하나 발견하였다. 건강하고 행복한 이상적인 가족생활에 대하여 매일 연구하고 가르치는 교수들 태반(80%)이 이혼했다는 사실이다. 그리고 그 곳에 와서 공부하는 대학원생들도 교수진 못지않은 화려한 이혼 경력들을 가지고 있었다.

이러한 현상은 아마 필자가 다녔던 학교가 신학 대학원이 아니고 일반 대학원이었기 때문인지도 모른다. 그러나 가족학이나 부부상담학에 이름이 나 있는 다른 일반 대학원들에서도 이 현상은 비슷하다고 한다.

참으로 아이러니한 일이다. 행복한 가족이나 건강한 가족생활에 대한 이론과 개념들을 그토록 논리 정연하게 그들의 책 속에 진술하고 있으면서도 왜 그들은 한 번도 아닌 두 번 세 번씩이나 이혼을 해야 했을까? 이론을 실생활에 적용하는 것이 그토록 어려웠을까? 아니면 이혼하고 새로 맞이하는 상대들이 그들의 연구 대상으로 바뀐 것일까? 그들의 결혼에 대한 분석이 꼬리에 꼬리를 물고 내 머리를 어지럽혔다.

이러한 아이러니는 나 자신을 돌아보며 주님의 말씀을 더 깊이 묵상할 수 있는 계기가 되었다. 복음을 들고 이 곳 저 곳을 다니며 구원의 말씀을 전파한 후에 도리어 자신이 그 구원의 반열에서 떨어질까 봐 자기를 쳐서 복종하게 한다는 사도 바울의 말씀(고전 9:27)이 피부로 느껴지며 나를 두렵게 하였다.

이곳 저곳 세미나나 집회를 다니며 "행복하고 원만한 가족은 이러한 것입니다. 이렇게 하십시오"라고 외치면서 정작 나의 가족이 사탄의 굴레에서 뒤죽박죽이 되어 간다면, 어찌 하나님께 영광을 돌릴 수 있을 것이며 사람 앞에서 덕을 세울 수 있겠는가?

시간이 있을 적마다 두렵고 떨리는 마음으로 주님 앞에서 조용히 무릎을 꿇고 간구하는 것은 "부족한 저와 저희 가족이 주님께서 기뻐하시는 도구로 쓰임 받을 수 있도록 겸손하게 하시고, 사탄의 올무에 빠지지 않도록 영적으로 깨어 있게 하소서"라는 것이다.

행복한 결혼 생활에 대한 노력은 우리가 육신의 장막을 벗는 날까지 계속 이어져야 한다. 이러한 노력의 과정에서 우리는 하나님께서 우리에게 주시는 결혼의 중요한 세 가지 기능을 성경에서 찾아볼 수 있다.

첫째로, 돕는 배필을 지으시겠다고 하신 동반자로서의 결혼(marriage as companionship, 창 2:18), 둘째로, 둘이 한 몸을 이룰지니라고 하신 하나됨의 결혼(marriage as oneness, 창 2:24), 셋째로, 생육하고 번성하여 땅에 충만하라 하신 종족 번성을 위한 결혼(marriage as procreation, 창 1:28)이라 하겠다.

동반자적 결혼이나 하나됨의 결혼은 주로 부부 중심의 결혼 생활이고 세 번째의 종족 번성을 위한 결혼은 자녀들을 중심으로 한 생활이라 하겠다.

하나님께서 결혼을 통해 주시는 이 세 가지 기능을 우리가 잘 감당할 때 우리의 결혼과 가정은 화목하고, 또 그 영원한 사랑과 행복의 근원이 될 수 있을 것이다.

동반자로서의 결혼

"사람의 독처하는 것이 좋지 못하니 내가 그를 위하여 돕는 배필을 지으리라"(창 2:18).

사람이 독처하는 것, 인간이 외로워하는 것은 하나님의 인간 창조에 대한 근본 뜻은 아니었다. 왜냐하면 하나님께서 말씀으로 세상 만물을 창조하실 때, 하나의 작품이 완성될 때마다 "하나님 보시기에 좋았더라"는 하나님의 흡족해 하는 모습이 그려져 있다. 그러나 마지막 날 최후의 작품인 인간 아담을 창조하시고는 "독처하는 것이 좋지 못하니"라는 흡족하지 못한 마음의 상태를 진술하셨다. 따라서 하나님이 인간 아담을 사회적인 존재로 그리고 불완전한 개체로 만드신 것임을 알 수 있다.

여기에서 우리가 생각해야 하는 것은 '독처'라는 단어이다. 독처는 고독이나 외로움을 의미하며 영어 성경에는 'alone'으로 쓰여 있다. 외로워하는 주체는 누구인가? 그것은 바로 아담이다. 아담이 왜 외로웠을까? 그는 모든 인간들이 꿈에 그리는 그 아름다운 에덴동산에 있었다. 아름다운 꽃들이 온 동산을 장식하고 날아다니는 새들이 흥겨운 노래를 들려주며 각종 동물들이 평화롭게 뛰놀고 있는 기쁨의 동산에서 그는 마음껏 자연을 벗삼아 살아갈 수 있었으리라.

그러나 마음 한 구석에 외로움과 공허의 빈 못을 깊숙이 파헤치며 절규하고 있는 아담의 고독한 모습을 발견하지 않을 수 없다. 왜 아담이 외로워하고 고독해야만 했을까? 혹자는 말하기를 있어야 할 하와가 없었기 때문이라고 한다. 그것도 맞는 말이다.

그러나 "있어야 할 하와"란 하와가 있어야 할 것을 전제로 한 대답이기 때문에 인간 편에서는 그리 썩 잘 어울리는 대답은 아닌 것 같다. 하나님 편에서는 그의 예정과 섭리 속에 아담의 짝인 하와를 만들려고 했기 때문에 있어야 할 하와가 없어서 아담이 외로워하고 있다는 것을 아셨을 것이다. 그러나 피조물인 아담 편에서는 하와가 만들어질지 안 만들어질지는 전혀 예측할 수 없는 것이었다.

아담이 외로웠던 이유는 아마도 대화의 상대가 없었기 때문이라 생각된다. 아담(사람)은 하나님의 형상대로 빚어졌기 때문에 생각하고, 느끼고, 또 감정을 표현할 수가 있었다. 그러나 아담에게는 그것들을 표현할 대상이 없었던 것이다.

만일 아담이 꽃들에게 가서, "항상 웃음꽃을 보여 주는 너의 모습이 참으로 아름답구나", 또는 코끼리에게 "네 코가 참 크고 재미있게 생겼다"라든가, 눈이 둥그런 고양이에게 "너 참 귀엽게 생겼다"라고 말했을 때 그들로부터 오는 반응들은 어떠했을까? 아마도 꽃은 더 환하게 웃는다든지, 고양이는 몸을 비빈다든지, 코끼리는 좋아서 그 큰 코를 벌렁 들어 올려 보이는 것이 고작 아니었을까 생각한다.

여하튼 하나님께서 지금까지 에덴동산에 만들어 놓은 생물과는 아담이 마음 깊은 곳으로부터의 느낌을 나누며 밀도 있는 대화를 할 수가 없었다는 것이다. 그래서 하나님께서 돕는 배필(suitable companion or helper)을 허락하신 것이다. 하나님께서 아담의 독처함을 위하여 주신 돕는 배필 하와는 보통의 여자가 아니었다. 그녀는 아담에게 생명을 주며, 아담으로 하여금 삶의 의미를 갖게 하는, 그에게 꼭 맞는 반려자, 가장 적당한 동반자, 친구로 하나님께서 지으셨다.

이 글을 쓰고 있는 필자나 글을 읽고 있는 결혼한 여성 대부분은 평범하기 그지없는 보통 여자들이다. 특별히 자신의 남편을 제외한 다른 남성들에게는 별 의미를 주지 못하는 보통 여자이다. 그러나 자신의 남편에게만은 보통 여자가 아니라 특별한 여자이다. 그것은 자신의 남편에게 어느 누구도 줄 수 없는 삶의 의미와 생명을 부여하는 존재이기 때문이다.

그러므로 이 글을 읽고 있는 여성들은

"나는 내 남편에게 별 볼일 없는 존재야"가 아니라

"누가 뭐라 해도 나는 내 남편에게는 특별한 존재야"라고 믿으며 아내로서의 높은 자존감(high self-esteem)을 가지고 생활하기 바란다.

1. 돕는 배필

하와를 아담에게 돕는 배필로 주심에 대하여 생각해 보자. 돕는 자는 언제 구할까? 돕는 자는 우리가 필요할 때 구한다. 일반적으로 돕는 자를 구할 때 두 가지 경우에서 구한다고 할 수 있다.

첫째는, 내가 할 수 있는 일임에도 일의 양이 너무 많아 한정된 시간 안에 끝마치기 힘들 때 돕는 자가 필요하다. 그러나 돕는 자가 필요하다고 해서 아무나 데려올 수는 없다. 내가 하는 일이 무엇인지를 알고 도와줄 수 있는 사람을 데려오며, 있으나 마나 한 사람은 데려오지 않는다. 그러므로 하나님께서 하와를 만들어 아담 옆에 세우셨을 때에는 하와가 아담이 하는 일들을 할 수 있거나 또는 배워서 도와줄 수 있는 능력을 소유한 자였을 것이다.

그렇다고 필자가 여성의 권위와 능력을 내세우라고 여성들을 부추기는 것은 결코 아니다. 아담과 하와가 같은 능력을 소유했다 할지라도 하와의 직분은 아담을 돕는 배필의 직분이다.

마치 성부, 성자, 성령이 삼위일체이지만 직분이 다른 것처럼, 즉 성자이신 예수님께서 성부이신 하나님 아버지와 동등한 위치이지만 그 높고 높은 하늘 보좌를 버리시고 이 낮고 낮은 땅 위에 인간의 몸으로 오시어 죽음까지도 견디며 아버지의 뜻을 이루심 같이, 아내들은 남편의 뜻이 가정 안에서, 직장 안에서 그리고 사회에서 잘 이루어지도록 돕고 격려하며 사기를 돋구워 주는 것이 돕는 배필의 가장 큰 직분이라고 생각한다. 아내들이 동반자로서 가정 안에서 돕는 배필의 직분을 잘 감당할 때 하나님의 뜻을 가정 안에 이루며 그 곳에 화목한 가족, 건강한 가족, 행복한 가족을 만들 수 있다.

둘째로, 돕는 자를 구할 경우는 내가 어떤 일을 할 때에 아무리 하려고 해도 능력 밖의 일일 때는, 이 일에 대하여 나보다 더 많이 잘 알고 있는 전문가에게 요청을 한다. 예를 들면, 우리 집을 시원하게 해 주는 에어컨이 고장 났다면 누구에게 도움을 청할 것인가? 모름지기 에어컨을 손볼 줄 아는 전문가를 데려와야 할 것이다.

하나님께서 하와를 만드신 목적은 아담의 독처, 즉 아담의 외로움을 달래 주기 위한 돕는 자였다. 왜냐하면 성경에 "사람이 독처하는 것이 좋지 못하니, 내가 그를 위하여 돕는 배필을 지으리라"고 하셨기 때문이다. 그러므로 하나님께서 하와를 만드실 때에 그녀에게 아담보다도 훨씬 풍부하고 섬세한 감성과 감정을 허락한 것은 아담의 독처를 더 잘 위로해 주기 위한 배려였다.

우리 주위를 둘러보아도 여자가 남자보다 훨씬 감성적이어서 잘 웃고 아름다움을 쉽게, 호들갑스럽게 잘 표현한다. 그러한 여자들을 남자들은 수다스럽다느니 또는 여자 셋만 모이면 접시가 깨어진다느니 등등의 짜증스런 불평들을 한다. 그러나 남자들은 이렇게 여자들이 감성적인 것은 남성의 외로움을 달래 주기 위한 하나님의 깊으신 뜻이라는 것을 깨달아야 할 것이다.

하나님은 아담이 하와보다 우월하다 또는 하와가 아담보다 우월하다는 등의 논쟁을 벌이지 않도록 성경에 말씀하고 계신다. 그 표현이 영어성경에 잘 나타나 있다(참고, I will make him a helper fit for him-RV, I will make a helper suitable for him-NIV).

여기에서 'fit'나 'suitable'이란 말의 의미는 크지도 작지도 않은 꼭 맞는, 적당한, 쾌적한 상태를 의미한다. 그러므로 하와는 아담에게 모자라지도 넘치지도 않는 꼭 맞는 배필로 만들어졌음을 알 수 있으며, 역으로 아담 또한 하와에게 꼭 맞는 천생 배필임을 알 수 있다. 하나님은 하와를 결코 노예나 종으로 만들지 않았다는 것을 알 수 있다.

그러나 유교의 영향 아래 있었던 우리 나라의 역사나, 하나님의 선택된 민족이라고 자부심을 갖고 있는 유대의 역사를 보면 여자들이 때때로 사람으로 취급되지 않고 있었음을 볼 수 있다. 하나님의 뜻은 결코 그러한 것이 아니었음에도 불구하고 사회적인 여건이나 문화적 배경 때문에 우리는 얼마나 많은 오류를 범해 왔으며, 하나님의 뜻과는 먼 생활을 해 왔는지, 현대를 사는 우리 크리스찬들에게 교훈과 생각의 여지를 남겨 준다.

우리가 잘 아는 성 어거스틴은, "하나님께서 만일 하와를 아담의 상전으로 만들려고 했다면 아담의 머리를 취해서 하와를 만들지 않았을까? 반대로 하와를 아담의 종이나 노예로 만들려고 했다면 아담의 발을 취해서 만들었을 것이다. 그러나 하나님은 아담의 머리도 아니요 발도 아닌 중간 옆구리의 갈비뼈를 꺼내어 아담에게 가장 알맞는, 가장 적당한 동반자로 하와를 만들어 그와 동등한 위치에 놓으셨다"라고 진술한다.

2. 아내의 역할은

아담과 하와가 선악과를 따먹고 죄를 범한 후 하나님의 크고 엄한 명령이 아담과 하와에게 떨어졌다. 그 명령은 곧 남편과 아내의 역할이 된다. 먼저 아내의 역할을 살펴보면, 창세기 3장 16절 "또 여자에게 이르시되 내가 네게 잉태하는 고통을 크게 더하리니 네가 수고하고 자식을 낳을 것이며 너는 남편을 사모하고 남편은 너를 다스릴 것이니라." 또 에베소서 5장 22~23절의 말씀은 "아내들이여 자기 남편에게 복종하기를 주께 하듯 하라. 이는 남편이 아내의 머리됨이 그리스도께서 교회의 머리됨과 같음이니 그가 친히 몸의 구주시니라."

이 말씀을 읽으며, 기분 좋아할 아내는 그리 많지 않으리라. 요즈음 세상에 어느 여자가 남편에게 복종하며, 순복하며 산단 말인가? 여성의 권익을 주장하며 남녀평등을 부르짖는 현대를 살아가는 의지가 강한 여성들에게 이 말씀은 큰 걸림돌이 아닐 수 없다.

성경을 읽어가며 하나님의 뜻을 점점 깨달아 갈 때, 모든 말씀들이 꿀 송이처럼 달고 오묘함을 느꼈다. 밤이 깊도록 기도하며 말씀 읽는 것이 그렇게 즐거울 수가 없었음에도 불구하고 필자의 마음 한 구석을 무겁게 짓누르며 억압하는 것은 위에 소개한 "남편에게 복종하라, 순복하라"는 말씀이었다. 하나님의 말씀에 절대 복종해야 한다는 당위성과 내 마음 한 구석에 굳게 자리잡고 있는 "내가 남편의 종인가? 그럴 수는 없다"는 아집이 때때로 우리 부부에게 차가운 회오리바람을 몰아오곤 했다. 그럴 때면 으레 남편은 위 성경구절을 적어서 내 책상 앞에 붙여 놓고 바람과 같이 사라진다.

"남편에게 복종하라"는 말씀을 놓고 순복하기 싫어 무던히 애쓰며 갈등 속에서 보낸 나날들…… 왜 하나님은 남자와 여자를 동등한 인격체로 지으시고 상전과 종의 관계처럼 복종하라고 하셨을까? 이것은 아무리 생각해도 부당한 처사 같았다. 말씀을 통한 주님의 깊은 뜻을 깨닫기 전까지는 남편에게 복종하라, 순복하라는 말씀들이 여간 걸림돌이 되지 않았다. 아마 독자들 중에도 이 말씀으로 필자와 똑같은 갈등과 고민을 하고 있는 아내들이 많이 있으리라 생각된다.

가끔 부부세미나 강사로 강의를 할 때면, 나는 짓궂게 이러한 질문을 해 본다. "가족은 살아있는 하나의 유기체입니다. 그러므로 남편과 아내는 뗄래야 뗄 수 없는 불가분의 관계이며 한 몸입니다. 남편과 아내를 한 몸으로 생각해 볼 때, 성경 말씀대로 남편을 머리로 표현한다면 아내는 우리 몸의 어느 부위가 가장 적당할까요?"라고.

혹자는 남편은 머리이고 아내는 심장이라고 말한다. 머리는 이지적인 남편처럼 냉철하고 차갑고 조직적이며, 반면 심장은 아내의 포근하고 따뜻한 가슴처럼 아늑하며, 뜨겁기 때문이라는 것이다. 머리와 심장의 기능 면으로 보면 참으로 잘 어울리는 표현이다. 그런데 요즈음은 심장이식 수술이 가능해져 심장에 문제가 생기면 다른 심장으로도 이식이 가능하다. 그 논리를 적용한다면 아내에게 문제가 생기면 다른 아내로 대체시킬 수 있다는 결론에 이르게 된다. 어느 아내가 아내의 기능을 잘못한다고 해서 다른 아내로 대체되어지길 원하겠는가? 남편과 아내의 항상성(homeostasis) 개념으로 볼 때, 머리와 심장과의 관계는 그리 썩 잘 어울리는 표현은 아닌 것 같다.

또 어느 분은 머리와 목과의 관계가 가장 적당하다고 한다. 이유인즉 목은 여자처럼 가냘프게 보이지만 목 위에 있는 묵직한 머리(남편)를 받쳐줄 뿐만 아니라 머리(남편)를 마음대로 마구 휘두를 수 있으니까 목이 좋겠다는 표현이다. 이에 덧붙여 "세계를 움직이는 것은 남자이나, 그 남자를 움직이는 것은 여자이다"라고 여성 강세론을 편다. 약해 보이는 여자의 힘이 남자보다 세다는 것을 잘 설명해 주는 위트 있는 표현이라 생각되었다.

그러나 겉으로 보기에 약해 보이는 목이 무거운 머리를 받쳐 주며 머리를 마음대로 휘두르는 것처럼 보이나 사실은 머리를 움직이는 것은 결코 목이 아니다. 목은 머리 안에 있는 뇌신경이 명령한 것을 복종하고 있을 뿐이다. 머리에서 "오른쪽으로 돌아!"라고 목에게 신호를 보내면, 목이 그 신호에 순종하여 오른쪽으로 돌고, 머리도 함께 동반하여 돌게 된다. 그러므로 목은 머리를 잘 받쳐 주면서, 머리의 명령에 잘 따라 줄 때, 우리의 몸은 균형과 조화를 이루며 원활하게 움직이게 된다.

만약 "오른쪽으로 돌아!"라는 명령을 목이 받았음에도 불구하고 돌아가지 않고 뻣뻣하게 서 있다면 그것은 분명 머리와 목에 이상이 생긴 것이다. 부부관계에서도 머리인 남편은 아내와 대화하기를 원하는데 목인 아내가 남편의 말에 귀를 기울이지 않고 순종하지 않으면 그 부부관계에는 문제가 생길 수밖에 없다.

그렇다면 남편의 말이라고 해서 무조건 다 복종할 것인가? 그것은 물론 아니다. 남편이 아내에게 터무니없는 것을 요구한다면 그것은 결코 순복할 수 없는 일이다. 그러므로 남편의 말은 누가 들어도 보편 타당성이 있는 주안에 합당한 말이어야 하며, 사랑에 근거를 둔 말이어야 한다. 남편과 아내와의 관계는 상전과 종의 관계가 아니며, 명령과 복종의 관계는 더더욱 아니다. 남편과 아내의 관계는 균형과 조화를 이루기 위한 질서의 관계이다. 질서가 있는 곳에는 항상 안정이 있고 평화가 있으며 행복이 있기에, 성경에서는 먼저 아내들에게 남편에게 복종할 것을 명령하고 있다.

"아내들이여, 자기 남편에게 복종하기를 주께 하듯 하라. 이는 남편이 아내의 머리됨이 그리스도께서 교회의 머리됨과 같음이니 그가 친히 몸의 구주시니라"(엡 5:22~23). 여기에서 '남편은 아내의 머리'로 '그리스도는 교회의 머리'로 대비시키고 있다. 즉 '그리스도가 교회의 머리'라고 해서 교회가 그리스도의 종이나 노예는 아니다. 성경은 교회를 예수님의 신부로 표현하고 있고, 그리고 그리스도는 교회를 위해 죽으셨다. 따라서 남편과 아내와의 관계는 결코 상전과 종의 관계가 아니라는 것이다. 그러나 믿는 성도가(교회가) 그리스도를 위하여 종처럼 순종하는 이유는, 그리스도께서 성도들의 죄를 위해 죽으시고, 구원의 길을 열어 놓으신 그 사랑이 고마워서 성도들은 주님의 말씀에 죽도록 순종하는 것이다.

이와 같이 남편이 아내의 머리가 되었다고 해서 아내가 남편의 노예나 종의 신분이 되었다는 것은 결코 아니다.

앞에서 성 어거스틴이 진술한 것처럼 남편과 아내는 동등하다.

3. 남편의 역할은

이제 남편에게 주어진 명령을 보자.

창세기 3장 17절은 "땅은 너로 인하여 저주를 받고, 너는(아담은) 종신토록 땀을 흘리며 수고하여야 그 소산을 먹으리라." 그리고 에베소서 5장 25절은 하나님의 더 크고 무거운 명령이 남편들에게 주어진다. "남편들아 아내 사랑하기를 그리스도께서 교회를 사랑하시고 위하여 자신을 주심같이 하라."

결혼생활에서 부부의 일치는 남편이 남편들의 역할을 알고 행할 때 이루어질 수 있다. 결혼관계의 저자 웨인 맥(Wayne Mack)은 남편이라는 개념을 종의 지도자(servant leader)로 설명하고 있다. 즉, 남편과 아내는 하나님 앞에서 동등하다. 그리고 자녀들이 태어나면 자녀들도 하나님 앞에서 동등하다. 예수님은 나뿐만이 아니라 아내와 남편과 자녀들을 위해서 죽으셨기 때문에 하나님 앞에서 남편과 아내 그리고 아이들 모두가 동등한 인격체들이다. 그러나 가정 안에 질서가 있어야 평화가 있기에 하나님은 남편을 머리로, 종의 지도자로 세우신 것이다.

창세기 3장 16절에 "남편은 너(아내)를 다스릴 것이니라"라고 말씀하시고, 에베소서 5장 25절은 "남편들아, 아내 사랑하기를 그리스도께서 교회를 사랑하시고 위하여 자신을 주심같이 하라"라고 말씀한다. 구약과 신약을 연결하여 생각해 보면, 구약에서는 남편들에게 가정의 머리로, 가정의 지도자로 세우셨다. 그러나 이 지도자들에게 사랑이 부족했던 것 같다.

지도자에게 있어서 가장 필요한 자질은 무엇일까? 그것은 아마도 사랑일 것이다. 지도자가 사랑이 없으면, 자신의 욕구 충족을 위하여 명령만을 내리는 폭군이 되기 쉽다. 로마의 네로 황제가 바로 그 본보기이다. 일국의 가장 높은 지도자가 되었지만 사랑 없이 명령만을 내리게 되었을 때 나라에 큰 혼란이 왔고, 많은 무고한 사람들이 죽어 갔다. 가정도 마찬가지이다. 가정의 지도자인 남편이 사랑 없이 아내와 자녀에게 명령만을 요구했을 때, 가정은 평화가 아니라 무섭고 두려운 폭력의 장소가 되어 버린다. 믿는 자의 가정에서도 주님의 말씀을 따르지 않을 때, 많은 폭력들이 일어나고 있음을 본다.

지도자의 관심은 자기 자신을 위해서 자기 주장대로 명령을 내리고 주위 사람을 지배하는 것이 아니라 훌륭한 지도자의 관심은 다른 사람들의 요구를 채워 주는 것이다. 지도자는 내 요구, 내 주장만을 내세우는 것이 아니라 구성원들의 요구를 들어서 합당하게 일을 처리해야 하는 결정권자이다.

따라서 지도자에게 가장 필요한 자질인 사랑을 신약에 와서 남편들에게 특별히 더 강조하고 있는 것 같다. 죽기까지 아내를 사랑하라는 남편에 대한 명령은, 남편에게 복종할 것을 명령한 아내에 비하면 엄청나게 크고 무거운 명령이다. 그러나 얼마나 많은 남편들이 예수님께서 교회를 위하여 죽으심 같이 아내를 죽도록 사랑하고 있을까?

예수님은 종의 지도자의 모델이다. 종의 지도자의 모습은 예수님께서 손수 대야에 물을 담아 제자들의 발을 씻겨 주시고, 이 땅에 오심이 섬김을 받으려 함이 아니라 도리어 섬기려고 오셨다고 말씀하시는 예수님의 모습에 잘 나타나 있다. 한 가정의 머리이며 지도자인 남편들이여, 여러분의 가장 위대한 모델 예수님을 바라보십시오. 그리고 따르십시오.

4. 발 씻겨주는 남편

아래의 글은, 남편이 아내의 발을 씻겨준 후, 아내가 남편에 대한 느낌을 적은 글이다.

날씨가 궂어서인지 찌뿌듯한 몸을 이끌고 집에 들어가는 마음마저 어둡다. 이런 날은 햄버거나 사서 저녁을 때울 수는 없을까? 아이들은 무척 좋아할 텐데…… 아빠가 싫어하시겠지. 유난스레 한국 음식에 입맛을 맞추는 남편이 미워진다. 하기는 콜레스테롤이 듬뿍 들어 있다는 음식을 아이들에게 먹인다는 것도 마음에 걸리긴 하지만……

어쨌거나 성의 없는 저녁식사로 된장찌개와 김치만 달랑 놓고, 저녁을 먹는 둥 마는 둥, 난 설거지를 얼른 마치고 방으로 올라갔다. 잠시 후, 옷도 입은 채 침대에 벌렁 누워 있는 내게 갑자기 다가오며,

"왜 그래? 어디 아픈 거야?" 대답조차 하기 귀찮아 돌아눕는 내게

"일어나 내가 발 씻어 줄게" 한다. 아닌 밤중에 홍두깨 같이 별안간 그 소리가 어찌나 우습던지. 사실 우리 결혼 생활 12년 동안에 이런 일이 한 번 만이라도 있었다면 덜 이상했을 텐데. 생각지도 않던 소리를 들으니 온몸의 말초신경이 다 간지러워지는 느낌이었다.

내가 피식 웃으며 "아니, 별안간 무슨 발을 씻겨 줘요?"라고 말했다.

"응, 너무 피곤해 보여서 발을 씻겨 주면 피곤이 좀 풀릴 것 같아서."

"당신이 무슨 예수님이라고 발을 씻겨 준대?"

참 별일이다 싶었지만, 솔직히 싫지는 않았다. 남편이 나의 발을 씻겨주는 호강을 내가 받지 못할 이유는 없을 테니까.

억지로 끌려가듯 욕조에 두 발을 담그고 앉아 정성껏 비누를 칠해 가며 내 발을 닦아 주는 남편의 모습을 물끄러미 바라보자니 참 그새 우리도 많이 같이 살았구나. 어느 새 10년이라는 세월이 흘러 앞이마가 머리 위에까지 올라가 있고 희끗희끗 흰머리가 보이는 남편이 애처롭다는 생각이 들

었다. 성격이 너무 잘 토라지고 별로 참을성이 없는 나 때문에 남편은 무던히 속을 끓였었는데, 이제부터는 인내라는 단어를 가슴에 묻고 사는 아내가 되어야겠다고 생각하는데……

남편은 갑자기 "기분이 어때? 발 씻겨 주니까! 참 요즘 여자들은 뻔뻔해. 발 씻겨 준다니까 턱 발을 내놓고 있고."

아니, 이건 도대체 무슨 소린가 싶어 "목적이 뭐예요?" 라고 물었다.

남편은 어물어물대며 "실은 말이야, 송 교수님이 아내들 발을 씻겨주고 나서 아내들에게 그 느낌을 써서 제출하라 하셨는데, 보너스 점수가 50점이래. 잘 좀 부탁해."

맙소사! 그랬구나. 어쩐지 이상하다 했어.

그래서 난 "그래요? 어쩐지 수상쩍다했는데 어쨌거나 일은 벌어졌으니 며칠 여유를 드리겠어요. 당신의 행동여하에 따라 달라질 수 있으니 그때 다시 얘기하기로 해요" 라고 쌀쌀맞게 외쳤다.

남편은 그래도 발은 씻겨 줬는데 "고마워" 한 마디 없이 써 준다 안 써 준다 한다고 매력이 없다지만 사실은 예수님의 뜻을 기리는 것과는 상관없이 아내들만이 느낄 수 있는 작은 행복의 시간이었다. 실로 오랜만에 느끼는 괜찮은 기분이었다. 감미로웠고.

고마운 것은 저에게 이런 기회를 주신 송 교수님께 감사드리며 앞으로는 좀 더 이런 종류의 숙제가 자주 좀 있었으면 싶다.

가령 남편의 요리 솜씨는 어떠했는가? 라던가……

이런 내가 너무 염치가 없는 것일까?

"발 씻겨 주는 남편"의 글을 통해 남편의 섬김을 강요하는 것은 결코 아니다. 남편과 아내가 결혼 생활을 하면서, 한 번 쯤 남편이 아내의 발을 씻겨 주는 상징적인 행동을 통하여, 식어버린 낭만적 사랑의 회복과 더불어 부부관계가 향상될 수 있도록 계기를 제공하는 것이 '발 씻겨 주는 남편'의 목적이다.

5. 동반자적 결혼

동반자로서 남편과 아내가 삶을 같이 영위하는 동반자적 결혼은 우리가 흔히 결혼식장에서 자주 듣는 결혼 서약이며 또한 우리 자신들의 결혼 서약이기도 하다. 그것은 남편과 아내가 기쁠 때나 슬플 때나 건강할 때나 병들었을 때나 생활이 어려울 때나 풍족할 때나 서로 돕고 위로하며, 서로가 서로를 믿고 신뢰하며 함께 살아가는 것이라 하겠다. 그러나 얼마나 많은 부부들이 이 결혼 서약을 준행하려고 노력하고 있을까? 한낱 서약으로 끝나버리는 허공을 맴도는 메아리는 아닐는지, 우리 모두가 다시금 손을 모으고 생각해 볼 때이다.

우리 인생의 여정은 가끔 노를 저어 가는 항해사의 여정에 비유되곤 한다. 항해를 하노라면 밝아오는 태양과 함께 미풍을 받으며 잔잔한 바다 위를 미끄러지듯 나아갈 때도 있고, 때로는 사나운 폭풍우와 함께 금방 배가 파산되는 것 같은 위기가 다가올 때도 있으며, 예기치 않은 암초에 부딪혀 고생할 때도 있다.

이러한 와중에 남편은 아내에게, 아내는 남편에게 혼자서 노를 저으라고 할 수 있겠는가? 중요한 것은 혼자서 노를 젓는 것보다는 둘이서 저으면 큰 힘이 되고 위로가 된다는 것이다. 남편과 아내가 손을 맞잡고 나아갈 때 어떠한 환경의 고난도 이겨낼 수 있다.

그러나 마음 아픈 것은 많은 부부들이 맞잡은 손을 뿌리치고, 남편은 아내에게 아내는 남편에게 그 험한 풍랑을 혼자서 헤쳐 가도록 강요하는 것이다. 둘이서 손을 잡고 노를 저어도 넘기 어려운 인생의 파도를 혼자서 저어 가도록 강요하는 것은 십중팔구 이혼으로 이어지게 된다. 전도서 7:14절의 말씀처럼 형통한 날에는 기뻐하고 곤고한 날에는 생각하는 우리 모두가 되어야겠다.

우리 인생의 여정이 순풍을 달고 가는 것처럼 순조로울 때에는 행복을 주신 하나님께 감사하고 찬송해야 한다. 그리고 사나운 폭풍우를 만난 것같이 곤고할 때에는 더 열심히 부부가 함께 기도하며 부르짖어 이 고난을 통한 주님의 뜻을 깨닫도록 부부가 손을 더욱 꼭 붙잡아야 할 것이다.

전도서 4장 11~12절은 "두 사람이 함께 누우면 따뜻하거니와 한 사람이면 어찌 따뜻하랴. 한 사람이면 패하겠거니와 두 사람이면 능히 당하나니 삼겹줄은 쉽게 끊어지지 아니하느니라"라고 말씀하신다. 남편의 사랑의 줄과 아내의 사랑의 줄로 하나가 되고, 그 위에 성령의 사랑의 줄로 하나가 될 때, 이 부부는 어떠한 역경에도 능히 견디는, 끊어지지 아니하는 건강하고 아름다운 부부가 된다. 이것이 하나님께서 우리 부부들에게 원하는 동반자적 결혼이 아닐까 생각한다.

6. 동고동락하는 김 집사님 부부

내가 알고 있는 부부 중에는 동반자적 결혼 생활을 영위하는 분들이 많이 있다. 그들 가운데에서도 특별히 김 집사님 부부를 소개하고자 한다.

그들은 대학 캠퍼스에서 산악부원으로 자연스럽게 만나 곧잘 등산을 가곤 하였다. 이름 모를 꽃들이 계절 따라 바뀌며 그들의 등반을 환영해 주었고 그들의 사랑 또한 아름다운 산울림처럼 등산부원 모두에게 알려졌다. 그리고 뒤이어 변함없는 그들의 사랑은 결실을 맺게 되었다.

유난히도 키가 훤칠하고 팔이 긴 집사님은 그 긴 양팔을 더 넓게 더 크게 벌려 부인을 그의 품에 안아 주곤 하였다.

10년의 세월이 꿈결같이 아름답게 지나가던 어느 여름날, 김 집사님은 갑자기 이른 아침 산책길에서 쓰러지고 말았다. 그 후로 식물인간과 같은 생활이 시작되었다.

하늘이 무너지고 땅이 꺼지는 듯하였다. 아픔을 안고, 김 집사님 부인은 전보다 더 뜨겁게 믿음으로 남편을 포용했다. 온 정성을 기울여 5년이란 긴 세월을 직장을 다니면서 한 아이의 어머니로 병든 남편을 간호해 왔다.

마침내 부인의 정성어린 간호와 그들의 믿음이 영원히 그 상태에 안주해 버릴 것 같던 김 집사님의 눈과 귀를 열어 주었다. 안타깝게도 김 집사님은 기억상실증으로 인해 오색실로 수놓인 아름다운 그들의 과거를 기억할 수가 없었지만……

김 집사님 부부의 투병 생활을 통해서 그들은 동반자적 결혼의 의미가 무엇인지를 우리 독자들에게 진솔하게 잘 보여주고 있다. 이제는 혼수상태의 몸에서 휠체어의 생활로 옮겨 주시고, 더 견고한 믿음의 자리로 옮겨 놓으신 주님께 감사드리면서, 그들의 아름다운 사랑의 밀어들을 이 지면에 소개하고자 한다.

사랑하는 아내에게

내가 서른아홉의 젊은 나이로 쓰러졌을 때, 6개월 간 의식이 전혀 없었다는 것을 당신으로부터 들었소. 당신이 얼마나 앞이 캄캄하고 답답했겠소. 그래도 지금은 당신만이라도 내 말을 입 모양을 보고 알아들을 수 있으니 얼마나 감사한지 모르오. 아직도 입으로는 물 종류를 마시지 못하여 배의 튜브로 수분을 섭취하고 있지만 나는 지나간 어느 세월보다도 지금이 가장 행복하오. 하나님과 더 깊이 대화할 수 있고 성경 테이프를 통하여 주님의 깊고 오묘한 뜻과 사랑을 깨달아 가니, 더 없이 행복하고 감사할 뿐이오.

"나의 가는 길을 오직 그가 아시나니 그가 나를 단련하신 후에는 내가 정금같이 나오리라"(욥 23:10)고 하신 말씀과 같이 좋으신 하나님께서 나를 사랑하사 정금 같은 믿음을 주시려고 나에게 이러한 고통을 주신 것을 나는 안다오.

우리의 육신적인 마음은 빨리 낫기를 원하지만, 하나님께서 원하시는 때에 일으켜 주심을 믿고 기다리는 수밖에 없지 않겠소. 이로 인해 당신이 눈물로 기도하고 금식으로 울부짖으며, 늘 깊은 사랑으로 나를 위로하고 있는 것을 볼 때마다, 내 마음 깊은 곳으로부터 나오는 사랑과 행복을 그리고 감사를 전하고 싶소. 관절염으로 고생하는 당신을 가까이 보면서 당신의 은혜를 언제 갚을 수 있을는지 ……

하나님께서 당신의 위로가 되기를 매 순간마다 기도한다오. 이 세상에는 육체적으로는 건강하나 정신적으로 병들어 있는 사람들이 얼마나 많은가? 그러나 나는 지금 육체적으로는 고통스럽지만 정신적으로, 더욱이 영적으로 하나님을 바라볼 수 있는 마음과 귀를 열어 주셨으니 얼마나 감사한 일이오.

사랑하는 여보,

우리 함께 손잡고 기도하며 하나님의 때를 겸손히 기다립시다.

서두르지 말고……

오직 지금 내가 당신에게 하고 싶은 말은 잠깐 누릴 세상적이고 육체적인 욕심으로 인하여 영원한 하나님의 영광을 가리는 어리석은 일을 말며, 함께 주님의 때를 기다리자는 것이오. 꼭 주께서 당신의 노고와 사랑을 갚아 주실 것을 믿소.

— 당신의 사랑하는 남편

사랑하는 남편에게

재이 아빠, 항상 불러도 아름다운 호칭이에요. 당신이 뇌일혈로 쓰러져 아무의식이 없을 때 수도 없이 하늘을 향해 불렀던 이름이에요.

"내가 산을 향하여 눈을 들리라 나의 도움이 어디서 올꼬. 나의 도움이 천지를 지으신 여호와에게서로다"(시 121:1~2). 이 말씀을 믿으며 당신을 향한 뜨거운 사랑으로 부르짖던 음성이 하나님께 상달되어, 지금은 당신이 휠체어에 몸을 싣고 당신과 사랑의 밀어를 나눌 수 있으니 얼마나 행복한지요.

당신이 의식이 없을 때, 당신의 사랑만을 받고 베풀 줄 몰랐던 나 자신을 무척 책망했어요. 그리고 하나님께 부르짖었어요. 당신이 의식을 되찾아 나만 알아봐 줘도 나의 온 정성과 마음을 다하여 사랑하겠노라고 말이에요.

하나님은 나의 울부짖는 절규를 들으셨어요. 뒤돌아보면 수없이 많은 날들을 당신 앞에서 눈물을 보였어요. 나 자신이 불쌍하거나 서글퍼서 울었던 적은 한 번도 없었어요. 단지 건장하던 당신이 누워만 있는 것이 너무나 안타까워서 울었을 뿐이에요.

당신이 건강할 때 저에게 베풀어 주었던 사랑을 갚으라고……

혼수 상태였던 당신을 이렇게 휠체어에 몸을 싣고 걷도록 해 주셨으니 감사할 따름이에요. 저는 행복해요. 당신과 이렇게 보내는 시간들이 무척 귀하고 아름답게 생각되어져요.

언젠가 당신에게 제가 물었지요. 우리가 가장 행복했던 때가 대학교 산악부원으로 등산 다닐 때가 아니었겠냐구요. 그 때 당신은 "지금이 가장 행복하다"고 딱 잘라 말씀하셨어요. "등산 다닐 때 나는 젊고 건강했으며, 높은 산을 정복했다는 성취감에 육체적으로는 행복했을지 모른다. 그러나 그때 나는 주님을 몰랐었기 때문에 주님을 알고 있는 지금이 훨씬 행복하다"고 말하던 당신, 당신의 믿음을 보며 나는 다시금 하나님의 은혜에 감사하며 나 또한 믿음의 경주를 게으르게 하지 않을 것을 다짐했어요.

여보! 때때로 고통스러워도 참으세요. 주님은 우리를 위해 가시 면류관을 쓰고 죽기까지 우리를 사랑했어요. 그만한 고통쯤은 견딜 수 있지요?

우리를 향하여 숨겨 놓으신 우리 주님의 은밀한 계획이 있으실 거예요. 언제일지는 모르나 우리 그 때까지 주님 손을 붙잡고 찬송하며 걸어가요.

— 당신의 사랑하는 아내

하나됨의 결혼

겨울을 지켜 주던 앙상한 가지 위에 새순들이 눈을 내민다. 그리고 그들이 성장할 즈음엔 수줍은 꽃봉오리가 머리를 내밀며 벌과 나비들이 그 위를 장식한다. 이 한 폭의 아름다운 그림은 하나님의 오묘한 섭리의 한 순간을 그림에 담아 놓은 것뿐이다. 그림에도 우리는 그것을 바라보며 훌륭하다고 찬사를 보낸다.

하나님의 작품들, 그들은 하나같이 멋있다. 자라나는 모습, 변화되어 가는 과정, 하나하나가 어찌 그리 아름다운지, 그 중에서도 인간의 아름다움은 극치를 이룬다. 그것은 아마도 하나님의 형상대로 빚어졌기 때문이 아닐까?

인간의 발달사를 가만히 들여다보면 뱃속에 있는 태아의 움직임이 신비스럽고 갓난아이의 천진난만함은 아름다움의 절정이다. 청년은 청년대로 중년은 중년대로 노년은 노년대로, 그 나이만이 갖는 특성이 있다.

이러한 자연의 섭리 속에서 하나님은 변화를 참 좋아하신다는 사실을 깨닫게 된다. 그러한 많은 변화 과정 속에서도 인간이 이성(異性)에 눈을 뜨는 시기인 사춘기가 신체적으로나 정신적으로 가장 아름다운 시기가 아닐까 생각된다.

이성을 그리워하며 나의 사람은 어디에서 무엇을 하고 있을까 생각하게 되고, 그를 만나면 무엇을 말할까, 어떻게 할까 등 많은 상념에 잠기는 시기.

꿈과 낭만으로 가득 찬
아름다운 젊음의 계절
밋밋했던 앞가슴에
젖무덤이 아름답게 봉오리를 이루고
잘록해진 허리에는
영원한 반려자의
듬직한 숨결을 그리워하는 시기

"이러므로 남자가 부모를 떠나 그 아내와 연합하여 둘이 한 몸을 이룰 지로다"(창 2:24).

성년이 된 남자와 여자가 이성을 그리워하며 자기의 사람을 찾는 것은 하나님께서 우리 인간에게 주신 특권이다. 혼돈을 싫어하고 질서를 좋아하는 하나님은 남자와 여자가 연합하는 과정도 순서별로 질서 있게 조목조목 일러주셨다.

위 성경 구절에서 남자와 여자가 한 몸을 이루기 위해서는 두 개의 과정을 반드시 거쳐야 함을 알 수 있다. 남자와 여자가 부모를 떠나서 연합함으로 말미암아 불완전했던 두 인격체가 아내와 남편으로 결합하여 완전한 통합의 한 몸을 이루는 것이다.

1. 남자와 여자가 그 부모를 떠나

첫 번째 과정인 "남자와 여자가 부모를 떠나"에서 중요한 것은 떠나는 것의 의미이다. 남자와 여자가 결혼이라는 기점을 통해서 새로운 부부 관계를 갖기 위해서는, 그 동안 나를 길러주고 보호해 주었던 정든 부모님 곁을 떠나야 한다는 것을 의미한다. 또 결혼이라는 과정을 통해서 내가 뛰놀며 자랐던 정든 옛집에서도 떠나야 하고 때로는 정든 물건으로부터도 떠나야 한다.

사람으로부터의 떠남, 장소로부터의 떠남, 물건으로부터의 떠남은 새롭게 전개될 결혼 생활에 빨리 적응할 수 있는 지름길이다. 이것은 남편과 아내가 새 삶의 현장에서 그들의 역사를 새롭게 창조할 수 있도록 하나님께서 배려해 놓은 것이다.

"떠나다"라는 말은 육신 적으로만 떠나는 것이 아니라 정신적으로, 심리적으로 같이 떠나야 함을 의미한다. 하나님께서 인간을 창조하실 때 영혼과 육신을 같이 만드셨기 때문에 남자가 그 부모 곁을 떠난다는 것은 영혼과 육신이 다 같이 떠난다는 것을 의미한다.

다시 말해 육체적인 떠남(physical leaving)은 심리적인 떠남(psychological leaving)을 동반해야 한다. 몸은 남편 곁으로 또는 아내 곁으로 떠나 왔는데 마음은 항상 친정집에 있다든지 또는 과거에 나를 사랑해 주던 분들에게 가 있다면 새로운 관계를 정립하는데 있어서 더 많은 시간이 소요되고 어려움이 따르는 것은 당연하다.

어려운 가정 문제들을 안고 필자의 연구실을 찾아오는 분들 중에는 어머니가 아들을 떠나보내지 못해 며느리와 갈등을 낳고 급기야는 아들과 며느리 사이를 갈라 놓은 분들이 있는가 하면 반대로 장모가 사랑하는 딸의 부부 사이를 갈라놓은 경우도 있다.

어느 자매의 이야기이다. 초췌한 모습으로 연구실을 찾아온 자매님은 결혼 생활 5년이 되어 가는데 부부 생활에도 자신의 삶에도 살아야 할 의미를 모르겠다는 것이다. 아이가 하나 있지만, 매사에 의욕이 없고 모든 일들이 시큰둥하고 목적의식이 시들해져 간다는 것이다. 때때로 삶에 대한 자포자기가 자신을 어두운 구렁텅이로 몰아넣는 것 같은 환상에 사로잡히기도 하며 그러한 때는 금방 질식해서 죽을 것 같다는 것이다.

자매님과의 상담을 통해서 그로 하여금 삶의 의미를 잃어가게 하고 깊은 우울증에 빠지게 하는 주된 원인이 남편과의 관계도 아니요 다른 사람과의 관계도 아닌, 시어머님과의 갈등임을 알았다. 교회에서는 믿음 좋은 권사님으로, 장로 부인으로 친절한 미소를 짓는 시어머님이 집에 와서는 백팔십도로 달라진다는 것이다. 며느리가 하는 일에는 사사건건 불만을 토로하며 평가하는 기준의 잣대도 시시때때로 변한다고 한다. 그리하여 무엇을 어떻게 어느 선에 맞추어야 할 지 방향 감각을 잃게 하고 무기력증에 빠지게 한다고 호소했다. 그러면서도 자신의 아들과 딸이 하는 일에는 입에 침이 마르도록 칭찬만을 한다는 것이다. 직분을 받은 권사님으로 어찌 두 얼굴을 가지고 행동할 수 있으며 그분이 믿는 예수님이라면 자기는 결코 믿지 않겠다는 것이다.

불교 집안에서 자라난 이 자매님은 불교 신도와 기독교인들을 비교하면서 시어머님에게서 보이는 행함이 없는 믿음을 판단하며 하나님이 계시다면 시어머니보다는 자기가 천국 가기가 더 쉬울 거라고 했다.

결혼을 기점으로 떠나보내야 할 아들을 떠나보내지 못한 채, 태의 줄을 끊지 못하고 어머니 품안에 꼭 껴안고 있음으로써, 이렇게 어려운 문제가 대두되고 있음을 본다. 집안 형편상 육체적으로 떠나보내지 못하고 한 집에 같이 사는 경우도 많이 있다. 그러나 그러한 경우에도 심리적으로 떠나보내며 함께 살 수 있다.

그 방법은 감독자인 어머니 또는 시어머니로 자신에게 주어진 권위를 극대화시키지 않고, 아들, 며느리 또는 딸, 사위를 간섭하지 않으며 그들 위에 군림하지 않는 것이다. 지혜로운 시어머니는 경험이 많은 집안 어른으로 한 발 뒤에 물러서서 아들, 며느리의 행동을 지켜 보며 그들이 어머니의 고견을 들으려고 물어올 때 들려주는 것이다. 의견을 들려줄 때에도 요구나 명령하는 자세가 아니라 의견을 서로 나누어 아들 며느리 스스로가 "어머님의 의견은 참으로 지혜롭다"라고 판단하고 수긍하며 받아들일 수 있도록 대화하는 자세가 필요하다.

그러나 안타깝게도 이 자매님의 시어머니는 감독자로서 간섭하며 군림하였던 것 같다. 시댁 식구들의 눈총에 못 이겨 5년이라는 세월을 교회 문턱만을 드나들었지 주님과의 진정한 교제가 없었다. 거듭나지 못하고 마음의 문이 꼭 닫혀진 자매님에게 남아 있는 것은 삶의 의욕이 아니라 시어머니에 대한 미움과 증오뿐인 것 같았다. 그 미움과 증오는 한창 생기 있게 생활할 자매님을 정신적으로 병들게 하였고 육체적으로도 병들게 했던 것이다.

꾸준한 상담을 통하여 삶의 의미를 잃어버렸던 자매님이 주님을 영접하게 되었고 새 사람이 되었다. 지금까지 시어머님에게 던졌던 정죄의 화살을 이제는 자기 자신에게로 돌리며 눈물을 소나기처럼 흘리던 자매님. 우리는 둘이서 손을 잡고 한없는 감사의 기도와 기쁨의 눈물을 흘렸다.

이 자매님의 문제는 해피엔딩(happy ending)으로 해결이 되었지만, 어느 자매님은 시집온 후에도 정신적으로 친정어머니의 곁을 떠나지 못해, 어머니로부터 분화가 이루어지지 않아 결국 남편이 외도의 길을 걷게 된 경우도 있었다.

그러므로 하나님께서 원하는 결혼의 첫걸음은 부모로부터 육체적으로나 심리적으로 다 떠나야 한다는 것이다. 이것은 부모를 공경하지 말라는 뜻은 결코 아니다.

일반적으로 육체적인 떠남은 정신적인 또는 심리적인 떠남보다 훨씬 쉽다고 본다. 육체적인 떠남은 부모로부터 일단 떠나면 되지만 심리적인 떠남은 그렇게 쉽지가 않다. 왜냐하면 부모로부터 육체는 이미 떠나왔다고 하지만 우리의 영은 한 순간에도 어린 시절로부터 현재까지 얼마든지 교류할 수 있다. 때문에 서로 다른 환경, 경험, 가정의 분위기는 부부의 서로 다른 생각과 행동으로 나타난다.

따라서 어떠한 문제에 부딪혔을 때 과거의 환경과 경험에 비추어 이 일은 이렇게 처리하면 좋겠다, 저 일은 저렇게 처리하면 좋겠다는 결론이 남편과 아내 각자의 마음에 다르게 나타난다. 여기에서부터 부부의 문제가 대두되면서 "성격이 안 맞는다", "좀 모자란다", "전혀 나를 이해하지 못 한다" 라며 급기야는 이혼으로 치닫는 경우가 허다하다.

연구 보고에 의하면 성격이 안 맞는다는 이유로 이혼하는 경우가 전체의 70%를 넘게 차지하고 있었다. 그렇다면 거의 모든 가정이 이혼의 불씨를 안고 살아가는 것이나 다름없다. 왜냐하면 한 가정에서 같은 부모님을 모시고 자란 형제들까지도 성격이 다른데 하물며 서로 다른 환경에서 자란 두 남녀가 어떻게 성격이 같을 수 있겠는가?

학자들 간에는 많은 이론들이 분분하지만 그 중에서도 결혼이나 가정 문제의 이론 접근에 쉬운 '시스템 이론(system theory)'을 소개해 본다. 이 이론은 가정을 하나의 인체기관과 같은 시스템으로 보고 있다. 다시 말해서 많은 인체의 기관들이 모여서 하나의 완성된 몸을 이루듯이 가정도 아버지를 중심으로 어머니, 아들, 딸, 그리고 할아버지, 할머니가 함께 모여 핵가족 또는 대가족 형태의 가정을 형성한다.

이 시스템 이론을 접할 때마다 필자는 고린도전서 12장과 에베소서 4장에 나오는 은사의 종류와 성격 그리고 필요성들을 생각해 보곤 한다. 몸은 하나인데 많은 지체가 필요하고 또 지체는 많으나 몸은 하나이듯이 우리의 교회나 가정도 마찬가지라 생각한다.

눈이 손더러 말하기를 "너는 쓸데없다"고 하거나 머리가 발더러 "너는 정말 별 볼일 없다"라고 말할 수 없는 것은 각 지체의 기능이 다르기 때문이다.

또 한 지체가 고통을 받으면 모든 지체가 함께 고통을 받고 한 지체가 영광을 얻으면 모든 지체기 함께 즐거워한다(고전 12:26)고 성경은 말하고 있다.

예를 들면, 손에 박힌 조그마한 가시가 때때로 온몸을 따갑게 찌르며 신경을 쓰게 만들 듯이, 우리 인체의 기관 중 어느 것 하나라도 제 기능을 제대로 발휘하지 못할 때 몸 전체에 영향을 미치게 된다. 가정 안에서도 부모 또는 자녀들 중 누가 아프거나 문제가 생기면 그 문제는 가족구성원 모두에게 영향을 미치게 된다. 가족들이 걱정을 하게 되고 또 우울한 분위기에 빠지게 된다. 어머니의 아픔 또는 아버지가 직면한 큰일들이 결코 가족구성원들에게 무관하지 않고 인체의 기관들처럼 서로에게 영향을 주고받는다. 따라서 부모들은 자녀들에게 직접, 간접으로 큰 영향을 줄 수 있는 가장 중요한 사람들이며 또한 자녀들이 따라갈 수 있는 좋은 모델이 된다.

세상에 태어나서 한 번도 아프지 않고 생을 마치는 사람이 있을까? 아무리 건강한 사람이라 할지라도 감기 한 번 걸리지 않고 이 세상을 살아간다는 것은 극히 드문 일이다. 마찬가지로 한 가정을 이루어 살아가는 데에도 여러 가지 크고 작은 문제가 생길 수밖에 없다. 결혼 기간의 길고 짧음에 따라 약간의 차이는 있겠지만 부부생활을 하면서 한 번도 문제가 없었다는 것은 새빨간 거짓말이라고 생각한다.

나는 가끔 "우리 가정은 전혀 문제가 없어요"라며 문제의 가정들을 경멸하는 눈빛으로 보면서 남편 자랑을 실컷 하는 여자들을 본다. 물론 남편을 욕하고 경멸하는 것보다는 훨씬 낫다. 그러나 그 사람들의 말에는 진실성이 없다는 것 또한 직감할 수 있다. 부부간에 전혀 문제가 없다는 것은 남편과 아내가 서로에게 전혀 관심이 없다든지 또는 둘 중의 하나가 자기 자신을 완전히 포기하고 사는 상태일 것이다. 하나의 기관(남편)이 다른 기관(아내)에 전혀 영향을 주지 못하거나 받지 못한다는 것은 그 기관 중 하나가 마비되어 있다는 증거일 것이다.

연약한 사람은 가벼운 감기에도 드러누울 수밖에 없지만 건강한 사람은 감기쯤은 약을 복용하지 않고도 거뜬히 이겨낼 수 있다. 우리의 부부 생활이나 가정생활에서도 연약한 가정은 사소한 일에도 서로가 흥분하고 화를 내며 서로의 마음을 할퀴어 상처를 낸다. 그런가 하면 건강한 가정에서는 큰 문제가 될 것 같은 일에도 서로의 마음을 상하게 하지 않고 잘 조절해 나가는 것을 볼 수 있다.

요즈음 가족생활을 연구하는 많은 학자들이 내리는 공통적인 결론은 건강한 가족이란 문제가 전혀 없는 가족이 아니라, 문제가 생겼을 때에 그 문제를 순조롭게 순발력 있게 잘 해결해 나가는, 문제 해결 능력이 있는 가족이라는 것이다. 건강하고 행복한 가족은 남편과 아내가 이마를 맞대고 오손도손 대화를 나누며 두 손을 꼭 잡고 기도하는 가족이라 하겠다.

쉴 틈이 없이 바쁜 생활이지만 그 가운데서도 짬을 내서 서로를 음미할 수 있는 시간을 마련하고 부부 생활 세미나나 집회, 부부 성경 공부에 참석하며 하나님의 말씀으로 부부의 정을 점검해 보는 것이 건강하고 화목한 가족생활을 이끌어 가는 좋은 길이 될 것이다. 그리고 시간이 허락되는 대로 가족생활에 관심을 갖고 전문가와 대화를 나누는 것도 아주 유익한 방법이 될 것이다. 그런데 얼마나 많은 사람들이 가족생활 전문가와 대화를 나누며 상담하기를 원할까?

어느 날 레스토랑에서 아는 분을 만나게 되었다. 동행한 사람이 없었기에 우리는 합석을 하기로 했다. 식사가 나오기 전 몇 마디 오고 가는 대화 속에서 그 분은 나에게, "송 박사님과 같이 앉아 있으면 다른 사람들이 나를 어떻게 생각할까요? 가정 문제가 많은 사람인 줄 알겠지요?"라고 농담 반 진담 반 섞인 말씀을 하셨다.

가족 문제에 대하여 더 행복한 가정을 이루기 위하여 전문가를 찾아가 상담하는 것이 아직도 우리 한국인들에게는 익숙지가 않다. 그저 전화로 신분을 밝히지 않고 몰래하기를 원한다. 이러한 상담은 긴 안목으로 볼 때 별 효과가 없다. 체면 때문에, 주위 사람들의 이목이 두려워서 문드러져 가는 문제들을 방치해 두었다가, 그 문제들이 곪아터질 때는 세상 사람들이 다 알게 되는 것을 감추고 또 감춘다. 신분을 감추고 전화 상담만을 요구하는 분들과 대화를 나눌 때면 마음이 답답하고 무겁기만 하다.

병은 생기기 전에 예방하는 것이 최선이고 일단 발생했다면 조기 치료가 상책이다. 마찬가지로 가정의 문제도 생기지 않도록 가족 구성원들에게 관심을 갖고 예방하는 것이 최선이며, 문제가 발생한 후에는 전문가를 빨리 찾아가는 것이 바람직하다. 특별히 신자들에게는 기독교인 상담가를 찾아가는 것이 더욱 유익하다고 생각된다.

다시 본론으로 돌아가 진술하면 과거의 생각이나 경험으로부터 떠난다는 것은 결코 쉬운 일은 아니다. 그러나 결혼을 통해서 이루어진 남편과 아내와의 새로운 부부 관계를 잘 정립하기 위해서는, 부모와 밀착되어 왔던 관계를 내려놓고 그 자리에 현재의 남편 또는 아내와의 관계를 올려놓아야 한다. 이것이 "부모 곁을 떠나라"는 하나님의 깊은 뜻이라 하겠다.

2. 둘이 연합하여 한 몸을 이룸

하나님은 성(性)의 창시자이며 결혼 제도의 창시자이다. 지상의 낙원인 에덴동산에 아담과 하와라는 이름의 남자와 여자를 구별하여 만들고, 결혼 의식을 통하여 남편과 아내로 연합하여 한 몸을 이룰 것을 당부하였다. 그리고 생육하고 번성하여 땅에 충만하라는 축복된 주례 말씀을 주셨다. 그러므로 결혼 제도는 독처할 수밖에 없는 외로운 인간들에게 내리신 하나님의 특별한 은총이다.

부족했던 사람들이 성장해 감에 따라 이성을 그리워하게 되고 또 때가 이르면 자신의 배우자를 만나게 된다. 하나님께서 짝지어 주신 배필은 외롭고 공허했던 불완전한 삶을 온전한 삶으로 변화시켜 주는 촉매제이다.

"둘이 연합하여 한 몸을 이룬다"는 의미는 두 가지의 연합을 뜻하고 있다. 하나는 정신적인 연합, 심리적인 연합을 의미하며 두 번째는 육체적인 연합을 뜻한다.

첫 번째, 정신적, 심리적인 연합이란 대화를 통해서 두 사람이 가지고 있는 생각이나 느낌, 기쁨이나 슬픔, 성공이나 실패까지도 나눔으로 말미암아 이루어지는 연합이다.

두 번째, 육체적인 연합은 남편과 아내가 성생활을 통하여 이루어지는 연합을 의미한다. 좋으신 하나님은 정신적, 심리적인 공허함뿐 아니라 육체적인 공허함도 서로 채우며 만족을 누리도록 성적인 욕구를 허락하였다. 그러나 이 성적인 욕구는 오직 결혼을 통한 부부 관계에서 채울 수 있으며 즐길 수 있는 아름다운 축복이다.

하나님께서 우리 부부들에게 주신 이 아름다운 성이 현대를 살아가는 우리 부부들에게 정말 아름답고 고귀한 것으로 인식되어지고 있는 것일까? 유교 문화권 아래 있던 우리 한국인은 성을 굉장히 터부시했으며 특히 여성에게는 더 했다. 또 경건에 이르고자 하는 믿음 좋은 그리스도인들도 성을 터부시했던 것은 사실이다.

초대 교회에도 그러한 일면으로 문제가 있었음을 엿볼 수 있다. 그 당시 영지주의자(Gnosist)들은 영적인 것은 무엇이든지 선하고 물질적인 것은 무엇이든지 악하다고 믿었다. 따라서 성(sex)도 물질적인 것으로 간주하고, 악하다고 믿었기 때문에 그들에게는 금욕 생활이 경건에 이르는 첩경으로 여겨졌던 것이다(참고, 골 2:20~23).

그러나 하나님께서는 결코 성을 부끄러운 것으로, 수치스러운 것으로, 또는 불경스러운 것으로 주지 않았다. 그렇게 생각하고 느끼는 것은 하나님의 뜻을 모르는 무지에서 온 것이며 하나님의 뜻을 알았다 할지라도 순종하지 못한 우리의 불순종 때문일 것이다. 그것은 마치 아담과 하와가 하나님의 명령인 먹지 말라는 선악과를 따먹음으로 말미암아 벌거벗은 수치를 깨달은 것과 같다.

하나님께서 우리 인간에게 성적인 욕구를 허락하실 때에는 불완전하고 부족했던 두 사람의 삶이 마음뿐만 아니라 육체도 서로 교류하여 영과 육이 함께 하나가 되도록 주신 것이다. 성은 부부가 하나 되는 과정을 통해서 서로가 위로함을 주고받으며, 그로 인한 기쁨을 충만히 나눌 수 있도록 특별히 하나님께서 배려한 아름답고 고귀한 선물이다. 그런데 사탄은 간교하게 이 고귀한 선물인 성을 사탄의 도구로 사용하도록 끊임없이 우리를 유혹한다.

고도의 과학 기술이 하늘을 찌를 듯한 금자탑을 쌓아 올림에 따라 사탄의 역사도 호흡을 같이하여 악랄하게 변모되어 가고 있다. 우리 사회가 얼마나 무섭게 변하고 있는지 신문을 펴보기가 두렵다. 성폭행과 강간이 어린아이에게까지 자행되고 있으니 우리 사회의 윤리와 규범은 어디로 간 것일까? 성적 욕구를 이용한 사탄의 흉계로 말미암아 딸을 자녀로 둔 부모들과 젊은 여성들이 밤잠을 못 이루며 대낮에도 거리의 횡보를 꺼리는 상황이 되었다.

성경은 "색욕을 버려라, 음녀를 피하라, 네 샘에서 흐르는 물을 마셔라, 네가 젊어서 취한 아내를 즐거워하라"고 말한다(참고, 잠 5장).

결론적으로 "한 몸을 이루었다" 또는 "통합체가 되었다"라는 말의 의미는 두 사람의 생활이 완전히 결속되어 있는 상태를 말한다.

즉 두 사람이 가지고 있는 모든 것을 나누어야 한다. 그들의 육체, 소유하고 있는 물건들, 그들의 생각과 느낌, 즐거움과 고통, 희망과 두려움, 그리고 그들의 성공과 실패까지도 같이 나눠야 완전한 하나됨의 의미를 깨달을 수 있을 것이다.

두 개의 서로 다른 인격체가 성숙하고 완전한 하나의 통합체가 되기 위해서는 본드(bond)와 같은 매개체가 필요하다. 그것이 무엇일까? 그것은 바로 사랑이다. 그러므로 남자와 여자가 부모를 떠나 남편과 아내로 결속되어지기 위해서 절대적으로 필요한 것은 사랑이다.

그것도 이물질이 들어 있는 타산적인 사랑이 아니라 순수하고 고결한 사랑이다. 이 사랑의 띠로 남편과 아내가 하나로 묶여질 때 주님의 향기를 내며 그 곳에 행복하고 건강한 가정을 이룰 수 있다.

그러나 요즈음 우리 한국 사회에서는 혼숫감의 시비로 신부들이 수난을 겪고 있다. 남자와 여자가 동등한 인격으로 만난 동반자로서의 결혼이 아니라 남자들은 자기 자신을 비싼 상품으로 여기고 결혼을 경제적인 계약관계로 변화시켜 가고 있다.

자기 자신의 상품 가치에 비해 지참금이 적다는 트집을 잡아 신혼의 신부를 때려 이혼하는 경우도 있다. 어떤 신부는 결혼 한 달만에 예단 문제로 시달리다가 목매어 자살을 했고 의사인 남편이 지참금 불만으로 장모와 아내를 때려 실형을 받기도 했다. 그런가 하면 어떤 신부는 "이게 혼수냐?"고 시어머니가 예단을 가위로 싹둑싹둑 잘라버리는 수난을 겪었다고 한다.

그 어느 때보다도 몸과 마음과 정성을 다 하여 서로 사랑하며 살아야 할 신혼의 부부가 지참금이 적다는 이유로, 예단이 마음에 안 든다는 이유로 단란해야 할 신혼의 살림에 먹구름을 끼얹고 폭풍우 전야와 같은 두려움을 안고 살아가야 한다면 긴 인생의 여정을 어찌 친구 삼아 갈 수 있겠는가?

결혼을 꿈꾸는 젊은 남녀들이여,

그대의 이상을 주님께 두라.

세상에 물들지 않은

영롱한 아침 이슬과 같이

주님의 말씀을 가슴에 안고

부패를 방지하는 소금으로

어두움을 밝히는 빛으로

일어나 빛을 발하라.

제 2 장
아름다운 성

오늘날 세계는 섹스의 홍수 속에서 살고 있다 해도 과언이 아니다. 성에 관련된 많은 미디어들이 우리의 정신을 혼란시키며 유혹하고 있다.

섹스에 관한 광고 책자, 비디오 등이 날개 돋친 듯 팔리는 것이 오늘의 세태를 잘 표현해 주고 있다. 우리 나라는 성 퇴폐문화가 기성세대뿐 아니라 젊은 세대 그리고 막 피어오르는 청소년들에게까지 만연되어가고 있는 실정이다. 그런가하면 섹스문화에 걸맞지 않게 상당수의 남편과 아내가 해결되지 않는 성 문제를 가지고 상담실을 노크한다.

필자도 대학원에서 '인간의 성'(Human Sexuality)이라는 과목을 듣기 전까지는 그들과 똑같은 유형의 한 사람이었다. 성에 관한 책을 읽지도, 듣지도, 보지도 않은 전통적인 요조숙녀(?)들의 성생활은 어떠하겠는가? 당연히 삐걱거릴 수밖에 없을 것이다. 성생활을 통해서 자녀들은 잘 낳아 기르면서도 우리는 성(Sex)에 대해 너무 무지하다. 특히 우리 여성들, 그리고 믿음이 좋은 크리스찬이라는 분들이 성에 대하여 많은 오류를 가지고 있으며, 전지전능하고 무소부재한 하나님 앞에 육적인 성행위가 왠지 마음에 켕기고 죄를 범하는 것 같은 두려움을 안고 살아가게 된다.

그 오류는 사랑의 행위를 요구하는 남편에게 "오늘은 주일이니까 자제하세요, 내일 합시다" 벽에 걸려 있는 예수님의 족자를 가리키며 "주님이 바라보고 계시는데 어떻게 하죠? 믿음이 좋은 분이라면 성욕 정도는 잘 참고 조절할 수 있어야지요." 또는 자정쯤 되어 늦게 귀가한 남편이 행여나 관계를 요구할라치면 "오늘은 새 날인데 주님께 먼저 기도하지 못하고 섹스를 즐기는 것은 죄예요", "새벽기도 때문에" 등등으로 요리조리 미꾸라지처럼 잘도 빠져나간다. 거룩한 하나님의 자녀로 믿음을 빙자해서 하나님께서 준 아름다운 사랑의 도구를 제대로 활용하지 못하고 묵혀 왔던 것이 필자의 전반적인 성생활이었던 것 같다.

석사과정에서 '인간의 성'은 필수과목이었다. 그 과목을 듣지 않으면 졸업을 할 수 없는 터라 미루고 미루다가 할 수 없이 듣는 필자에게 남편은 신바람이 나서 콧노래를 부르며 많은 참고 서적들을 여기저기에서 찾아다 주었다. 할 수 없이 들었던 그 과목이 놀랍게도 필자의 개인적인 삶과 결혼생활에 지대한 영향을 주었고, 또 성문제를 가지고 찾아오는 많은 부부들에게 나의 경험들은 살아있는 치료의 도구가 되고 있다. 그들의 성생활의 치유와 함께 부부의 정을 나누는 분들을 바라보며 연약한 자를 들어 쓰시는 하나님의 놀라운 섭리에 감사할 따름이다.

흔들리는 성

1. 성교육 부재로 인한 잘못된 성문화

우리의 현실은 가정이나 학교, 교회 등 어느 곳에서도 자라나는 어린이들에게 성교육을 제대로 가르치는 곳이 없다. "엄마! 나는 어디에서 나왔어?"라고 물어 보면 "애는 어린애가 당치도 않게, 별걸 다 묻는구나. 다시는 그런 질문하면 안 돼!" 라든지, 또는 "응, 다리 밑에서 주워왔지" 등등 자녀들의 성에 관한 조그마한 질문에도 얼굴이 홍당무가 되고 혼비백산하여 어떻게 얼버무려 그 순간을 때우는 것이 고작이다. 부모는 부모대로 막연히 학교나 교회에서 성교육을 시켜 주길 바라나, 부모도 제대로 못시키는 성교육을 누가 어떻게 지도한단 말인가? 교회는 거룩한 장로님들의 눈치 보기에 엄두도 못 내고, 학교 또한 기초적인 개념 설명에 그치고 있어 사춘기부터 젊은이에 이르기까지 성에 대한 호기심은 눈덩이처럼 불어만 간다.

이러한 우리 사회의 열악한 성교육 환경에서도 사춘기 소년 소녀들은 용케도 성에 대하여 많이 알고 있다. 물론 대부분이 쉬쉬하며 입에서 입으로, 눈에서 눈으로, 귀에서 귀로 전수받는 것들이기 때문에 잘못된 성 지식이 태반이다. 이러한 잘못된 개념들은 그대로 사춘기에서 청년기로 넘어오는 것 같다. 아래에 성교육 부재로 인하여 형성되는 잘못된 성 인식에 대한 사례를 소개하고자 한다.

우리는 성 유혹과 공부에 시달리고 있어요.

"중학교 1학년 때 친구가 생물시간에 생리적 현상이 무엇이냐고 선생님께 질문을 했다. 그러니까 선생님께서는 "아직까지는 그런 것 몰라도 돼"라고 말씀하셨다. 우리도 알 것은 다 아는데 그런 것쯤은 가르쳐 주셔야 한다고 생각한다. 우리는 지금 사춘기다. 그래서 여자에 대한 호기심도 많고 마음도 들뜬 상태이다. 그런데 어른들은 우리들의 마음을 전혀 모르고 계시는 것 같다. 부모님과 함께 텔레비전을 볼 때도 여자와 남자가 키스하는 장면이 나오면 부모님들은 공부하라고 하시면서 방에서 나를 쫓아낸다.

학교에서 우리들은 성에 관해 자주 이야기한다. 이상한 비디오, 만화, 사진, 잡지를 본 이야기나 신문광고나 길거리 벽보를 통해서 보고 느낀 것을 서로들 자랑삼아 이야기한다. 그러나 이런 이야기를 선생님이나 다른 어른들한테는 절대로 하지 않는다. 그것이 우리들 사이에만 있는 비밀 이야기라고도 할 수 있다. 지금 우리들이 나누고 있는 성에 관한 이야기는 어른들이 짐작하고 있는 것보다 훨씬 더 저질스러운 이야기를 하고 있으며, 또 그렇게 커가고 있는 것이 오늘의 우리들이다."[2)]

"여태까지 제대로 된 성교육을 한 번도 받아보지 못했지만 성행위방식(how to sex)에 대해서는 알만큼 안다고 생각한다. 그것은 비공식적인 성교육으로 우리 사회에 팽배해 있는 성문화를 통해서이다. 예를 들면, 음란서적이나 포르노, 여성잡지 또는 성 경험자들에게서 귀동냥으로 들은 정보들이다.

내가 중학교 때 빨간 책이 범람해서 성애에 대한 환상에 사로잡혔었다. 옆 짝이 굉장히 음담패설을 좋아해서 나중엔 지겨울 정도로 계속 듣게 되었다. 그리고 성애에 대한 강렬한 동경과 두려움이 싹텄지만, 두려움보다는 열망이 더 컸고 그것을 자위행위를 통해 환상 속의 여인들과 성행위하는 것으로 해소했다. '사랑하는 사람과 첫 번의 성관계를 해야 한다'는 생각은 해본 적도 없고 다만 성 경험이 있거나 성 경험이 많은 친구들이 부러웠다. 특별히 방학이 끝난 후 '나 요번 방학에 몇 명 정복했다'고 자랑하는 부류의 친구들이 선망의 대상이 되었다."[3)]

물론 100%의 남학생들이 다 이러한 방식으로 이러한 내용들을 통해서 성에 대하여 배운다고는 할 수 없지만 약 70% 정도가 같은

2) 주광조(1992). 우리는 성 유혹과 공부에 시달리고 있어요. 고려서적.
3) 위의 책

또래의 친구들을 통해서 성에 대하여 처음 듣게 되고, 잘못된 성 개념들을 갖게 된다는 것이다. 이러한 것들로 인하여 더 많은 성 문제가 대두된다. 사례에서 보여주듯이, 아이들의 질문에 대하여 "너희들은 아직 몰라도 돼"하는 식으로 감추고 은폐함으로써 극히 정상적인 발달 상태에 대해 더 호기심을 유발시키고, 자기들끼리 교환하는 부정확한 정보에서 더 큰 문제가 대두되고 있음을 알 수 있다.

2. 성에 대한 잘못된 통념과 태도

인간의 성에 대한 남성과 여성의 차이를 일반화하는 데는 많은 무리가 따르긴 하지만 현재 우리 문화 안에 팽배해 있는 성에 대한 잘못된 통념과 태도를 짚어보면서 보다 나은 방향을 제시하고자 한다.

1) 정력은 남성다움의 상징이다.

모 대학의 성에 대한 통념조사에서 80% 이상의 응답자들이, 정력은 남성다움의 상징이며, 공격적이고 주도적이어야 남자답다고 생각하고 있었다.[4] 이러한 통념은 남성들로 하여금 많은 여성의 경험을 자랑할만하다고 생각하며, 성적 능력 혹은 정력은 남성성의 기준이라는 잘못된 태도를 갖게 한다.

처첩을 여럿 거느리는 남자를 능력 있는 남자로 여기던 시대가 있었다. 그러한 사고와 가치관의 잔재는 남자들이 해외까지 정력제를 찾아다니다가 망신을 당하고 돌아오는 꼴로 이어진다. 정력이

4) 송정아(1993). 성문화에 관한 사회적 통념과 기독교 대학생의 성인지도. 고신대학학생생활연구, 제18호 14-28

'남성다움'의 상징이라는 것으로 인해서 희생당하는 자는 결국 누구일까? 남성일까? 여성일까? 물론 희생자는 남성이다. 남성다움을 과시하는 성적 능력은 남성들에게 부담과 강박관념을 준다. 그 강박관념은 임포텐스나 조루증의 성문제 증상으로 나타나게 되며, 결국 남성다움의 상징으로 남성들이 희생을 당하게 된다.

2) 남성들은 성, 사랑, 결혼을 분리한다.

설문조사에 의하면 70% 이상의 많은 남성들이 성, 사랑, 결혼을 분리시켜 생각하고 있었다.[5] 다시 말해서 많은 남자들이 연애할 여자와 결혼할 여자를 분리해서 생각한다는 것이다. 연애할 여자는 예쁘고 늘씬하고 섹시할수록 좋고, 성적 욕구를 만족시킬 여자니까 야할수록 좋다.

그러나 결혼할 여자는 정숙한 여자라야 한다. 남자인 자신의 행동에 상관없이, 결혼할 여자는 순결하고 정숙하며, 남편을 늘 하늘처럼 섬길 수 있는 여자여야 한다. 그런데 안타깝게도, 이러한 정숙한 여자들은 여자가 갖추어야 할 성적 매력이 부족하다는 것이 흠이다. 정숙한 여자는 다양한 체험과 쾌락을 제공하지 못하기 때문에 매력이 없다. 그래서 한 연구조사에 의하면, 약 70%의 사람들이 성적 매력을 완비한 '야한 여자'가 따로 있다는 환상을 남자들은 지속적으로 갖고 있다는 것이다. 이런 생각 때문에, 호기심에 또는 동료들의 압력에 의해서 부인이 아닌 다른 여자와 성관계를 맺다가 가정이 풍비박산 난다는 것이다.

---

5) 위의 글.

"학창시절 문수는 여자들에게 꽤 인기가 있었다. 많은 여자 친구들 틈바구니에서 성관계의 경험도 많았다. 군대를 제대한 후 중매쟁이의 소개로, 엄한 기독교 가정에서 자란 순종적이며 현모양처형인 현재의 부인을 만나게 되었다. 부인은 예술적 재능이 뛰어 났지만 직장을 포기하고 남편이 원하는 대로 자녀교육에만 전념을 하고 있다. 문수는 남편 뒷바라지를 잘하는 부인을 얻어야 직장 일에 열중하고 출세할 수 있다고 생각해서 현재의 부인을 택했지만, 성적 매력을 크게 느끼지 못한다는 것이 하나의 흠이었다. 그렇다고 해서 부인과 이혼할 생각은 전혀 없다. 문수는 생기발랄한 젊은 여사원과 술집에서 만나는 여자들의 저돌적인 매력에 자극되어 자주 외도를 하게 된다. 다른데서 만난 여자들과 자유분방한 성관계를 갖고, 부인의 자상한 내조를 받는 것은 남자만이 누릴 수 있는 특권이라 생각하며, 자신의 생활을 꽤 만족스럽게, 성공한 남자라고 생각하고 있다. 다른 남자 동료들도 비슷한 생활을 하고 있고, 자신은 남편으로써 부양의 의무를 충분히 다하고 있기 때문에, 죄의식을 가질 필요가 없다고 생각한다. 부인은 남편의 귀가시간이 자주 늦어지고, 외도의 횟수가 잦아짐에 따라 고민이 많다. 어떻게 해야 할까?"[6]

위의 사례에서 문수는 성에 대한 올바른 가치관이 정립되어 있지 않았다. 따라서 자신은 성적 매력을 갖춘 여자들과 관계하면서도 전혀 죄책감이 없다. 그러면서도 아내는 집안을 잘 돌보며 가정을 잘 꾸려나가는 현모양처형인 기독교인 아내를 원한다. 요즈음도 문수와 같이 현모양처형인 아내를 두고 있으면서 성적 매력을 갖춘

---

6) 이명선(1991). 새로 쓰는 성 이야기 : 성충동과 성의 각본. 또하나의 문화. 제8호.

여자들과 관계하는 남편들이 있다. 과거에는 아내들이 문수와 같은 남편을 이해하며 참고 견뎌 왔는데 요즈음은 어림없는 소리라며, 같이 맞바람을 피우는 아내들도 있고, 더 이상 참을 수 없다며 이혼으로 끝내는 아내들의 수도 많아졌다.

3) 남성은 성과 사랑에 대한 비중을 여성에 비해 매우 낮게 둔다.

남성은 성과 사랑에 대한 비중을 여성에 비해 매우 낮게 둔다. 남성에게는 사회직인 활동이 보다 중요하기 때문에, 성과 사랑, 결혼에 인생을 거는 것은 남성적이지 않다고 생각한다. 사회적으로 성공하면 성과 사랑은 부수적으로 자연히 따라 온다고 믿는다. 그래서 순결은 큰 문제가 안 되고 외도도 허용될 수 있다고 믿는다. 성과 사랑의 분리가 가능한 만큼 이들과 결혼과의 분리도 가능하다. 즉 남자에게 성, 사랑, 결혼은 하나의 연장선상에서 이루어지는 것이 아니라, 각각 분리된 영역이라고 믿는다.

반면 여성에게 있어서 사랑과 결혼, 성은 분리되기 어렵다. 즉 사랑과 결혼과 성이 하나로 결합될 때 가장 이상적이라고 믿는다. 여성의 일차적인 행복은 가정에 있다는 통념은, 가정이 여성의 삶에서 차지하는 비중을 크게 만드는 사회적 구조 때문이다. 그러므로 자신의 인생을 걸만한 남자와의 관계는 일생일대의 중요한 모험이다. 그래서 사랑이 없는 성은 생각할 수 없고, 이상적인 사랑의 대상은 결혼의 대상이어야 한다고 생각한다.

4) 남성은 어떤 면이든 존경할 만한 점이 있어야 한다.

많은 사람들이 남성은 어떤 면이든 존경할 만한 점이 있어야 한다고 믿는다. 그래서 경험도 많고 나이도 많고, 힘도 세고 능력도 있고, 체격도 크며 인격적인 면에서도 이끌어 줄 수 있는 남성을 매력이 있다고 생각한다. 최소한 어느 하나라도 여자보다 나아서, 존경할 만한 점이 있어야 한다고 생각한다. 그렇지 않을 경우 여자는 남자에게서 강한 매력을 느낄 수 없다고 믿는다. 이러한 편견은 남성에게 우월감과 권위의식을 허락하며, 여성에게는 여성의 역할과 가치를 평가절하하는 우를 범하게 한다.

5) 정숙한 여자는 성적 호기심이 없다.

정숙한 여자는 성적 호기심에 관심이 없다고 생각하기 때문에, 성적 욕구를 표현하는 것은 수치스러운 일이라고 생각한다. 정숙한 여자는 암시적이고 반어적인 방법으로 성적 욕구를 표현해야 한다. 여성들은 '정숙'을 여성다움의 상징으로 받아들이기 때문에, 특별히 성에 있어서 수동적이고 의존적이어야 한다고 믿는다. 이러한 잘못된 통념 때문에 얼마나 많은 아내들이 괴로워하고 있는가?

6) 남성 중심의 성관계를 해야 한다.

남편 중심의 성관계는 남편위주의 성관계를 해야 한다는 뜻이다. 그래서 아내가 성적 욕구를 표현하면 "아니 웬 여자가 정숙하지 못하게" 또는 "경건하지 못하게"라는 등의 얘기를 한다. 그러면서도 남편들은 아내가 남편의 성적 욕구에 수동적으로 응하고 성 욕구를 만족시켜 주지 못 한다고 외도의 구실을 잡는다. 때문에 아내들은 원하지 않아도 응하게 되고 남편위주의 성관계를 하게 된다.

정숙한 아내들이 자신의 성적 욕구를 표현하거나 요구하는 것은 어려운 일이다. 뿐만 아니라 자존심 상하는 일이다. 이러한 상황에서 여자들은 결국 자기 자신의 느낌이나 판단보다는 남편의 판단을 우선적으로 받아들이는 경향을 갖게 되며, 성에 대한 부정적, 수동적 태도를 갖게 되어 이중으로 상처를 받게 된다.

여자는 사랑하는 사람과의 관계에서 친밀함과 결속이 더 중요하며, 성적인 관계는 부차적이라고 생각한다. 때문에 사랑하는 남자가 성을 요구할 때 여자들은 사랑하는 남자의 성적 욕구를 거절해서 그를 잃기보다는, 어떠한 방법으로든지 붙잡는 것이 낫다고 생각하여 성관계를 허용하게 된다. 그리고 비록 자신은 성적 욕구가 없을지라도, 자신을 통해 만족을 느끼는 상대방을 통해 대리만족을 느끼는 것도 사랑의 한 행위라고 생각할 수도 있다.

그러나, 혼전 성관계는 여자에게 치명적이다. 임신의 위험도 문제이지만, 그 상대가 결혼을 확실히 약속한 사람이 아닌 경우는 말할 것도 없고, 결혼을 약속한 사람이라고 할지라도, 언제 그 마음이 변할지 불안하다. 그 불안감은 남녀관계를 갈등의 관계로 삐걱거리게 하여 혼전 성관계로 말미암아 관계가 악화되어 헤어지는 경우들이 많이 있다. 결국 혼전 성관계는 상대를 붙잡는 행위가 아니라, 떠나보내는 행위가 된 셈이다.

건강한 성

1. 하나님은 성의 창시자

하나님은 성(sex)의 창시자이다. 지상의 낙원인 에덴동산에 아담과 하와라는 남성과 여성을 구별하여 만드셨다. 그리고 결혼의식을 통하여 남편과 아내로 연합하여 행복한 삶을 살아가도록 축복하셨다.

독립된 서로 다른 성(gender)은 독처할 수밖에 없고 외로울 수밖에 없는 성(gender)이지만(창 2:18) 결혼을 통하여 연합된 성(sex)은 온전함을 이룬 아름다운 성(sex)이다(창 2:24). 그러므로 하나님께서 짝지어 주신 배필은 외롭고 공허했던 불완전한 삶을 온전한 삶으로 변화시켜 주는 촉매제이다.

2. 성은 아름다운 사랑의 도구

에덴동산에 세워두신 아담과 하와는 벌거벗었으나 부끄러워 아니하였다. 어떻게 그들이 벌거벗은 몸을 부끄러워하지 아니할 수가 있었을까? 그것은 아마도 아담과 하와가 하나님의 말씀에 전적으로 순종하여 죄가 없었기 때문에 그들의 나체는 하나님 앞에 떳떳하고, 또 하나님께서 만드신 자연 그대로의 벌거벗은 몸은 에덴동산에 있었던 어떤 형태의 생물의 모습보다 가장 아름다웠지 않았을까 생각된다. 그러나 먹지 말라한 선악과를 따먹음으로 말미암아, 그들이 벌거벗은 줄을 알고, 무화과 나뭇잎을 엮어 치마를 만들어 그들이 부끄러워하는 곳을 가리게 된다. 성(sex)에 대한 부끄러움이나 두려움은 하나님의 말씀에 불순종한 인간의 죄악에서 나온 것이지 하나님의 뜻은 아니다.

우리가 하나님의 말씀을 순종할 때, 즉 결혼을 통한 후의 성관계는 더럽고 추하고 부끄러운 것이 아니라 하나님께서 우리에게 허락하신 축복임을 깨닫게 된다. 그러므로 성(性)은 아름다움과 즐거움을 창조해 낼 수 있는 신성한 사랑의 도구임을 우리는 깨달아야 할 것이다. 결혼한 아내가 남편에게 성적 욕구를 표현하는 것은 결코 수치스러운 것이 아니라 자연스러운 표현이다(고전 7:3~4).

3. 모든 사람은 혼인을 귀히 여기며 침소를 정결하게

히브리서 13장 4절은 우리 모두에게 혼인을 귀히 여기고 침소를 더럽히지 않을 것을 요구한다. 여기에는 남자와 여자의 구별이 없다. 이 말씀에 비추어 볼 때, 우리 사회의 규범, 즉 여자는 순결하고 정숙해야 하며 남자는 아무려면 어떠냐, 순결하지 않아도 된다는 이중기준의 사회적 통념이 얼마나 모순이며 성경말씀에 위배되는 것인가를 알 수 있다.

이러한 통념은 많은 남자들로 하여금 침소를 무분별하게 더럽히고, 여자들 또한 혼전 성관계로 인하여 침소를 더럽히고 고민하며 갈등하는 것을 볼 수 있다.

어느 여대생의 고민

"대학교 3학년 때 그 남자를 만나 사귀게 되었다. 친구들 사이에서는 결혼할 사이로 공공연하게 알려져 있었고, 남자 자신이 친구들 앞에서 결혼할 것을 공언하곤 했었다. 친밀감이 더해감에 따라 우리는 혼전 성관계를 갖게 되었다. 그러다가 지난 겨울 의견충돌로 한번 크게 싸웠다. 그 후 두 달쯤 연락이 없다가 어느 날 연락이 와서 나갔다. 나는 당연히 '이제 다시 잘해 보자'라는 화해의 말이 나올 줄 알았는데 헤어지자는 말을 했다. 큰 충격이었다. 그 후 그 사람에게 전화를 했더니 자칭 애인이라는 여자가 전화를 받았다. 증오심이 불일 듯 일어났다. 내 신변이 공개되지 않고 그 남자에게 복수할 방법은 없을까?"[7)]

7) 위의 책

한창 발랄하고 아름답게 지내야 할 시기에 너무나 큰 시련으로 고뇌하고 있음을 본다. 사랑하는 사람으로부터의 배신감은 오뉴월에도 서리를 내리는 복수심으로 변할 수 있음을 보여주고 있다.

혼전 성관계에 앞서 요구되는 원칙은 첫째, 자신의 삶을 자기 스스로 선택하고 책임지는 주체적 태도이다. 둘째, 하나님 말씀에 순종하여 침소를 더럽히지 않겠다는 의지이다. 혼전 성관계가 우리 사회에 꽤나 개방되어가고 있다고 여겨지는 요즈음, 이러한 경직된 사고로는 연인관계를 유지할 필요가 없다며 남자친구가 결별을 선언한다 해도 과감히 이를 거절할 수 있는 용기와 가치관을 가지고 있어야 한다. 내 성(sexuality)은 내가 주인이다. 따라서 내 자신이 통제해야 하며 내가 지켜야 한다는 원칙이다. 요구하는 혼전 성관계를 거절함으로써 사랑하는 사람과의 관계가 깨어질까 걱정했던 염려들은 오히려 더 돈독한 사랑의 관계를 유지하게 된다.

많은 여성들이 연인관계를, 사랑의 관계를 잘 유지해 보려고 혼전 성관계를 허락했지만, 그 목적과는 달리 여자들은 그 시간 이후로 남자의 성 지배하에 들어가는 경우들이 많이 있다. 자신이 자신의 성의 주인임에도 불구하고 한번 성관계를 가진 후에는 자기 자신이 자신을 통제하기 힘이 들며 남자의 요구에 어쩔 수 없이 끌려다니게 된다. 그러므로 내 자신이 나의 성의 주인이 되기 위해서는 혼전 성관계는 결코 허락되어서는 안 된다.

남자들 역시 혼전 성관계는 바람직하지 않다는 것이 하나님의 말씀이고 또 자신의 판단이라면 주위 친구, 동료들로부터 골백번 바보소리를 듣는다 해도 동료들의 상품화된 성문화에 휩쓸려서는 안 될 것이며 그러한 감정과 기분에 빠져 성관계를 가져서는 안 될 것이다.

4. 자신의 성에 대한 정체성 확립

남자나 여자나 자신의 성에 대한 정체성을 확고히 정립해 둘 필요가 있다. 누가 뭐라 해도 내 성은 내가 지킨다. 어떠한 환경에서도 나는 순결을 지키며 침소를 더럽히지 않는다는 의지가 필요하다. 하나님이 주신 아름다운 성을 내가 사랑하는 그녀 또는 그를 위하여 그리고, 우리의 행복을 위하여 하나님의 말씀에 순종하리라는 각오로 기도하며 나아갈 때 세상의 모든 유혹들을 물리칠 수 있다.

얼룩진 성에 대한 어느 군인의 이야기를 들어 보자.

"입대 전에 사귀던 여자 친구가 있었다. 그녀와의 만남은 단순한 친구로서의 감정이 컸다. 저녁 늦게 단둘이 있을 때는 남들처럼 손목도 잡아보고 싶고 입맞춤도 하고 싶었다. 그러나 그녀가 오해 할까봐 항상 나의 희망사항은 미수에 그치고 말았다. 이렇듯 입대 전의 나는 막연하게 이성을 그리워하고 정신적으로 서로를 감싸주되 육체적 접촉은 하지 말아야 하는 줄 알았다. 대학 3학년을 마치고 군에 입대하면서부터 순수하던 나의 여성관은 적지 않은 변화를 맞게 되었다.

취침시간이 되면 중대장의 감시를 피해 ○○○을 열심히 들여다보게 되었다. 그 장면들은 서술하기조차 역겨울 정도로 내게는 충격적인 것이었다. 처음에는 여성을 접하기 힘든 군대사회에서 이성을 그리워하는 본능적 욕구와 알고자하는 호기심에서 보았으나, 점차 보는 횟수가 늘어가면서 '여성은 하찮은 존재로서 남성의 성 욕구를 만족시켜 주는 성적 노리개 또는 대상물' 이라는 인식을 은연중에 갖게 되었다. 이에 편승하여 가끔 연예인을 포함한 군 위문 공연단이 펼치는 쇼는 거의 말초적이고 자극적인 몸짓의 무용 등으로 혈기 왕성한 군인들의 성적욕구 해소의 차원을 넘어 왜곡된 여성관을 갖게 했다.

군에서 휴가를 나오면 사회는 전혀 달라 보였다. 휘황찬란한 네온사인의 밤거리는 예전에 느끼지 못했던 음란한 향락의 도시처럼 보였다. 특히 치마를 두른 모든 여자들이 다 예뻐 보이고, 미끈하고 하얀 다리가 보이는 짧은 스커트에 가슴의 윤곽이 거의 드러나 보이는 여자와 팔짱을 끼고 걷는 남자를 볼 때면 왈칵 울화통이 치솟았다.

그렇게 귀중한 휴가를 마치고 부대로 복귀하면 병사들은 자신의 경험을 무슨 무용담이나 되듯 자랑스레 각색까지 해가며 떠들어 댈 것이 요청된다. 이렇게 푸른 제복의 젊은 군인들은 군대생활을 통해 성적 욕구를 달래고 배우고 또 실습해가며 약 3년을 지낸다.

대학에 복학한 요즘, 자신도 모르게 군대생활을 통해 무비판적으로 받아들인 왜곡된 성 지식과 여성관이 일상생활에 적지 않은 무게로 내 자신을 억압하고 있음을 깨닫는다. 캠퍼스 안에서 여학생들이 새빨간 입술에 눈가를 게슴츠레 칠하고 자신의 몸매를 자랑이라도 하듯 노출이 심한 옷을 입고 다니면 이상야릇한 포르노적 상상 속에 휩싸인다.

정말 이래도 되는 건가? 대학까지 온 여성들이……

나 자신의 기차가 어두컴컴한 군대란 터널을 통과하면서 왜곡된 성 지식과 여성관의 검댕이를 묻히고 나와 지금에 이르렀다. 이러한 나의 모습을 사회와 차단되고 엄격하게 위계 서열화된 군대조직 탓이라고 원망할 수만은 없다. 나 스스로 올바른 여성관, 아니 인생관을 정립하지 못한 것이 현재의 나를 혼란스럽게 하는 큰 원인이 되고 있기 때문이다."[8]

---

8) 위의 책.

남자들 90% 이상이 군대 가기 전후에 "딱지를 뗀다"는 말이 있다. 우리 나라 사회 전체가 성교육에 대하여 너무나 무방비 상태에 있다. 너무나도 귀중하고 고귀한 성을 이렇게 하찮게, 천박하게 내동댕이치고 있다.

성적 욕구가 가장 왕성한 나이에 남자들은 군대에 가게 된다. 성교육에 대한 부재로 자신의 성에 대한 정체성을 제대로 확립하지도 못하고 군대에 가기 때문에, 자신도 모르게 군대의 환경에 물들어 버린다. 특별히 군인 복무규율과 상관의 명령에 절대 복종해야 한다는 규칙이 엉뚱하게 병사들의 성교육과 사생활까지 적용되어 많은 병사들이 타락의 늪에 한번쯤 빠져보게 된다는 것이다. 위 사례는 군대생활을 통해 자신도 모르게 무비판적으로 강제적으로 받아들인 왜곡된 성 지식과 여성관이 일생을 통해 적지 않은 무게로 억압하고 있음을 볼 수 있다.

요즈음 어떤 여성들은 남성들이 순결하지 않으니까 우리들도 순결할 필요가 없다며 같이 방종하는 여성들이 있다. 그러면서도 그들은 자신들이 남녀평등을 추구하며 여성들의 권리를 신장시키고 있다고 주장한다. 이러한 방법으로 남녀평등을 논한다면 우리 사회의 성 윤리의 정체성은 어디에 기준을 두고 어떻게 찾아야 할 것인가?

성에 대한 남녀평등은 성경에서 보여주는 것과 같이 모든 사람, 즉 남자나 여자나 기혼자나 미혼자나 할 것 없이 모두가 자신의 정절 또는 순결을 지켜야 한다. 가정의 평화와 사회질서를 유지시키는 가장 좋은 방편은 이것이기 때문이다.

5. 성 유혹을 자제

많은 사람들은 "매춘의 존재를 필요악"으로 생각한다. 왜? 남성들의 성 충동 때문에? 만약 매춘이 없어진다면 수많은 '정숙한 여성'들이 남성들의 성충동의 피해자가 된다고 말한다. 그 이유는 남자는 선천적으로 강한 성욕을 갖고, 이를 억제하기 힘들 뿐만 아니라 성욕을 억제하는 것은 건강에 좋지 못하다고 말한다. 따라서 정숙한 여성만의 존재로는 남성의 성 충동을 충족시킬 수 없기 때문에 남성들은 자신이 갖고 있는 환상을 만족시킬 수 있는 정숙하지 않은 여성의 존재가 필요하다는 것이 우리 사회에 팽배해 있는 성 통념이다.

그러나 잠언 5장 18절, 19절의 말씀은 "네 샘으로 복되게 하라. 네가 젊어서 취한 아내를 즐거워하라. 그는 사랑스러운 암사슴 같고 아름다운 암노루 같으니 너는 그 품을 항상 족하게 여기며 그 사랑을 항상 연모하라"고 가르친다. 성경말씀에 비추어 볼 때, 우리는 우리의 통념이 얼마나 모순되며, 하나님의 뜻과도 멀리 떨어져 있음을 알 수 있다. 성 충동을 충족시키기 위해 이 여자 저 여자를 찾는 것이 행복이 아니라는 사실과 젊어서 취한 아내, 조강지처를 즐거워하고 그 품을 항상 족하게 여길 때 행복이 있다는 사실을 알게 된다.

혹자는 남편의 외도를 "본능이 부추긴 순간의 실수"라고 말하기도 하고, 아내가 남편의 성적 욕구를 만족시켜 주지 못하니까 밖에 나가 이곳 저곳을 기웃거리는 것이 당연하다고 합리화한다. 뿐만 아니라 여자들은 체질적으로 남자보다 성적 욕구가 약하고 자제력이 강하다고 믿는다. 따라서 여성이 남성과 같이 성 행동을 취할 때, 즉 외도를 할 때는 심한 비난의 대상이 되고 있다. 다시 말해서 남편의 외도는 아내가 충족시켜 주지 못한 탓으로 용납이 되지만, 아내의 외도는 여자가 끼가 있어 한 것이니까 마땅히 비난의 대상이 되어야 한다는 것이다.

한 연구조사를 보자.

이 연구는 20대 초반에서 40대 후반 남성 350명을 대상으로 한 연구결과이다. "남성의 성 충동은 자제할 수 있는가?"라는 질문에 77.5%가 자제할 수 있다, 19.5%는 상황에 따라 자제할 수 있다, 3%는 자제할 수 없다고 대답했다. 이 결과에 의하면, 97% 남성들이 상황에 따라서든 아니든 간에 성 충동을 자제할 수 있음을 알 수 있다. 그럼에도 불구하고 남성의 성 문제가 훨씬 더 많이 대두되는 것은 남자들이 이성적인 의지로 성욕을 제어하기보다는 "성 충동은 자제할 수 없다"는 통념을 비판이나 여과 없이 받아들이고 내면화하여 버리기 때문이라고 생각한다.

6. 성숙한 사랑은 서로의 성을 소중히

사랑에는 여러 종류가 있다. 에로스(Eros), 필레오(Philleo), 아가페(Agape) 등이 있다. 에로스 사랑은 이성에 대하여 사랑의 눈이 열리고 사랑하는 대상을 즐거워하며 사랑하는 사람과 육체적으로 연합하고자 하는 강한 욕망이 있다. 이 사랑은 강렬하고 정열적이며 낭만적인 장점과 함께 오래 지속되지 못하는 약점과 감각적 사랑이기 때문에 성 관계를 갖게 되면 시들해지는 단점이 있다. 에로스 사랑에서 인간의 성적 욕망이란 밀물이나 썰물처럼 흘러넘칠 수 있는 매우 강한 성적 충동이 내재되어 있음을 알아야 한다.

그러므로 아무리 믿음이 좋다하더라도 우리 자신을 지나치게 믿는 것은 금물이다. 다윗 왕을 보자. 어릴 때부터 여호와를 경외하며 신실한 생활을 해 왔음에도 성적 욕망을 이기지 못하여 범죄하게 된다. 그러나 청년 요셉은 보디발의 아내로부터 그렇게 많은 유혹을 받았음에도 그 유혹을 물리치고 자신의 순결을 지킨다. 따라서 성욕의 물결이 일 때 특별한 주의를 기울이지 않으면 안 된다. 특히 젊은이들에게는 첫째, 데이트할 때와 장소에 신경 쓸 필요가 있다. 너무 늦은 시간에 호젓한 장소에 둘만이 있는 것은 될 수 있으면 피하는 것이 좋다. 둘째로 육체적 접촉에 서로가 분명한 경계선을 그어 놓는 것이 좋다. 어느 선까지 허용할 수 있는지 그 경계를 정해 놓아야 한다. 남녀는 서로 자력의 힘이 세기 때문에, 일단 성감대를 자극받거나 어느 정도의 선을 넘으면 자신을 통제하기 힘들기 때문이다. 순결을 지키기가 쉬운 일이라고 생각지 말고 모두가 무장을 단단히 할 필요가 있다.

성적인 황홀감보다 더욱 값진 것은 서로를 신뢰하고 서로를 아껴 주며 감싸 주고 서로의 순결한 성을 소중히 여기는 사랑이다. 이 사랑이 바로 필레오의 사랑이다. 에로스 사랑이 이성간의 연인을 만드는 정열적인 사랑이라고 한다면, 필레오의 사랑은 이성 간 또는 동성 간에 친밀한 친구를 만드는 사랑이다. 갈등과 부딪힘 속에서 시간을 두고 서로 적응해 가며 서로 닮아 가는 사랑이며 감싸 주고 편들어 주는 사랑이다. 약점과 실수까지도 용납하고 지지해 주며 믿어주는 소속감이 있는 소중한 사랑이다. 그 위에 아가페 사랑으로 하나님의 헌신적 사랑으로 서로의 성을 소중히 여기며 사랑을 배우고 익혀갈 때 성숙한 사랑으로 성장해 갈 수 있을 것이다.

결혼을 준비하는 젊은이들에게

조금만 더 기다리십시오.
서둘지 않아도 언젠가 그 날이 옵니다.
그때까지 서로를 아끼며 감싸 주며
서로를 소중히 여기십시오.

언젠가 올 그 날을 위하여
조금만 더 기다리십시오.
아름다운 웨딩을 위하여
당신의 행복을 위하여

순간순간을 아름답게 장식하면서
에로스의 뜨거운
정열을 오래오래 간직하며
그 날을 기다리십시오.

기다리는 그들에게
에로스의 낭만은
필레오의 친밀함으로
아가페의 크신 사랑으로
당신을 보듬어 주실 것입니다.

젊은 부부의 성

하나님께서 인간을 사회적인 존재(social being)로 만듦과 동시에 또한 성적인 존재(sexual being)로 만들었다는 것을 "결혼이 주는 의미"에서 이미 말씀 드렸다. 그리고 유교문화권 아래 있던 우리 한국 여성들 특히 경건에 이르고자 하는 믿음 좋은 크리스찬들이 가지고 있는 성생활에 대한 잘못된 개념에 대해서도 말씀드렸다.

그러므로 "젊은 부부의 성"에서는 좀 더 구체적이고 실제적인 사항과 문제점을 설명하고자 한다.

결혼을 통한 부부간의 성관계는 하나님께서 허락하신(창 2:24),

남편과 아내로서 서로를 잘 알게 할 뿐만 아니라, 우리의 육체로 누릴 수 있는 최고의 기쁨을 누리도록 허락하였다. "두 몸이 합하여 한 몸을 이룰 지니라"(창2:24)는 말씀이나, "생육하고 번성하여 땅에 충만하라"(창1:28)는 하나님의 말씀들은 오로지 결혼을 통한 부부의 성행위를 통해서 만이 이루어질 수 있다.

하나님은 이 시간도 예수를 믿는 모든 크리스찬들이 섹스는 더럽고 추하고 부끄러운 것이 아니라, 결혼을 통한 섹스는 우리에게 허락한 아름다움과 즐거움을 창조해 낼 수 있는 신성한 사랑의 도구라는 것을 깨닫기를 원하신다.

미국인들의 일반 통념을 깨뜨리는 성에 대한 조사연구가 1940년대 킨제이(Kinsey)에 의하여 발표되었다. 그 뒤를 이어 1960년대에 매스터스(Masters)와 존슨(Johnson)이 신체 해부학적인 성 연구를 시행하였고, 1970년대에는 헌트(Hunt)에 의한 성 조사연구, 1990년대엔 자누스와 존 개그넌 팀에 의한 성 보고서가 계속 이어졌다.

그들에 의하면 미국인 부부들의 80% 정도 또는 그 이상이 그들의 성생활 문제에 전문가의 도움이 필요하다고 내다보고 있다. 초등학교 4~5학년쯤부터 성교육을 받고 있는 미국인들에게 성 문제가 그렇게 많다면, 학교에서 성교육을 충분히 받지 못하는 우리 한국인들에겐 성 문제가 더 많지 않을까 생각해 보았다.

성생활에 문제가 있는 부부를 중심으로 연구 조사한 결과에 의하면 아내들이 성적으로 흥분되지 않는다는 것이 성문제의 주류를 차지하고 있었다. 여기에는 물론 각기 다른 많은 원인들이 있지만, 그것들을 크게 요약하면 성에 대한 무지나 잘못된 지식 때문이거나 잊혀지지 않는 과거의 악몽과 같은 성 경험이나 죄 또는 죄책감 때문에, 그리고 피곤함과 스트레스 때문에 성적으로 흥분이 잘 안 된다는 것이다. 성적으로 흥분되지 않기 때문에 성행위 그 자체에 관심이 없어지고, 남편의 요구에 화를 내게 되며, "당신은 야수"라느니, "섹스광"이라는 식으로 핀잔을 주게 된다(물론 반대의 경우도 있겠지만).

어느 남편 또는 아내가 그러한 핀잔을 받아가며 성행위를 하려고 할까? 최고의 사랑과 기쁨을 주고받아야 할 침실에서 맹수와 같은 부부 싸움은 상대방으로 하여금 외도의 길을 걷게 하고 종래에는 이혼으로 치닫게 된다. 성문제의 해결방안과 아름다운 성생활을 위한 몇 가지 방안들을 제시해 보고자 한다.

1. 성에 대한 긍정적인 사고

아름다운 성생활을 하기 위해서는 우리의 생각 속에 자리 잡고 있는 성행위에 대한 부정적인 사고방식이 긍정적인 사고방식으로 바뀌어져야 한다.

예를 들면, 성행위(sexual intercourse)는 불결하거나 추한 것이 아니라 아름답고 신성한 것이며, 부부간의 성행위를 통한 즐거움이나 기쁨은 세상 정욕에 사로잡힌 쾌락이나 죄를 범하는 것이 아니라는 것이다.

성의 창시자는 하나님이다. 하나님께서 아담을 만들어 에덴동산에 놓으시고 외로워하는 아담을 도와 주기 위해, 똑같은 남성(male)을 지으시지 아니하고, 다른 성, 여성(female)을 지으셨다. 그것은 서로 다른 성을 가진 사람들이 만나서 결혼을 하고, 부부 성생활을 통해서 서로 위로하며 기쁨을 나누고, 그 열매로 생육하고 번성하며 땅에 충만하라는 하나님의 뜻이다.

'완전한 여성(total woman)'을 집필한 마라벨 몰간여사는 "두뇌는 여자에게 있어서 성행위 조절 센터"라고 지적했다. 사실 그렇다. 우리의 머릿속에서 성행위에 대한 부정적인 사고가 바뀌어져야만 남편을 또는 아내를 바라보며 성적으로 흥분(sexual arousal)할 수 있다.

그리고 성적 흥분이 있는 곳에서만 오르가즘(orgasm), 성적 클라이막스를 느낄 수 있다. 우리 크리스찬들은 하나님이 섹스의 창시자(창 1:27)라는 사실을 믿고, 또 남편과 아내는 서로가 충족시켜 주어야 할 성적인 요구를 가지고 있다는 것(고전 7:3~4)을 깨달아야 한다. 그리고 그들의 침소는 귀히 여김을 받고 더럽힘이 없어야 한다(히 13:4). 성경을 충분히 이해하고 하나님의 말씀에 순종하는 크리스찬이라면, 결혼이란 거리낌 없이 성생활을 즐길 수 있는 하나님 아버지의 놀라운 축복임(창 2:24~25)을 또한 알아야 한다.

성에 대한 부정적인 사고로 문제가 되고 있는 한 부인의 예를 보자.

어느 날 상담실에 말쑥하게 차려입은 갓 중년을 넘은 듯한 멋쟁이 부부가 오셨다. 겉으로 보기에 두 분 모두 지성미가 넘치며 생활에도 여유가 있어 보였다. 그런데 남편의 하소연은 그들의 성생활에 대한 문제였다.

교육 정도나 집안 살림꾸리는 것이나 아이들 기르는 것 모두가 아내로서 빈틈이 없고 대인관계도 그렇게 좋을 수가 없었다. 그러나 밤만 되면 밤일을 제대로 안 할 뿐만 아니라, 목석이 되어버려 성행위를 하다가도 기분이 나빠 그만두고 만다는 것이다.

그 아내와 함께 대화를 나누면서 그 부인은 성행위에 대한 아주 부정적인 관념을 가지고 있었다. 부인은 성행위를 할 때마다 동물들이 광란하고 있는 것 같은 착각에 사로잡히게 되고, 또 추하고 저질적인 생각이 자기를 미치게 한다는 것이다. 할 수 없이 성관계는 하고 있지만, 어서 속히 끝내 주었으면 하는 것이 항상 부인의 바람이었다고 고백하며 어쩔 수 없었다는 것이다. 부인과의 대화를 나누면서, 이 부인의 머릿속에 어린 시절 동물들이 교미하는 추한 장면들이 너무나도 생생하게 박혀 있음을 알게 되었다.

어린 시절 아무 생각 없이 보아 넘긴 동물들의 광경이 어린아이의 동심을 멍들게 하고, 그 멍울은 이 여인의 생애를 계속 따라다니며 괴롭혀 왔던 것이다. 상담을 통해서 성에 대한 무지와 잘못된 생각의 전환, 그리고 케겔 요법으로 지금은 아름다운 부부생활을 하고 있다.

2. 해결되어져야 할 감정의 상처와 죄 문제

아담과 하와는 아늑하고 평화로운 에덴동산에 살아야만 했다. 그러나 사탄의 유혹에 빠져버린 그들의 생활은 순식간에 가시와 엉겅퀴가 있는 저주받은 땅으로 떨어지고 말았다. 사탄은 오늘도 똑같은 수법으로, 하나님께서 우리에게 주신 아름답고 귀한 성, 사랑의 무기를 창기로, 죄악의 무기로 쓰도록 유혹한다. 많은 부부들이 사탄의 유혹에 빠져, 죄의 문제를 해결하지 못하여 괴로워하고 신음하고 있다.

성경에서 성적인 문제로 가장 괴로워하고 고민하는 인물은 아마도 다윗 왕일 것이다. 사무엘하 11장에는 다윗 왕이 성적으로 범죄하는 장면을 설명하고, 시편 32편에서는 해결되지 못한 죄와 죄책감 때문에 심히 고통받고 있는 다윗 왕의 처참한 모습을 볼 수가 있다. "내가 토설치 아니할 때에 종일 신음하므로 내 뼈가 쇠하였도다. 주의 손이 주야로 나를 누르시오니 내 진액이 화하여 여름 가뭄에 마름같이 되었나이다"(시편 32:3~4).

자신의 죄를 해결함 받지 못했을 때 그 죄책감이 얼마나 무겁게 짓누르고 있는가를 알 수 있다. 뿐만 아니라 배우자에 의한 감정의 상처들로 부부관계에 어려움을 겪고 있는 분들이 많이 있다.

어느 남편의 사례를 보자.

"3년간의 결혼생활 후 아내와 두 자녀를 남겨두고 먼저 미국에 왔다. 영주권 관계로 아내와 자녀들을 초청하는 것이 여의치 않아 7년이라는 세월이 흘렀다. 그 동안 어느 정도 돈도 모으고 시민권도 받게 되어 아내와 두 자녀를 초청하였다. 그런데 기대와는 달리 결혼생활의 재결합이 정말 힘들었다. 다른 것은 다 참을 수 있었는데 성생활이 영 흥미가 없고 목석을 껴안는 기분이었다"라고 불만을 털어놓았다.

부인과 상담을 통해서 알고 보니 정작 불만을 털어놓아야 할 사람은 남편이 아니라 아내임을 알았다. 7년이라는 긴 세월을 아내는 한국에서 학원 선생을 하며 두 아이들을 아주 훌륭하게 잘 키웠다. 그런데 미국에 와서 보니 어이없게도 남편은 다른 여자와 살림을 차려 애까지 있었다. 물론 남편 말은 영주권 문제로 계약결혼을 했고, 지금은 깨끗이 헤어졌다고 변명을 하고 있었지만 상처받은 아내의 마음은 차가웠다. 남편과 아내가 지옥과 같은 생활을 몇 달하다가 결국 아내는 자녀들과 함께 한국으로 돌아가고 말았다.

참 어처구니없는 일이다. 처자식을 둔 가장이 계약결혼이라는 정당치 않은 방법으로 일을 처리할 때에 무서운 죄가 남편과 아내 사이를 가로막고 가정파탄이라는 회오리바람을 몰고 온 것이다. 그 죄악의 대가가 어찌 남편과 아내에게만 떨어지랴. 그 죄악은 두 아내와 세 자녀 그리고 본인 도합 여섯 사람이 고통과 괴로움을 감수해야만 했다.

그럼에도 불구하고 놀라운 것은 그 죄악 가운데, 고통 가운데 헤매던 자가 예수님 앞에서 자기의 죄를 다 고백하고 용서함 받기를 갈구할 때, 사랑과 은혜가 풍성하신 하나님은 그 아들을 죄 있는 모습 그대로 받아주신 사실이다.

"내가 이르기를 내 허물을 여호와께 자복하리라 하고 주께 내 죄를 아뢰고 내 죄악을 숨기지 아니하였더니 곧 주께서 내 죄악을 사하셨나이다"(시편 32:5).

어느 누구도 할 수 없는 남편의 죄를 예수님은 값없이 사하여 주셨다. 구속의 은총과 놀라운 주 은혜에 감사해서 지금은 아내와 자녀들의 영혼을 위하여 끊임없이 간구하고 있다. 언젠가 두 부부와 자녀들이 서로를 용서하며 연합할 날이 있으리라 생각한다.

특별히 남편과 아내 사이를 가로막는 과거의 죄 문제에 대하여 언급해 두고 싶은 것이 있다. 때때로 남편의 의처증 때문에 괴로워하며 상담실을 찾아오는 분들이 있다. 그 분들과 대화를 나누어 보면 굳이 말하지 않아도 될 과거를 남편에게 털어놓음으로 말미암아 문제가 발생하는 경우가 종종 있다. 과거의 일들을 솔직히 고백하고 깨끗하게 용서함 받고 떳떳하게 살겠다는 처음 의도와는 달리 그 고백으로 말미암아 부부관계에 금이 가고 틈이 생겨서 이혼하는 경우도 있고, 별로 친밀하지도 않았던 과거의 이성 관계에 대한 고백이 남편과의 갈등을 불러일으키기도 한다.

놀라운 사실은 남편의 과거 이성 관계를 듣고 의심하는 아내보다는 아내의 과거를 듣고서 의심하는 남편의 숫자가 훨씬 많다는 사실이다. 이것은 아마도 남편들이 옹졸해서라기보다 유교사상에 뿌리박힌 우리 한국인의 이중적인 가치 기준 때문이라고 생각한다. 남자가 바람을 피우거나 깊은 이성관계가 있는 것은 괜찮고, 여자가 이성관계가 있는 것은 절대 안 된다는 사회의 이중가치 기준이 현대에 와서도 상당수의 사람들을 괴롭히고 있다.

물론 결혼하기 전에 깊은 이성관계가 있어서는 안 될 것이다. 성경에서도 "모든 사람은 혼인을 귀히 여기고 침소를 더럽히지 않게 하라"(히 13:4)고 말씀하신다. 우리 크리스찬은 어느 경우에도 우리의 몸을 혼전에 더럽히지 않도록 순결하게 가꾸어야 하는 것이 우리의 의무이다. 여기에는 남자와 여자의 성의 차별이 없다.

그러나 우리가 사는 세상은 죄악이 편만해 있기 때문에 본의 아니게 성폭행을 당할 수도 있고, 또는 영적으로 거듭나기 전, 예수님을 영접하기 전에 순간적인 사탄의 유혹에 빠져 세상적인 탁류에 몸을 더럽힐 수도 있다.

그렇다면 이러한 과거의 무거운 짐들을 어떻게 해결해야 한단 말인가. 상당수의 미혼 남녀가 신성한 결혼 앞에서 때로는 결혼한 분들도 해결되지 못한 과거의 죄 때문에 무겁게 하루하루를 살아가고 있다. 해결되지 않은 죄의 문제는 인간을 두렵게 할 뿐만 아니라 그 두려움은 때때로 파멸의 길로 인도하며, 마땅히 누려야 할 행복을 느끼지 못하게 하고 자신 없는 삶을 살아가게 한다.

요한 1서 1장 9절에는 "만일 우리가 우리 죄를 자백하면 저는 미쁘시고 의로우사 우리 죄를 사하시며 모든 불의에서 우리를 깨끗케 하실 것이요"라고 말씀하신다. 하나님은 우리의 죄가 어떤 것이든, 그것이 주홍같이 붉은 죄일지라도 눈과 같이 희게 해 주신다고 말씀하신다.

그러나 양심에 거리낌 없이 살겠다는 이유로 남편과 아내가 서로 과거를 고백하여 죄사함받기를 간구할 때는 꼭 부작용이 생긴다는 것을 기억해야 한다. 그것은 우리는 인간이기 때문에 하나님처럼 우리 죄를 도말 할 수도 없고 또 기억 안 할 수도 없기 때문이라 생각된다.

그러므로 남편과 아내가 과거에 대하여, 이미 하나님으로부터 용서받은 죄는, 기억할 필요도 없고 또 굳이 고백하여 긁어 부스럼을 만드는 우를 범하지 않는 것이 현명하다고 생각한다.

3. 배우자의 성에 대한 이해

남편과 아내는 서로의 성에 대한 이해가 필요하다. 아내들은 대부분의 남자들이 쉽게 그리고 빨리 성적으로 흥분한다는 것을 알아야 한다. 남편들 또한 자기 아내가 성에 대하여 영 재미없는 더딘 사람이라고 판단하기 전에 여자들은 남자들처럼 쉽게 흥분하지 않는다는 것을 알아야 한다.

연구보고에 의하면 남자들은 성행위에 대한 욕구가 18세에서 20세에 절정을 이루며 여자들은 30대 후반에서 40대 초가 절정이라고 한다. 성적인 흥분을 일으키는 것도 여성이 남성보다 약 10분에서 15분 정도 늦다. 따라서 전희 동작을 약 10분에서 15분 정도 하게 되면, 남편과 아내의 오르가즘을 느끼는 시간이 거의 맞는다는 이론이다. 그런데 남편이 아무런 전희동작 없이 자기위주의 성행위를 함으로써 수많은 여성들이 절망 속에서 끝내게 된다.

어느 날 30대 후반의 부인이 오셔서 하염없이 눈물을 흘리고 계셨다. 사연인즉 이혼을 하고 싶은데 사춘기에 있는 아이들도 걸리고, 남편도 걸리고, 무엇보다도 하나님 앞에 죄스럽다는 것이다. 그러다 보니 자신의 삶에는 전혀 기쁨이 없고 보람도 없어 때로는 자살까지도 생각해 보았다. 이러한 마음의 갈등이 하루에도 몇 번씩 교차되어 미칠 지경이라는 것이다.

그분의 남편은 신혼시절부터 무척 바빴다. 밤이고 낮이고 집에서 쉬는 시간이 거의 없었다. 신혼의 아내는 밤늦도록 남편의 귀가를 이제나 돌아올까 저제나 돌아올까 기다렸다. 거의 매일 아내는 남편의 늦은 귀가에 지쳐 잠이 들었다. 늦게 돌아온 남편은 곤히 잠든 아내에게 아무런 애무나 전희동작 없이 자신이 성관계를 하고 싶을 때만 하고, 곧바로 깊은 잠으로 떨어지며 코까지 골면서 잔다는 것이다.

부인은 곤한 잠에서 엉겁결에 비몽사몽간에 강간당한 것처럼 성행위를 끝내고 나면, 성행위의 기쁨은커녕 남편의 코고는 소리에 잠을 이룰 수가 없었고, 15년 넘게 이러한 생활을 해오다 보니 불면증에 시달려 미칠 지경이라는 것이다.

성에 대한 무지와 준비 없는 성생활로 말미암아 생기는 충족되지 않은 성적인 욕구는 부인으로 하여금 삶의 의미를 잃어가게 하고, 불면증과 함께 깊은 우울 증세를 보이고 있었다. 만족한 부부의 성생활을 위해서는 남편과 아내 모두의 노력이 필요하다. 특히 성행위 전, 전희에 의한 성행위의 준비 자세는 성생활 만족의 필수라고 생각한다.

4. 남자와 여자의 기질적인 차이 인정

우리는 남성과 여성의 신체구조가 다를 뿐만 아니라 기질도 다르다는 것을 이해해야 한다. 남성들은 여성들에 비하여 시각적이라고 한다. 남자들은 시각적인 자극에 예민하기 때문에, 여성의 나체나 반쯤 벗은 모습에 또는 여자들의 초미니 스커트에 시선을 자주 주게 된다. 그래서 예수님께서도 시각에 예민한 남자들에게 "여자를 보고 음욕을 품는 자마다 마음에 이미 간음하였느니라"(마 5:28)라고 말씀하셨나 보다. 그러므로 여성들은 외출 시에 행여나 나의 옷차림으로 인하여 남자들이 시험에 들지 않도록 주의를 기울여야 할 것이다. 그러나 침실에서의 잠옷은 좀 야하다 할지라도 남편 외에는 시험 당할 자가 없으므로 무방하리라 생각한다.

시각적이고 빨리 흥분되는 남자들의 기질 때문에 아무래도 남편들이 아내들보다는 더 빈번하게 성관계를 요구하는 것은 당연하다.

이러한 경우 아내들이 남자들의 성적인 기질에 대하여 무지할 때는, 극히 정상적인 남편을 마음 속으로 저이가 혹시 '섹스광'이 아닌가 하고 두려워하게 된다.

반면 시각에 의하여 성적인 자극을 쉽게 받는 남성들에 비하여, 여성들은 시각보다는 감정적인 느낌으로 성적인 자극을 더 받는다고 한다. 때문에 여성들은 감정적으로나 심리적으로 안정감을 주는 남성에게 존경과 관심을 보이기 쉽다. 이것은 아내가 남편에게 친밀한 기분을 느끼지 못하고, 자신이 한 인간으로서 남편으로부터 인정받지 못하면 남편과의 성생활에서 만족하기가 어렵다는 것이다.

또한 여성들은 청각적이다. 남편의 부드러운 목소리나 아내를 배려하는 말 한 마디는 아내의 하루의 피로를 풀어 주고, 아내를 포근하게 만들어 주며 남편의 품에 푸욱 안기고 싶은 마음이 생기도록 만든다.

그러므로 남편들이 아내를 사로잡는 좋은 방법은, 부드러운 목소리로 아내에 대한 깊은 관심을 온화하게 내보이는 것이다. 예를 들면, 남편이 아내의 등 뒤에서 아내를 감싸 주며 정감 어린 목소리로 "당신 오늘 얼마나 수고했소? 좀 쉬구려" 등의 배려에 찬 말 한 마디는 아내로 하여금 남편의 품에 안기고 싶은 감정을 자극하게 한다는 것이다.

남편들은 여성들이 감정적이고 청각적이기 때문에 남편이 아내를 순수한 마음으로 사랑하고 관심을 가져줄 때, 남편의 부드러운 말이나 친절이 아내로 하여금 쉽게 성감적인 자극을 받을 수 있다는 것이다. 유명한 가수에게 열광하는 팬들이 남성에 비하여 여성에게 훨씬 많다는 것도 이 사실을 뒷받침하고 있다.

남편과 아내의 기질의 차이는 부부싸움 후에 잘 나타난다. 부부싸움 후 아내는 정식 화해가 이루어지지 않으면, 성적으로 흥분이 되지 않고 성행위를 원치 않는다. 반면에 남편은 아내와의 화해를 성행위로 풀려고 한다. 남편은 화해가 이루어지지 않은 상태에서도 아내의 선정적인 모습에서 성적인 자극을 받는다. 또 다른 차이점은 아내는 피곤할 때 성행위를 극히 귀찮게 생각하나, 남편은 성행위로 피곤을 풀려고 한다고 레니크(Renich)는 그의 저서 「멋진 아내 행복한 남편」에서 말하고 있다.

남자와 여자와의 기질의 차이를 안다는 것은 부부의 성생활에 큰 도움을 준다. 하나님께서 남자와 여자를 다르게 만들어 놓은 사실을 깨닫고 인정할 때 남편은 아내를, 아내는 남편을 더 잘 알고 이해하며 사랑하게 된다.

그러나 모든 남성과 여성에게 이러한 기질적인 차이가 있다는 것은 아니다. 연구결과 많은 사람들이 그렇게 차이를 나타낸다는 것이다. 다시 말해서 어느 부부에게는 아내가 남편보다 성적으로 더 감각적일 수도 있고 더 자주 흥분할 수도 있다는 말이다. 이것 또한 잘못된 것은 아니다. 하나님은 변화를 좋아하기 때문에 남녀의 성적인 기질에서도 예외를 두는 것 같다.

5. 남자와 여자의 성 반응 단계

성욕은 성적인 흥분을 유발시키기 때문에 성행위시 절정에 이르기 위해서는 꼭 필요한 것이다. 성욕이란 성행위에 대한 생각과 함께 섹시하다고 느끼는 배우자의 향기나 시선, 애무를 받을 때, 서로 상대방이 성관계를 원하고 있다는 신호를 주고받을 때 더 강렬해진다. 성 반응에 대한 신체 해부학적 연구는 마스터스와 존슨(Masters & Johnson, 1966)에 의해 행해졌다. 그들의 연구를 간략하게 소개하면 다음과 같다.[9)]

1) 흥분단계

신체적 변화는 심적 흥분을 수반한다. 중추신경에서 신호를 보내면 신체는 일정한 변화를 일으킨다. 즉 혈압이 상승하고 심장의 고동과 호흡이 빨라진다. 이 정보는 또 외성기에 혈액을 보내고, 근육을 변화시키며, 피부의 감수성을 증폭시킨다. 이러한 신체적 변화를 느끼면서 성적인 흥분의 조짐을 보이는 것이 흥분과정이다.

여성의 경우는 성적인 흥분수준이 높아감에 따라, 질의 윤활이 시작되고 질강의 안쪽 3분의 2가 확장된다. 대음순은 열리고, 소음순이 부풀어 오르고, 클리토리스도 팽창한다. 남성의 경우 페니스는 충혈하여 발기하고, 정소는 몸 가까이로 끌려 올라간다. 남녀 모두 이들 신체적 변화는 혈관 충혈에 따른다. 젖꼭지는 남녀 다 함께 발기한다.

2) 고조단계

성적인 흥분이 강화되고 근육이 증대한다. 남녀 모두 심박동수, 호흡수, 혈압이 증가하여 피부 발진과도 같은 '성적 홍조'가 가슴, 목 등의 피부에 나타난다.

여성의 경우는 질벽의 바깥쪽 3분의 1이 팽창하고 개구부가 좁혀진다. 충분히 성적 흥분이 되어 있으면 페니스가 평균치보다 짧거

9) Masters & Johnson(1966). Human Sexual Response. Little, Brown & Company.

나 가늘거나 해도 질은 꼭 죄어준다. 질강의 안쪽 3분의 2는 확대되어 부풀어 오르며, 자궁과 자궁경부는 질의 끝부분에서 위로 향하여 들어 올려진다. 클리토리스는 치골을 향하여 당겨지며 종종 팽창된 음순이 덮인다. 소음순은 보통의 2~3배로 두툼해지며, 보다 짙은 색이나 밝은 빛깔로 변화한다. 젖꼭지 둘레의 유륜은 부풀어 올라 때로는 젖꼭지의 발기를 잘 볼 수 없게 하며 유방은 커진다. 남성의 경우는 고조기 때 귀두와 정소가 커진다. 귀두는 또 색이 짙을 수가 있으며 정소는 몸에 접근하여 회전하고 음낭과 항문 사이의 영역에 위치한다. 페니스의 귀두부 끝에서 투명한 액체를 볼 수 있다.

3) 오르가즘 단계

오르가즘은 대부분 몇 초 동안 밖에는 지속되지 않으며 그것은 리드미컬한 근육수축으로 이루어져 있다. 이 순간의 정신 상태는 쾌감의 체험에 집중하여, 한 마디로 말하자면 의식상실에 빠져있는 것처럼 보일는지도 모른다. 뇌파의 패턴은 오르가즘 동안에 변화하고 있다는 것을 보여주며, 무의식적인 발성이나 표정의 변화가 생기기도 한다.

오르가즘의 강도는 사람에 따라 다르며, 같은 사람의 경우에도 그때 그때 상이하다. 중요한 것은 사람이 오르가즘을 어떻게 느끼는가 하는 점이다. 만일 어떤 사람이 명백한 오르가즘을 모르는 채 쾌감과 만족을 느낄 수 있다면, 그것은 굉장한 일이다. 과거의 오르가즘과 비교하거나 '보다 멋진' 오르가즘을 원한다는 것은 불만족감이나 오르가즘에 대한 자연스러운 신체적 반응을 중단시키는 결과를 낳을지 모른다.

여성에게 있어서 오르가즘은 질의 바깥 쪽 3분의 1과 자궁과 항문 주변의 근육이 1초 이내에 3~10회에 이르는 근육 수축으로 이루어진다. 클리토리스, 외성기, 골반 부위에서도 쾌감은 느껴진다.

남성의 오르가즘은 많은 사람의 경우 정액 사정과 동시에 일어나지만, 명백하게 알려진 두 가지 현상을 포함하고 있다. 먼저 전립선과 그 밖의 내성기가 수축하고 요도의 기부 끝 부분에서 액체를 방출한다. 이것을 '사정'이라고 한다. 한 번 이 현상이 일어나면 사정은 멈출 수가 없는 불가피한 현상으로 일어난다. 몇 초 후에 페니스와 요도의 수축을 수반한 오르가즘이 페니스의 선단에서 정액을 분출시킨다. 여성의 경우는 이러한 수축은 1초 이내의 간격을 가지고 항문 주변의 근육을 오그라들게 하며 외성기나 골반 부위에서 느낄 수 있다.

4) 회복단계

성 반응의 최후 단계는 회복기라고 한다. 이것은 오르가즘 직후에 이어지는 단계로, 몸을 흥분 이전 단계로 회복시키는 과정이다. 외성기의 주변에서 혈액이 감소하고 여러 기관은 점차 원래의 위치와 크기와 빛깔을 회복한다. 모든 '성적 홍조'는 소실되며 땀이 난다. 심박동수와 호흡수는 저하되고 혈압은 보통 수준으로 돌아간다. 이 회복기에 필요한 시간은 사람에 따라 다르다.

남성과 여성의 회복기에는 차이가 있다. 여성 가운데는 자극과 성적 관심이 오르가즘 뒤에도 계속되며 재차 고조기에 들어갈 잠재능력을 가지고 또 한 차례 오르가즘을 경험하는 사람이 있다. 오르가즘이 두어 차례 일어나기도 하며 이것을 다중 오르가즘이라고 한다(그림 1, 2 참고). 그러나 다중 오르가즘이 이론적으로 가능하다고 해서, 그것을 경험하는 것을 서로의 목표로 삼고 시도하거나 그것이 좋은 성교의 척도라고 생각할 필요는 없다. 대부분의 여성은 한 번의 오르가즘 후에 외성기의 자극이 계속되면 불쾌해지는 수가 있기 때문이다.

반면 거의 모든 남성은 오르가즘 후에 '무반응기'에 들어선다. 이 시간은 몇 분간 혹은 긴 시간일 수 있으며, 비록 페니스의 발기가 지속되고 있어도 보통은 무반응기가 끝나지 않으면 다음의 오르가즘은 불가능하다. 그러나 아주 최근의 작은 그룹의 남성을 대상으로 한 조사에서는 여성과 유사한 다중 오르가즘이 가능하며 최초의 오르가즘 후에 자극이 계속되면, 거듭되는 사정이 가능한 남성이 있다는 것이 보고되고 있다. 무반응기의 길이는 사람에 따라 크게 차이가 있으며, 노년의 경우는 몇 시간이나 며칠이 필요하다고 생각되어 왔다. 그러나 새로운 연구에 의하면 연구 대상의 남성 절반이 35세 이후에 다중 오르가즘을 갖기 시작한다고 보고하고 있다.

주의할 것은 성 반응에 관한 앞의 기술들을 자기 자신과 상대의 성적 능력을 비교하는 체크리스트로 사용해서는 안 된다는 것이다. 이 기술들은 모두가 완전히 기능했을 때 신체적으로 일어나는 현상에 관한 것이다. 그러므로 주의집중이 어렵거나 피로, 불충분한 성적 흥분에 의한 불완전한 성 반응이 있을 수 있다. 이럴 경우에 본인이나 배우자를 비난하지 않고, 언제나 완전을 요구하지 않는다면, 아주 만족할 만한 성생활이 될 수 있다.

다음은 매스터스와 존슨의 남자와 여자의 성 반응 패턴이다.

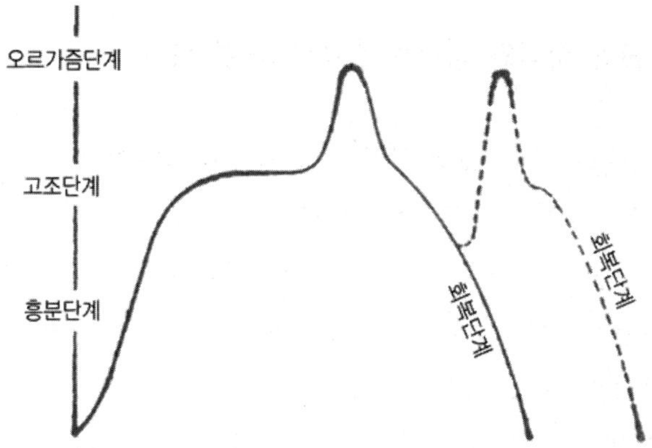

[그림 1] 남성의 성반응 주기

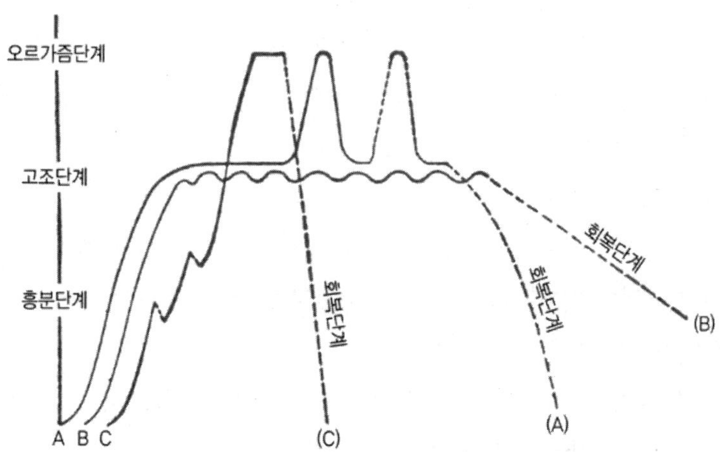

[그림 2] 여성의 성반응 주기

6. 남편과 아내의 성행위 횟수에 대한 타협

남편과 아내의 신체구조의 차이와 성 반응에 관한 기질적인 차이로 말미암아 부부끼리 요구하는 성행위 횟수에도 차이가 있다. 남편은 더 자주 관계하기를 원하고 아내는 성행위 횟수를 줄이기를 원할 때 (또는 그 반대일 때), 부부의 성생활에 문제가 생긴다. 그렇다면 이 문제를 어떻게 해결할 것인가?

먼저 남편과 아내가 열린 마음으로 대화를 통해서 횟수를 조절하는 것이 중요하다. 성경은 "아내가 자기 몸을 주장하지 못하고 오직 그 남편이 하며 남편도 이와 같이 자기 몸을 주장하지 못하고 오직 그 아내가 하나니"(고전7:4)라고 말씀하신다.

아내는 남편이 요구할 때 남편의 성적인 욕구가 충족되어 지도록 남편에게 몸을 허락하여야 하며, 남편 또한 아내가 요구할 때에 아내의 성욕구가 충족되어지도록 남편의 몸을 허락하여야 한다. 하나님은 우리 인간을 성적인 존재로 지으시고 간혹 부지불식간에 일어나는 성적인 욕구를 부부관계를 통해서 채워지도록 결혼제도를 정하고 가정이라는 기관을 허락하셨다. 그럼에도 불구하고 때때로 남편의 요구가 지겨워서 또는 아내의 요구가 지겨워서 정상인지 비정상인지 가리기를 원하는 분들이 있다.

전문가의 입장에서 보면 극히 정상적인 것을 성에 대한 무지로 말미암아 그것을 해결할 수 없는 어떠한 큰 암덩이로 알고 상담을 요청하는가 하면, 어느 분은 자기 자신이 큰 문제를 안고 있으면서도 자기는 극히 정상적인 것처럼 배우자인 남편이나 아내만을 탓하는 분들도 있다.

우리 몸에 어떠한 이상이 오면 의사를 찾아가듯이, 부부의 성생활에도 이상의 전조가 보이면 비록 그것이 사소한 일이라 할지라도 전문가를 찾아가는 것이 현명하다고 생각한다. 전문가를 찾아가는 것은 더 낳은 삶을 위한 방편이지 결코 수치가 아니다. 일찍 찾아가 치료를 받았더라면 성생활에 대한 만족과 즐거움으로 남편의 외도나 아내의 외도를 막을 수 있었을 것이다. 그러나 뒤늦게 찾아와 어찌할 수 없는 상황에서 괴로워하는 모습을 보며 전문가로서 성에 대한 교육이 절실함을 피부로 느낀다.

남편과 아내의 성행위 횟수에 대한 타협은 필요하다. 이것은 정확한 횟수를 정해 놓고 정해진 요일에 꼭 하라는 말이 아니라, 부부 서로가 수긍하는 대략적인 횟수에 대한 약속이 필요하다는 의미이다. 상황과 분위기에 따라서 더 많이 할 수도 있고 또는 더 적게 할 수도 있다. 그러나 이러한 약속이 없을 때 시도 때도 없이 요구하는 남편의 행위에 대하여 어떤 아내는 겁에 질려 떨기도 하며, 성행위 그 자체에 대하여 공포심을 갖기도 한다.

그런가 하면 어떤 아내는 성욕이 불일 듯 일어나는데도 남편에게 요구하지 못하고 남편에게 요구했을 때 남편의 반응이 어떻게 나올까, 핀잔을 주겠지 하는 두려움과 부끄러움으로 말을 못하고 전전긍긍하는 분들도 있다. 이러한 욕구가 충족되어지지 않을 때, 제3자에게 눈을 돌리는 것은 그리 어려운 일은 아닐 것이다.

성행위 횟수에 대하여 불만을 토로하는 분들에게, 당신의 배우자에게 당신의 생각이나 불만을 솔직하게 털어놓고 이야기해 보셨나요? 라고 물어 보면 백발백중 대화해 보지 않았다고 대답한다. 만족스러운 성생활은 부부간의 솔직한 대화가 절대적으로 필요하며, 아름다운 성생활은 벌거벗은 몸만이 아니라 벌거벗은 마음도 필요하다는 것을 알아야 한다.

성행위 횟수와 관련된 재미있는 에피소드를 들려주고자 한다.

한 부부가 부부 세미나에 참석하여 '남편과 아내의 성행위 횟수에 대한 타협'의 강의를 듣게 되었다. 두 부부는 강의 내용을 실생활에 적용해 보기로 작정하고 일주일 중 받침이 없는 '화요일', '수요일', '토요일'에만 성관계를 하기로 서로 타협을 보았다. 어느 날 남편이 조금 일찍 귀가하여 "여보, 오늘이 무슨 요일이예요?"라고 무심히 묻게 되었다. 이 물음에 아내는 "여보, 오늘은 모요일이예요, 모요일!" 이라는 엉뚱한 대답을 하였다.

사실 남편은 어떤 특별한 목적이 있어서 요일을 물어 본 것은 아니었는데, 아내는 아마도 남편이 생각이 있어서 물어 본 것이라고 지레 짐작하여 재치 있는 대답을 하였다는 것이다. 그 날 '모요일' 사건으로 두 부부는 아주 멋진 밤을 보냈다는 일화가 있다. 유머는 부부관계에 청량음료와 같은 활력소를 불어넣는다. 재미있는 에피소드나 웃음을 자아내는 이야기들을 기억해 두었다가 부부가 서로 나누는 것도 부부 금슬을 돈독하게 하는 좋은 방법이 될 수 있다.

다른 사람들의 성행위 횟수에 대하여 궁금하게 여기는 분들이 꽤 있다. 그분들을 위하여 오래된 자료이지만 미국인 성행위 횟수에 대한 킨제이 연구와 헌트의 연구를 아래에 게재하였으니 참고하기 바란다. 그러나 게재된 횟수가 우리 부부 모두에게 꼭 적용되는 것은 아니다.

어느 부부는 이 도표에 나타난 것보다 더 많이 할 수도 있고 더 적게 할 수도 있다. 중요한 것은 횟수의 많고 적음이 아니라, 부부가 하고 있는 횟수에 대해 서로 수긍하고 만족하면 그것은 극히 정상인 것이다. 예를 들면, 매일 하는 부부나 한 달에 한 번 정도 하는 부부나 그들이 서로 만족하면 그것으로 족하다는 것이다.

남편과 아내의 주간별 성행위 횟수(1주일)

나 이	평균	
	남편	아내
16 ~ 25	3.3	3.2
26 ~ 35	2.5	2.5
36 ~ 45	1.8	1.9
46 ~ 55	1.3	1.3
56 ~ 60	0.8	0.8

킨제이(1948)

나 이	평균	
	남편	아내
18 ~ 24	3.7	3.3
25 ~ 34	2.8	2.6
35 ~ 44	2.2	2.0
45 ~ 54	1.5	1.5
55 이상	1.0	1.0

헌 트(1974)

7. 자존감과 성

필자의 성 연구에서 자존감과 성 만족도와는 깊은 상관관계가 있었다. 즉 자신이 못생겼다고 생각하는 여성, 또는 성행위를 하기에 자신의 몸이 너무 형편없고 흠이 많다고 생각하여 자신의 몸을 부끄러워하고 성관계를 두려워하는 여성들은 성 만족도가 아주 낮았다. 성은 우리의 심적 상태와 깊은 연관이 있기 때문에, 수줍어하고, 소심하며, 열등감에 빠져있는 사람은 성적 감각에 지장을 받게 되어 성 만족도가 떨어진다.

자신의 몸에 대한 자신감은 성 만족을 증진시킬 수 있는 요인이 된다. 여기에서 몸에 대한 자신감이란 자기 신체에 대한 완전함을 의미하는 것은 아니다. 비록 자신에게서 부족한 점이 발견되어도 인간은 부족한 존재임을 깨닫고 흔들리지 않는 자아 정체감을 유지하는 것을 의미한다.

8. 성생활의 대화

성 치료 전문가인 매스터스와 존슨은 부부의 성관계 회복을 위해서는 육체적 관계보다는 정신적 관계가 먼저 유지되어야 한다고 강조한다. 부부 서로가 성행위를 원할 때까지 공동의 관심사나 대화 그리고 애무로 정신적인 관계 유지에 힘쓸 것을 당부한다.

특별히 성관계의 대화를 통해서 부부 서로가 어떻게 해 주는 것이 가장 좋으며 즐거운가를 구체적으로 얘기할 필요가 있다. 하나님은 우리 몸에 많은 성감대를 주셨다. 예를 들면, 클리토리스와 질은 여성에게 있어서 가장 예민한 성감대이며, 남성에게는 페니스가 중요한 성감대라 하겠다. 그리고 여성의 목, 젖가슴, 귀, 입, 손, 발, 또는 피부 요소요소가 성감대라고 한다.

이러한 성감대 중 어느 부분을 어떻게 애무해 주면 더 좋고 흥분이 되는지, 어떠한 체위가 우리 부부의 성생활에 더 만족을 주며 기쁨을 주는지에 대하여 솔직하게 대화를 하는 것이 좋다. 처음에는 쑥스럽고 창피해서 말을 못하고, 또 자기의 감정을 솔직하게 이야기하면 음탕하다고 또는 섹스광이라고 생각할까봐 두려워서 말을 못하는 경우들도 많다.

그러나 이러한 성생활의 대화를 솔직하게 나누지 못하면, 보다 나은 부부의 성생활의 기쁨을 나누기란 힘이 든다. 뿐만 아니라 풀지 못한 성적 욕구불만은 시간이 지남에 따라 차츰 삶의 의미를 잃어 가는 무기력증과 권태감, 남편이나 아내에 대한 증오감이나 우울증을 나타내기도 한다. 놀라운 것은 성적 욕구 불만에서 연유된 증세들로 말미암아 고생하는 분들이 우리 주변에 의외로 많다는 사실이다.

1989년도 미국 뉴올리언스에서 "가족과 성"(Families & Sexuality)이라는 주제로 가족관계 국제 학술 대회가 열렸었다. 그 곳에서 "성생활 만족도"에 대한 필자의 연구논문도 발표할 기회가 주어졌었는데, 연구논문에서 발견된 중요한 사실은 부부간의 대화가 성생활에 지대한 영향을 미치고 있다는 사실이다. 혹시 이 글을 읽는 독자들 중에 '내 아내는 성에 대하여 무디고 영 재미없는 사람이야' 라고 생각하시는 분은 성행위만을 하려고 하지 말고, 아가서에 나오는 솔로몬처럼 아름다운 속삭임으로 아내의 마음을 먼저 흔들어 놓고, 그리고 전희(foreplay)를 통하여 아내의 육체를 사로잡은 후 서서히 성행위로 들어갈 것을 제안한다.

아름다운 속삭임으로 이루어진 대화, 전희, 그리고 성행위에 대한 것은 이미 3천 년 전에 하나님께서 솔로몬을 통하여 우리에게 보여주고 있는 것을 1940년대에 이르러서야 학자들에 의한 연구보고가 하나 둘씩 나오고 있다.

중년기 부부의 성

1. 중년기 부부의 성역할

심리학자 융은 중년기 개념을 최초로 발달시킨 사람이다. 융의 환자 중 2/3는 자신의 직업에서 성공하고 타인이 부러워하는 사회적 지위를 갖고 있었던 40대 사람들이었다. 그런데 그들은 자신의 사회적 성공에도 불구하고, 그들 내면에서는 왠지 모를 절망과 비참함, 무가치함으로 과거와는 다른, 삶의 의미를 잃어버린 무기력한 상태에서 우울감에 빠져 있었다. 융은 그들의 우울 상태의 이유가 그들의 사회적 지위를 얻기 위한 활동으로 쏠리던 에너지가 그들의 목적이 실현되면서 그 활동에서 철수되었기 때문으로 보았다.

젊은 시절에 갈구했던 성공에 대한 가치관, 즉 부와 명성, 지위 등을 얻기 위하여 다른 욕구들은 계속 억압되어 거부된 경험들로 그들의 기억 어디엔가 잠재해 있다가 중년기에 이르러 바로 내면의 소리로 대두된다는 것이다.

융은 인간은 누구나 양성성을 가지고 있으며, 남성은 남성성과 여성성을, 여성은 여성성과 남성성을 가지고 있다고 보았다.

인간은 양성성을 지니고 있음에도 우리의 문화와 사회가 남성에게는 남성다움을 여성에게는 여성다움을 너무 강조하여 양성을 발달시키기보다는 한쪽 성만을 발달시켜 왔다. 그로 말미암아 남성은 권위적이고 공격적이며 활동적이고 적극적이어야 남자답고, 여자는 소극적이고 순종적이며 협력적이어야 여성답다고 길들여져 왔다. 그래서 남자가 울거나 웃거나 호들갑을 떨면 "웬 남자가 남자답지 못하게", 그리고 여자가 자기 주장을 내세우며 똑 부러지게 행동하면 "웬 여자가 여자답지 못하게, 팔자세려고" 등의 표현을 자연스럽게 하게 되었다. 결국 그 사회와 그 문화에 걸맞는 남성과 여성이 되고자 남자들은 그들 안에 있는 여성성을, 여자들은 그들 안에 있는 남성성을 계속 억누르며 살아가게 된다.

때문에 남편들은 주로 도구적인 역할(instrumental role)로 권위를 가지고 가족의 물질적인 필요를 채우기 위해 열심히 일하고, 아내들은 표현적인 역할(expressive role)로 가족의 정서적인 요구를 채우는 것으로 그 역할들이 고정되어 간다는 것이다.

그 후 중년기에 이르러 다시 양성성을 지닌 통합단계로 발달되어

간다. 중년기에 이르면, 남편들은 남성 속에 억눌려 있던 여성성이 고개를 들고 출현하면서 남편들은 좀 더 가정적이 되고, 아내들은 여성 속에 존재하는 남성성이 출현하면서 그 동안 가정을 중심으로 이루어졌던 생활반경을 뚫고 한층 독립심이 강해지며 적극적이게 된다. 때문에 그 동안 순종하며 고분고분했던 아내는 어느 샌가 말대꾸하며 자신의 의지를 내세우는 아내로 변모해 가고, 그렇게 권위적이었던 남편은 어느 샌가 약간 기가 꺾인 그러한 모습으로 변해간다. 이것은 극히 정상적인 심리적 발달단계이다. 그러므로 중년기 부부관계는 무의식에 억눌려 있는 남성성과 여성성을 개발하여 양성성을 지닌 남편과 아내의 부부관계로 나아갈 때 더 원만한 부부관계를 유지할 수 있다.

여기에서 양성성은 가정 내에서 남편과 아내의 역할을 바꾸자는 것이 아니다. 양성성은 남편과 아내에게 있는 모든 특성과 잠재력을 살려서 가장 좋은 것들을 통합한다는 개념으로, 가정 내에서의 성 역할에 보다 융통성을 발휘하여 여러 영역에서 보다 긍정적인 선택을 할 수 있게 된다. 최근 연구들은 양성성을 지닌 자들은 고정화된 성 역할을 지닌 자보다 훨씬 더 심리적인 성숙을 보이며, 스트레스와 위기대처 능력이 높게 나타나고 정신적 · 육체적 질병이 적다고 한다.

그런데 중년기에 들어선 남편이 이러한 정상적인 변화에 적응하지 못하고 계속 권위적이거나 아내에게서 순종적인 것만을 요구할 때, 심각한 내면의 부조화를 경험하게 되며 이것은 가정불화로 이어지게 되는 것을 종종 보게 된다.

젊은 시절에 남편들은 그들의 여성성을 아내의 의존성으로 해결해 왔다. 그런데 중년의 아내가 언제부터인가 보다 공격적이고 주도적이며 더 이상 순종적인 역할을 감당하지 않으려 할 때, 남편은 아내를 떠나 자신의 여성성을 투사할 수 있는 복종적인 역할이 가능한 젊은 여성을 찾아 나서게 된다. 이 때 그들이 찾는 대상은 대부분 그들의 아내보다 못생긴 여자나, 그들의 수준에 맞지 않는 형편없는 여자를 선택하게 된다. 이것은 중년의 남자들은 자신을 능력 있는 남자, 남자다운 남자로 인정하며 존경하고 편하게 대해 주는 대상을 원하기 때문이다.

2. 중년기 부부의 성

부부생활을 신선하게 유지하는 건강한 부부들은 유약하고 미온적인 부부들에 비하여 성에 대한 높은 욕구를 표현하고, 성관계의 적응과 조화에 노력을 보이며, 부부 성관계 횟수와 요구도 서로가 적극적임을 보여주고 있다. 필자의 "한국인들의 건강한 결혼 연구[10)]"에서도 성생활에 대한 아내의 태도가 긍정적이고 적극적일 때, 건강한 결혼생활을 유지하고 있다고 나타났다.

이와 같이 성생활이 부부의 결혼만족에 많은 부분을 차지하고 있음에도 불구하고, 부부의 성생활은 은밀해야 하며 언급하기를 꺼리는 '뜨거운 감자'와 같은 조심스러운 문제가 되어 왔다. 우리 사회의 통념이 정숙한 아내는 성에 관심이 없고, 성적 욕구를 표현하는 것은 수치스러운 일이며, 부부 성생활의 주도권은 주로 남편에게 있

10) 송정아(1995). 한국인의 결혼유형과 건강한 결혼 관련변인 연구. 한국가정관리학회지, 제13권 1호, 69-78.

다고 생각해 왔다. 부부 성관계에 있어서도 아내는 수동적이고 의존적이며, 남편중심의 성관계를 해야 한다고 믿어 왔으며, 성행위 중에 흥분을 표현하거나 적극적이며 자극적인 자세로 먼저 성관계를 요구해서는 안 된다고 교육받아 왔다. 때문에 정숙한 아내의 성적인 무감각, 냉담, 성생활에 관한 무관심 등은 당연한 결과임에도 불구하고 남편들은 자신의 성적 욕구를 충족시켜 주지 못한다는 불만과 함께 남편 외도의 정당한 구실을 만들어 많은 아내들에게 '이중의 상처'를 주어 왔다.

한 여론조사팀 보고에 의하면 중년기 남편 57%와 중년기 아내 67%가 성문제로 이혼을 고려해 보았다고 한다. 그리고 푸는 방법으로는 서로 해결하려고 노력하기보다, 남편은 일이나 외도로, 아내는 그냥 참고 산다와 여가활동으로 푼다가 대부분이었다. 현대에 이르러 부부의 성은 더 이상 금기시 되어야 할 주제가 아니며, 특히 중년기 남편과 아내에게 생기는 성생활의 부조화는 이혼으로까지 발전할 수 있기 때문에, 서로 회피해야 할 문제가 아닌 함께 풀어 나가야 할 과제이다.

3. 40세 이후의 성생활

앞에서도 이야기한 바와 같이, 남성의 성에 대한 관심과 반응의 절정 시기는 10대 후반인 18~20세이며 여성은 30대 후반에서 40대 초라고 하였다. 여성은 나이가 들면서 성에 눈이 뜨이고, 심리적으로 해방감을 느낄 뿐만 아니라, 임신의 두려움에서도 해방되기 때문에, 성생활에 점점 활기를 띠며 기술적인 측면에서도 발전을 보이고 적극적인 자세로 되어간다. 그러므로 중년기에서 아내가 때때로 성욕이 불일 듯 일어날 수 있는데도, 남편에게 요구하지 못하고 참고 견디다가 화병이나 히스테리성 우울증의 증세를 보이는 분들이 많이 있다. 남편에게 자신의 성 욕구를 표현하면, 형편없는 여자로 보겠지, 지금까지 고고한 여인으로 살아왔는데 끝까지 고고한 여인으로 살아가야지, 또는 남편이 피곤할까 봐 남편의 건강을 생각하여 참아왔다는 것이다. 그런데 어이없게도 나중에 보니까 다른 여자와 관계하여 온 것이 몇 년이나 되었다며 분노로 치를 떨면서 이혼해야겠다고 찾아오기도 한다.

중년기의 폐경은 중년기 여성들의 젊음이나 여성성, 여성다움을 상실시킬 수 있는 사건이므로, 이에 따라 스트레스를 받을 수 있고 중년기 남편 또한 직업이나 사회로부터 오는 육체적인 피로와 정신적인 스트레스로 성 활동이 상당히 감퇴하는 경향을 보이기도 한다. 그러나 그 원인이 나이 먹음에 따른 신체적인 변화나 생리적인 요인보다는, 성 활동에 대해 가지는 부부의 부정적 태도가 더 큰 원인이라고 연구자들은 말한다. 즉 40대 이후의 섹스는 끝이라는 태도, 나이든 사람의 성적인 활동이나 관심은 부적당하고 불쾌한 것이라는 왜곡된 생각이 문제라는 것이다.

「오늘의 심리학」이란 잡지에, "40대 이후에도 성생활을 할까?"라는 재미있는 기사가 있었다. 수 백 명의 대학생들이 이 질문을 받았을 때, 90% 이상의 학생들은 아마도 자기 부모들은 좀처럼 성교를 하지 않으며, 오럴섹스는 절대로 하지 않을 것이라고 대답했다고 한다. 중년기에 있는 부부들 역시 설문조사에서 보여준 자녀들의 생각에 공감하며, 40대 이후의 성생활은 왠지 거북스럽고 불만족스러우며 이것은 신체변화에 의한 자연스러운 현상이라고 믿어버린다는 것이다. 그러나 1993년에 출판된 자누스의 성행위 보고서에는 65세 이상 된 남자의 69%와 여자의 74%가 적어도 1주일에 한번 이상의 성행위를 하는 것으로 나타나, 나이든 부모 또는 할아버지 할머니들이 아들이나 딸과 비슷한 정도의 성행위를 가질 수 있다는 희망적인 보고이다. 이것은 자누스 부부가 7년 간 약 3천명을 대상으로 한 연구이다. 성에 대한 긍정적이고 적극적인 태도와 규칙적인 성행위, 케겔요법 등을 병행하면 80세까지도 건강한 성생활을 유지할 수 있다고 보았다.

그러나 중년기에는 성생활의 횟수보다는 성생활의 질에 초점을 두고, 부부의 동반자적 관계에 중점을 두어야 한다. 즉 육체적 관계보다는 정신적 관계가 먼저 유지되어야 성행위에 의한 부부의 사랑을 돈독히 할 수 있다는 것이다. 40세 이후, 중년기의 부부 성생활을 만족하게 할 수 있는 방안들을 제시하고자 한다.

1) 서로의 감정을 나누고 공유하려고 노력한다.

부부의 성행위란 지극히 상대적인 것이며, 노력한 만큼의 결실을 볼 수 있는 매우 정직한 투자라고 말한다. 남편과 아내가 마음 속 깊은 곳으로부터 서로의 느낌을 나누며 그 느낌을 공유할 때, 흥분이 되고 온 몸의 근육의 긴장과 이완을 통해서 기쁨을 누리게 된다.

연구에 의하면 성욕구가 일어나지 않는 가장 큰 원인은 마음 속에 화나 분노를 쌓아 놓고 있기 때문이다. 특히 아내들은 당시의 기분이나 주변 분위기, 자신의 감정상태가 성 만족에 큰 영향을 주고 있다. 그러므로 남편에 대한 좋지 않은 감정이나 기억, 정서적인 불안, 우울감 등은 성적인 분위기에 몰입하기 힘들며 오르가즘을 느끼기 어렵다.

결혼생활 13년에 접어든 중년의 한 부인은 어디에도 집중하지 못하고 안절부절해 하는 자신의 모습을 보면서, 참 한심하다는 생각과 함께 삶의 의미를 잃어가고 있었다. 잦은 해외출장과 늦은 귀가로 기다림의 연속인 남편과의 결혼생활은 충족되지 않은 기대와 욕구들로 가득 차 있었다. 시간이 흐르면서 남편에 대한 체념과 무관심을 가장한 습관적인 대화가 부부 사이에 오고 갈 뿐, 아내에 대한 그 어떤 애정표현이나 따뜻한 말 한마디 없이 한 집에 살면서 남남처럼 되어버린 부부관계였다. 문득 거울에 비친 자신의 초라한 모습을 바라보면서 남편과 아이의 그늘에 가려 힘겨워하며, 세상을 향한 어떤 도전도, 성취감도 없이 살아온 자신의 모습이 아닌가 생각하게 되었다. 요즈음 자신을 되찾고 싶다는 욕망과 함께 깊게 골이 패인 남편의 무관심에 대해 분노로 치를 떨며 성관계 역시 1년에 한두 번이 고작이라며 말끝을 흐렸다.

성 치료자 바바라 안젤리스(Barbara Angelis)는 성문제의 90%가 감정적인 문제로, 충분히 사랑받고 있지 않다는 것에 대한 좌절감과 분노라는 것이다. 남편과 아내 사이에 쌓인 감정적인 문제는 성에 대한 정열을 죽이는 소리 없는 살인자라는 것이다. 중년기는 서로 닫힌 마음을 열고 서로의 감정을 순화시키는 노력이 그 어느 때보다 필요한 시기이다.

2) 로맨틱한 분위기를 만든다.

침실 밖에서 재미없는 부부는 침실 안에서도 재미가 없다는 말이 있다. 특히 중년기 성생활에서는 로맨틱한 분위기로 무드를 조성하는 것이 필요하다. 항상 낭만적이고 로맨틱한 분위기 조성을 위하여 서로의 노력이 필요하다. 결혼 후 모습이 많이 달라지는 것은 남편보다는 아무래도 아내일 것이다. 남편이 귀가하기 전 항상 준비된 모습으로 맞이할 수는 없겠지만, 다듬어지지 않은 부시시한 아내의 모습을 바라보는 남편의 마음은 어떠할까 한 번 생각해 볼일이다.

많은 남편들이 하는 얘기를 들어 보면, 결혼 전의 아내는 멋쟁이였다고 한다. 하루에도 몇 번씩 거울을 들여다보는 부지런함으로 자신을 가꾸고 꾸미는데 열심이었는데 도대체 언제부터 저렇게 푹 퍼진 아줌마가 됐는지 모를 일이라고 푸념을 늘어놓는다. 이미 푹 퍼진 아내에게서 성적 매력이라고는 눈곱만큼도 찾아보기 힘든 상태이므로 점점 아내와의 잠자리마저 내키지 않았다는 고백들을 들었다. 힘들고 어려운 상황에서도 자신과 남편을 자주 돌아볼 줄 아는 마음의 자세가 서로를 사랑하며 사랑받는 자세가 아닌가 생각된다.

3) 침실에서 여유를 갖는다.

너무 빨리 사랑의 행위를 하지 말고 여유를 갖고 사랑의 대화를 갖는다. 여유를 갖지 못할 때 1분 안에 모든 것을 끝내 버리기 쉽다. 이렇게 되면 아내는 성적으로 흥분하면서도 오르가즘에 도달할 수가 없어 성행위 후에도 만족감이 없다. 이러한 불만이 여러 번 쌓이면 아내는 섹스에 흥미를 잃게 된다.

특히 중년의 성은 양적인 면보다는 질적인 면에 초점을 두는 지혜가 필요하므로, 젊었을 때의 환상을 버리고 시간을 두고 사랑의 대화와 충분한 전희의 동작으로 침실의 분위기를 이끌어 가는 것이 좋다.

4) 성행위 횟수에 집착하지 않는다.

흔히 정력의 척도로 성행위 횟수를 거론하곤 한다. 그러나 중요한 것은 얼마나 자주 하느냐 보다는, 얼마나 풍부하게 즐기고 만족하고 있는 가이다. 남편과 아내가 모두 동의하고 있다면 일주일에 다섯 번이건, 한 달에 한번 혹은 일 년에 한번이건 걱정할 필요는 없다. 성행위는 부부간의 즐거움을 나누기 위한 것이지, 어떤 표준치에 도달하는 것을 목적으로 하지 않는다.

사람에 따라, 때에 따라 즐기는 성행위 횟수는 다르다. 50대가 되어도 매일 요구하는 사람이 있는가 하면, 신혼시절에도 한 달에 한 번으로 그치는 남성이 있다. 문제는 빈도 자체, 즉 성행위 횟수에 있는 것이 아니라, 서로의 욕구 일치와 조화에 있다.

5) 부드럽게 애무한다.

아내들은 남편이 자신이 자극을 받고 좋아하는 성감대에 대해서 잘 알고 있을 것이라고 믿는다. 그러나 실제로 남편들은 자기 아내들에 대해서 무지하다. 남자들은 쉽게 발기하기 때문에 아내들은 남편의 성감대가 어디인지를 쉽게 안다. 그러나 남편들은 복잡하고 섬세한 여자들의 성감대를 잘 알지도 못하고 알려고도 하지 않는다. 남편들은 대개 그 순간에 도취되어 상대방을 거들떠보지 않기 때문이다. 그러므로 아내들도 이제부터는 좀 더 적극적으로 남편들의 성행동을 자신에게 걸맞도록 유도할 필요가 있다. "항상 오르가즘을 즐기는 여자 치고 수동적인 여자는 한 사람도 없다"는 말이 있다.

성의 기교를 전혀 몰라도 남편은 만족을 느낀다. 그러나 아내는 결코 그렇지 않다. 자기 기분이 좋으니까 당연히 아내도 그러리라고 짐작하지만 이것은 잘못된 생각이다. 대다수의 남편들은 성애에 서투르다. 아내도 마찬가지이긴 하지만. 그래서 결국 남편은 서투른 헛고생을 하고, 아내는 오르가즘에 이르지 못하고 그 중간 단계에서 끝내거나 또는 가짜 오르가즘을 표현하게 된다.

손만 잡아도 찌릿찌릿한 전율을 느꼈던 순간들을 머릿속에 그려 보며, 손을 잡고 껴안아 주며 목을 더듬어 주고, 부드럽게 애무를 시도해 보자.

6) 중년기는 성생활의 가장 좋은 시기이다.

여자들에게 있어 성욕구 절정의 시기는 중년기이다. 젊은 아내들은 하루 종일 아이들과 시달리고, 집안의 일상 허드렛일로 녹초가 되어, 옷과 머리는 헝클어지고 피곤에 지쳐 남편이 가까이 오는 것이 때로는 귀찮게 느껴진다.

그러나 중년기에 있는 아내는, 자녀들이 사춘기이거나 집을 떠나 대학을 갔거나, 결혼해서 분가했으므로 시간적 여유가 있다. 육체적인 여유와 함께 심리적으로 배우자에 대하여 편안함을 느낄 때가 중년기이다. 그러므로 남편이 퇴근하는 시간을 맞이하여 준비하는 것이 무척 중요하다. 아내들의 성 만족은 아내들이 준비된 만큼 만족한다. 깨끗하게 청소하고, 화장하고, 단장하며 기다리는 아내의 마음은 남편의 귀가를 서두르게 한다.

중년기는 인생에서의 중요한 선택이나 결정을 스스로 해야 하는 까닭에 새로운 자의식을 필요로 한다. 또 이 시기의 여성들은 더러 20대에 가졌던 꿈과 희망이 사라져 버린 것에 대한 아쉬움을 가지는 반면 성에 대한 해방 의식을 느끼게 된다.

우선 성적인 면에서 여성들은 남성보다 위기감이 적은 편이다. 남성들은 40세가 넘으면 성적으로 한풀 꺾였다고 스스로 느끼는 사람들이 많다. 그러나 중년의 아내들은 아이들도 자라서 활동이 자유로워지고 마음의 부담도 한결 줄어든다. 이와 동시에 자기만의 시간과 에너지를 어디에 방출할까 하는 생각도 하게 된다.

이런 이유로 일부 중년 여성들은 '빈 둥지 증후군'(empty nest syndrome)을 겪기도 한다. 시간이 남는데 마땅히 할 일은 없고, 남편의 관심도 예전과 다르다. 또한 아이들은 훌쩍 자라 부모의 간섭을 귀찮아한다. 겉으로는 평범하고 평온한 것처럼 보이지만, 아내의 마음은 텅 빈집에서 사는 것 같은 허전함이 느껴진다. 이런 여성들은 괜히 외출이 잦아지고, 잘못된 생활 방식에 탐닉하다가 마침내는 가정마저 파괴하는 경우도 없지 않다.

또 중년 여성들에게서 공통적으로 발견할 수 있는 것이 '성 탈진 증후군'이다. 쉽게 말하면 성 에너지가 점점 더 소모되어 간다는 느낌을 갖는 현상이다. 통계에 따르면 중년 여성 중 20%가 그런 느낌을 갖는다고 한다. 심한 불감증은 아니라고 해도, 반복적이고 무미건조한 성생활에 대해 일종의 권태감을 느끼는 것이다. 이 같은 증세는 일반적인 우울 증세와는 다르게 일시적으로 나타나기도 하지만, 사람에 따라 자주 나타나기도 한다. 그런 상태가 계속되면 가정생활에 위기를 초래할 수도 있다.

7) 폐경 후에도 성욕은 감소하지 않는다.

성 치료자 주스맨(Zussman)은 폐경기를 출발의 시기로 보고 있다. 이 나이가 되면 자녀들도 거의 집을 떠나 있거나 결혼한 후이므로, 주위 환경에 신경 쓰지 않고 성생활을 즐길 수 있는 나이이다. 요즈음 중년은 아주 젊다. 성행위 활동도 꾸준히 계속해서 정기적으로 하게 되면, 건조하지 않고 계속 충분한 윤활액으로 건강한 질을 가질 수 있다.

남성과 비교할 때 여성의 성주기는 차이가 있다. 여성은 30대 후반에서 40대 초반에 성적인 능력이나 에너지가 가장 넘치는 시기이다. 여성들이 이처럼 늦게 꽃을 피우는 이유는 생물학적인 이유보다는 가정살림, 아이 키우는 일, 임신 걱정, 경제적 압박, 성에 대한 편견이나 무지 등이 그 원인으로 생각되고 있다. 그래서인지 40대 중반에야 비로소 오르가즘을 느꼈다는 여성들도 상당수 있다.

그런 탓으로 남편이 아내에게 소홀해지고 예전과 달리 성 행동도 뜸해질 무렵에, 뒤늦게 성의 기쁨을 느끼고 바람을 피우는 여성도 없지 않다. 젊었을 때에는 그저 남편을 기쁘게 해 주려는 의식이 강하고, 성 경험도 적고, 성에 대해 잘 모른다. 그러나 중년에 이르러서는 자신도 즐거움을 알아 즐기고 싶다는 마음이 앞서는 것이다.

성 관계에서도 아내가 주도권을 잡으려는 의도도 갖게 된다. 소심한 남편들은 이렇게 주도적으로 성을 밝히는 아내에게 두려움과 걱정을 동시에 느끼게 된다. 하지만 남편들은 오히려 성에 눈뜬 아내에 대해 오히려 기뻐하고 감사해야 한다. 특히 횟수 노이로제에 걸린 남편일수록 더욱 그렇다. 이제부터 변화해야 하는 것이다.

남자에게 있어 성이란 성적 능력을 과시하는 데에 있는 것이 아니라, 서로 만족감을 느끼는 가운데 인간적인 친밀감을 더해 주는 데에 있다. 이와 같이 남편들도 새로운 성 의식에 눈을 떠야 하며 부부가 이런 방법으로 성 인식의 변화를 추구하며 성생활을 유지해 가노라면, 폐경기를 지나서도 성적 욕구나 만족을 부부가 함께 계속 느낄 수 있게 된다.

부부는 평소에도 서로에 대한 적극적인 관심과 애정을 가질 필요가 있다. 아내 쪽에서 일방적으로 남편의 이해만 구한다거나, 사랑을 받아야 한다는 의식에서 벗어날 때, 남편이 오히려 자유롭고 편안하게 애정을 느낄 수 있을 것이다. 바로 이 때에 새로운 부부관계가 싹틀 수 있기 때문이다.

8) 케겔 요법을 활용한다.

케겔 요법은 질 근육을 강화시키는 것으로, 질 근육을 수축시켰다가 이완시키는 요법이다. 많은 부인들이 이 요법으로 오르가즘을 더 강하게 느낀다고 하며, 남자들 역시 발기를 강하게 하고 조기 사정을 억제하게 해준다고 한다(129쪽 성 기능 장애 예방법 참고). 하루에 10번부터 시작해서 50번 내지 100번 정도 하라고 권하고 있다. 이것은 어느 곳에서나 조용히 할 수 있다는 장점이 있다.

9) 중년기의 성 결코 늦지 않았다.

늙었다고 성을 느끼지 못하는 것은 결코 아니다. 다만 사회에서 중년기 이후 사람들은 성에 대하여 관심 밖의 사람으로 규정해 버리니까 어쩔 수 없이 체념할 뿐이다. 어떤 부인은 한 번도 오르가즘을 느껴보지 못했다가 중년이 되어서 느꼈다고 한다. 오르가즘을 느끼는 것은 언제라도 늦지 않으므로, 시작하고 꾸준히 계속하면서, 느끼려고 노력하는 것이 중요하다.

오늘의 중년은 새로운 세대이다. 50년 전의 어느 부부가 그렇게 적극적으로 자주 관계를 했다면 아마 비정상적인 것으로 받아들여졌을 것이다. 또 성에 관련된 이야기를 하는 사람은 추잡한 사람으로 몰렸을 것이다.

그러나 수명이 연장되고 건강이 개선된 오늘날의 중년은 성 관계야말로 어느 시기보다 월등한 것일 수 있다. 중년 부인은 결혼생활을 통하여 많은 성적 자유를 경험했고, 대부분의 젊은 여성들보다도 성적 욕구도 강하다. 동시에 남편 쪽은 기술이 숙달되어 단순히 성 행위로서의 관계가 아닌 깊은 사랑의 감정 표현의 행위가 될 수 있다. 때문에 남편은 사정을 잘 조절할 수 있고, 그래서 양쪽은 다 젊은 부부들보다 더 큰 즐거움을 맛볼 수 있다.

중년의 성생활에 문제가 없는 것은 아니다. 중년의 안정되고 뜻깊은 성적 결합은 결혼생활의 다른 부분이 잘 유지될 때만 가능하다. 부부가 고민거리가 있으면 성생활에도 영향을 미친다. 성생활은 삶의 계수기 같은 것이어서 다른 여러 생활 분야가 잘 되어 가고 있는지를 나타낸다.

옛날에는 성생활에 대한 불만이라면 거의가 다 남자들 차지였다. 부인들이 무감각하고 냉담하고 성생활에 신경을 안 쓰는 것이 불만이었다. 지금은 남편이 성적 욕구를 충족시켜 주지 못해 불평하는 부인들이 늘고 있다. 옛날에는 성행위 중에 여성은 흥분의 고조를 감추어야 했고, 적극적인 자세를 피해야 했고, 정숙한 여자는 결코 먼저 성관계를 요구해서는 안 되었다. 정숙한 여자라면 생각해서도 안 될 것이 성관계였다.

그러나 지금은 성의 새 장이 열려 있다. 반면 성의 혁명은 성적 교통의 문을 연 동시에 크게 왜곡되기도 한다. 바람직한 성관계는 노를 젓는 것에 비유될 수 있다. 노는 한꺼번에 두 개가 다 힘의 균형을 이루어 사용해야 한다. 오늘날 우리 사회에서는 성의 육체적인 면만을 강조해 왔지, 사랑, 성실, 따스함, 충실 같은 요소는 무시해 왔다. 그 결과 성관계의 배우자는 대상으로서 간주되었다. 물론 섹스는 육체를 바탕으로 한 것이다. 그러나 육체적인 면만으로는 한 쪽 노만 젓는 것처럼, 배는 그 자리에서만 맴돌 뿐 전혀 목적지까지 가거나 방향을 잡지 못한다. 반대편 노는 상대방을 이해하고 염려해 주는 정신적 차원을 바탕으로 한 사랑이어야 한다.

육체적 차원에 의미를 부여하는 것은 이 성적 경험의 또 다른 노이다. 성관계는 한 주에 한두 번 즐기는 육체적 행위만이 아니다. 관계로써 뿐만 아니라 말로써 함께 함으로써, 또 기도함으로써 서로를 사랑한다고 하는 계속적인 표현의 행위이다. 서로를 믿고 존중하며 대화로써 모든 문제를 풀어가며, 신뢰와 이해, 성적 요구와 욕망에 대한 개방된 대화로 이뤄진 배우자와의 진실된 관계는 잠재된 성적인 성취감을 현실화하는 기회를 크게 강화시킬 수 있다.

성기능 장애 예방법

중년에 접어든 남성들의 성 능력에 대한 관심과 집착은 대단하다. 청년기에 비해 확실히 차이가 나는 자신의 상태에 대해 놀라고, 이런 현상이 나에게만 오는 것인지 아니면 다른 사람도 마찬가지인지 확인하고 싶어한다.

중년의 부부들에게 있어 중요한 것은 횟수가 아니다. 양보다 질이 문제가 되는 것이다. 전희를 통해 아내를 충분하게 자극시켜 오르가즘을 느낄 수 있도록 도와 주고, 아내 또한 남편을 충분히 흥분시켜 만족스러운 오르가즘을 느끼게 한다면, 성 능력을 장기적으로 유지하는데 도움이 된다. 이렇게 따뜻하고 다정한 분위기에서 성생활을 유지한다면 나이가 마흔이 아니라 여든 살을 먹었을지라도 얼마든지 만족을 느낄 수 있을 것이다.

남자들이 느끼는 성 장애의 형태도 다양하다. 아내를 만족시켜 주어야 한다는 압박감 때문에 생기는 조루증, 발기부전, 아내에게서 성적 매력을 느끼지 못해 발생하는 성 기능 저하증, 시원하게 사정을 하지 못하고 발기상태가 계속됨으로써 고통을 겪는 지루증, 그리고 성행위시 통증을 느끼는 성교통증들이 있다. 뿐만 아니라, 상대에 따라 발기가 되었다 안 되었다 하는 '선택적 발기 부전'도 있고, 성에 대해 아무런 욕망도 느끼지 못하는 성 무욕증을 갖고 있는 사람 등 성적 장애는 사람에 따라 다양하게 나타난다.

이 같은 성기능 장애는 잘못된 성행동, 즉 어린 나이에 성적으로 충격을 받았거나, 이성간에 최초의 성경험을 만족스럽게 치르지 못했거나, 강간이나 동성애, 근친상간의 경험, 부정확한 성지식, 성에 대한 편견이 원인이 되어 나타나기도 한다. 드물게는 성기 자체의 혈관 장애나 신경계 장애, 호르몬 부족 같은 신체적 질병에 의해 생기기도 한다. 그러므로 성 기능 장애를 느끼는 남자라면 일단 정확한 진단에 도움이 될 만한 검사를 받아보는 것이 좋다.

1. 조루증

육체적 결함으로 조루가 되는 신혼의 남성은 드물다고 한다. 경험이 적은 신혼기의 남성은 대개 조루증상이 있기 때문에 심각하게 고민할 필요가 없다.

조루란 남성이 삽입부터 사정까지 시간이 너무 짧은 것을 말한다. 이것은 여성이 오르가즘에 도달하기 전에 행위가 끝나므로, 여성이 쾌감을 느껴 볼 수가 없다. 따라서 여성의 불만이 커진다. 그러나 단지 시간이 짧다고만 하여 조루증이라 단정지을 수는 없다. 성행위란 내적·외적인 요인이 크게 작용하기 때문이다. 시간이 짧더라도 여성이 쾌감을 느낀다면 문제가 다르며, 여건만 갖추어진다면 시간도 길어질 수 있기 때문이다. 오히려 시간이나 성 운동의 횟수보다는 여성에게 아무런 감흥이나 쾌감을 주지 못하고 사정해 버리는 것이 문제가 된다.

이때 아내는 결코 실망이나 경멸 섞인 표정을 지어서는 안 되며, 애정으로 남편을 도와 주어야 한다. 조루는 심리적인 위축으로 일어나는 게 대부분이므로, 상냥한 말이나 따뜻한 위로가 정상 회복을 앞당기고, 한 번이라도 잘되면 곧 해소가 된다. 그러므로 조루는 섹스가 숙달되어 가는 과정이라고 할 수 있다.

조루는 병이 아니다. 따라서 전희나 체위, 또한 분위기에 따라 얼마든지 좋아질 수 있다. 보통 남성의 성행위 시간을 3분에서 5분 정도를 최적이라고 한다. 음경 · 전립선 · 방광 등의 질병, 또는 포경이 원인이 될 수 있으며 또한 성기뿐 아니라 주변장기에 이상이 있을 경우에도 조루가 될 수 있다. 정신적으로는 신경쇠약을 들 수 있다. 그러나 원인 중 가장 중요한 것은 정신적 원인이다. 특히 신혼에는 섹스 경험이 없어 초조하게 군다거나, 자신이 없을 때 더욱 나타나기 쉽다. 이럴 때는 부인이 남편을 애정으로 도와 줘야 한다.

치료방법으로는 우선 정신적으로 자신감을 갖는 것이 가장 중요하며, 혼자만 고민하지 말고 아내와 같이 해결해 나가는 것이 좋다.

현재까지 개발된 가장 효과적인 기법은 배우자에 의해 음경에 주어지는 되풀이되는 자극과 성적 극치감 반사가 일어나기 직전에 남편의 신호에 따라 자극을 중단하는 방법을 사용한다.

2. 성 기능 장애 예방법[11)]

나이를 먹으면서 남성들에게 찾아오는 반갑지 않은 손님, 성 기능 장애를 미연에 방지하고 극복할 수 있는 방법은 없을까? 성 지식 왜곡 등에서 비롯되는 성 기능 장애는 운동 등을 포함한 적절한 치료로써 얼마든지 회복될 수 있다. 성을 제대로 알고 바람직한 습관을 들인다면 나이에 관계없이 건강한 성생활을 즐길 수 있다. 여기에 몇 가지 예방법을 소개하고자 한다.

✿ 틈날 때마다 자신의 골반 근육과 허벅지 근육을 수축시키는 운동을 한다. 항문의 괄약근을 안으로 오므리는 항문 수축 훈련도 도움이 된다. 항문 쪽의 괄약근과 배뇨를 조작하는 괄약근은 사정을 조절하는 사출근육과 같은 신경으로 연결되어 있어 평소에 이들 근육을 훈련해 두면 성생활에 도움이 된다. 소변을 볼 때에 한꺼번에 보지 말고 잠깐씩 끊어서 보는 것도 성 기능을 단련시키는데 도움이 된다(여성에게도 같은 방법이 적용된다).

✿ 고환을 시원하게 통풍이 잘 되도록 유지시키는 것도 도움이 된다. 인체기관 중 유일하게 밖으로 드러난 것이 바로 고환과 성기

11) 박경식(1992). 성의학에서 본 궁합과 프로이트. 대훈사.

다. 실제로 고환을 시원하게 해 주면 정자 생산능력이 좋아진다는 보고도 있다.

✿ 술을 많이 마신 상태에선 성생활을 하지 않아야 한다. 술은 중추신경을 억제시키는 작용이 있다. 술 마신 기분에 성 충동을 일으킬 수는 있지만 실제로 성 능력은 현저하게 떨어진다. 그러나 포도주를 한 잔 마시는 것은 도움이 된다고 한다.

✿ 긴장된 생활을 계속하고 스트레스가 누적되면, 신체 내 교감 신경이 지나치게 흥분하게 된다. 성 기능 촉진은 부교감 신경의 활약에 의해 생기는 것이다. 교감 신경과 부교감 신경은 서로 반대되는 역할을 한다. 그러니까 스트레스와 긴장, 불안은 교감 신경을 흥분시키고, 부교감 신경을 억제하기 때문에 자연히 성 기능이 떨어진다. 그러므로 생활에서 오는 긴장은 그때 그때 푸는 것이 좋다.

✿ 성행위를 할 때에는 온 감각을 동원하여 주의를 집중해야 한다. 주의를 집중함으로써 쾌감을 더 잘 느끼게 된다. 삽입시에는 말할 것도 없고, 아내와의 피부접촉이나 애무를 할 때에도 지속되어야 한다.

3. 불감증

불감증, 성적 불능증이란 성행위의 일반적 코스, 즉 성욕, 발기, 삽입과 성 운동, 오르가즘, 사정 중 어느 것인가가 충분치 않은 상태가 될 때 생긴다. 그 최대 원인은 스트레스, 혹은 성 기관의 기형이나 신경 중추기능의 장애가 있고, 기질적인 결함을 꼽을 수 있다. 이 경우에는 신속히 전문 의사에게 상담하고 반드시 치료를 받아야 한다. 또 한 가지 기능적인 것이 원인일 경우가 있다. 기능적인 원인에는 당뇨병, 신장병, 비만 등 신체의 질병에 의한 것과, 자기 암시에 걸리기 쉬운 신경질적인 사람에게 잘 나타나는 신경성 불능 혹은 신경적인 성욕 불감증이 있다. 임포텐스는 기능적인 원인의 경우보다 정신적인 원인이 문제가 된다.

심리적인 원인은 상대에게 웃어줄 수 없는 열등감, 섹스에 의한 불안과 부담감, 섹스에 의한 피로로 질병에 걸리지 않을까 하는 불안, 임포텐스에 대한 공포감, 이외에도 상대 여자가 싫어지게 되어 버렸다거나 정신적인 과로나 섹스에 대한 공포심 등이다. 또 여성으로부터 매우 굴욕적인 행동을 당해서 콤플렉스를 가질 때 임시적으로 임포텐스가 되는 경우가 있다. 이러한 임포텐스에는 휴식과 영양을 충분히 취해 체력을 회복시키는 것이 중요하다. 심리적 방해 작용을 떨쳐버리고 자연스럽게 발기가 되어 자신감을 회복하는 것이 중요하다.

4. 불감증 해소를 위한 훈련[12)]

1) 관능 집중훈련

이는 주로 애무를 통해 관능적인 감각을 키우는 훈련인데 아내는 남편에게 남편은 아내에게 번갈아 가면서 자극을 주는 훈련이다.

---

12) 이근후 외(1993) 공역. 새로운 성치료. 하나의학사.

여기에서 특히 중요한 점은 남편이 사정욕구를 스스로 억제해야 한다는 것이다. 삽입을 하고 싶은 마음이 간절하다 해도 결코 삽입해서는 안 된다.

2) 자극훈련

첫째 단계의 훈련을 통해 성적인 감정을 느끼게 되었다면 그 다음으로 여성의 성기와 성감대를 자극시키는 훈련이다. 남편은 키스와 더불어 아내의 유방, 음핵주변, 질 주변을 부드럽게 어루만진다. 훈련을 하는 동안 오로지 성적인 감각의 변화, 쾌감의 밀도 등 오로지 성감에 관한 생각만을 하는 집중이 필요하다.

앞의 훈련을 통해 어느 정도 성적인 흥분상태에 도달했다고 여겨지면, 아내 쪽에서 주도권을 가지고 남편을 유도한다. 처음에는 서서히 되살아나는 감정을 확인하듯 미세한 반응을 세심하게 꼽아본다. 체위는 여성 상위나 여성이 가장 손쉽게 오르가즘에 도달할 수 있는 것으로 한다. 이 과정에서 중요한 것은 여성이 오르가즘에 도달하기 전에 남성이 사정해서는 안 된다는 것이다. 그러므로 남성의 사정욕구가 강렬해질 때마다, 부부가 잠시 몸을 떼고 부드럽게 서로를 애무하여 사정의 시기를 늦춘다.

관능 집중훈련으로 과거에 인식되지 못했던 신체적 및 정신적 욕구가 채워지고 만족이 주어진다. 이 훈련으로 배우자의 애무에 특이하게 반응하는 신체부분을 발견하여, 처음으로 강렬한 감각을 체험하여 매우 기분이 좋고 만족스러웠다는 사람들이 많았다고 보고한다.

5. G-spot

1950년 독일의 산부인과 의사인 그라펜베르그는 여성의 질 내에 가장 성감대가 민감한 부분은 요도를 따라 후방 약 4~5cm 부근에 존재한다고 보고한 적이 있다. 소위 「G-spot」이론이다. 이것은 이미 2천 년 전 중국 고서에 성교 테크닉으로 아홉 번을 얕게 한 번을 깊게 삽입하는 기술을 기록하고 있어, 이것이 G-spot를 나타낸다고 주장한다.

어쨌거나 여성의 가장 예민한 성감대는 질 입구에서 요도와 같이 주행하는 앞 4~5cm 부분으로 알려져 있다. 이것은 특히 분비선이 많아 극치감을 느낄 때는 애액이 요도를 통해 사정된다고 한다. 그러므로 여성을 흥분시키고 환희를 극대화하기 위해서는 전희단계에서 G-spot 자극이 필요하다.

최성기 박사에 의하면 실제로 여성은 성행위의 피스톤 운동보다는, 유두 부위나 소음순, G-spot 등에 하는 부드러운 애무에 더 흥분하고 극치감을 느끼는 경우가 많다고 한다. 특히 조루증이나 발기력이 약한 남성들은 이러한 테크닉을 잘 활용할 필요가 있다. 심인성 발기부전 환자들의 가장 큰 걱정은 여성을 만족시키지 못하고 실패하면 어쩌나 하는 불안감이다. 그러므로 그들에게 발기 대신 애무만 하라고 지시하면 이런 불안감이 사라져 발기시키지 않으려 해도 자신도 모르게 발기가 돼 자연적으로 치료된다는 것이다. 역설적으로 발기하라고 하면 안 되고, 하지 말라고 하면 잘 되는 것이다. 그만큼 섹스는 정신력과 관계가 깊다고 할 수 있다.

성 치료 전문가들의 공통적인 견해는 성생활에 대한 문제는 성기 그 자체의 문제보다는, 생각을 지배하는 두뇌의 문제라고 지적한다. 섹스에 대해 건전하고 긍정적인 태도를 갖고 아름다운 성생활에 임할 때, 하나님은 우리의 생각과 태도를 바꾸시며 상처 난 과거의 어두운 기억들을 싸매어 치료해 주신다. 나를 억압하던 과거의 무거운 죄 짐들을 주님 앞에 내려놓고 벌거벗은 몸과 마음으로, 열린 마음으로 대화하며 서로가 서로를 음미할 때, 부부의 진정한 하나 됨이 그 곳에 있게 된다. 사랑 안에서 두 사람의 영혼과 육신이 하나 될 때 그 곳에 무한한 행복과 기쁨이 있으며, 우리의 가장 가까운 이웃인 남편을 또는 아내를 내 몸과 같이 사랑할 수 있는 힘이 생긴다.

솔로몬의 아가서는 결혼에 있어서 남편과 아내의 사랑의 기쁨을 잘 묘사해 주고 있다. 솔로몬과 술람미 여인이 주고받는 사랑의 대화에서 우리 크리스찬들도 그들과 같이 진한 사랑의 대화를 할 수 있어야 하며 또한 성생활에 대한 대화도 할 수 있어야 한다.

우리 크리스찬들이 항상 느끼고 체험하는 것이지만 우리가 무엇이든지 주님이 하라는 대로 행하기만 하면, 그 곳에는 우리가 예기치 못한 놀라운 축복이 있음을 안다. 성생활까지도 우리가 주저하지 않고 하나님의 뜻을 따를 때, 하나님께서 예비해 놓으신 놀라운 아름다운 성생활의 축복을 받을 수 있다는 것을 강조하고 싶다.

성생활 전문가인 데이빗 루벤(David Ruben)은 "한 번의 성행위는 30분의 조깅(jogging)과 맞먹고, 한번 침대에서 뒹구는 것은 공원을 네 번 도는 것과 같은 운동량이다"라고 말했다. 이것은 물론 과학적 연구 데이타가 있는 것도 아니며 공원의 크기와 둘레가 얼마만한지 우리는 알 수 없으나, 성행위 그 자체가 많은 운동량이 필요한 것만은 사실이다.

비 오는 밤, 눈이 오는 추운 겨울날에 밖에 나가 뛰는 것보다 아늑한 집안에서 그것도 푹신한 침대에서 부부의 사랑놀이로 우리의 몸이 건강해지고 신진대사가 원활해진다면 왜 성행위를 주저하겠는가. 더구나 세상에 있는 다른 어떤 것과도 바꿀 수 없는 그러한 기쁨이 있다면 왜 노력해 보지 않겠는가? 오늘밤, 마음과 마음을 열고 몸과 몸을 부벼 사랑을 노래하는 한 쌍의 원앙새이기를 간절히 기원해 본다.

우리 부부는 사랑을 얼마나 잘하고 있나?

사랑은 획일적이지 않다. 섹스도 그렇다. 사람마다 다르고 장소와 환경과 감정에 따라 느끼는 감도도 다르다. 아래 문항들은 심리학자이며 결혼 문제의 전문가인 마리아 로젠과 조안나 폴렌즈 박사의 성관계 문항들을 필자가 수정 보완한 것이다.

01 **당신은 현재의 성관계에 있어서 배우자에게 만족하고 있는가?**

ⓐ 그렇다
ⓑ 모르겠다
ⓒ 불만이다

02 **당신은 배우자가 좀더 로맨틱하게 행동해 주기를 바라는가?**

ⓐ 현재가 좋다
ⓑ 모르겠다
ⓒ 그렇게 해 주기를 바란다.

03 **성관계를 할 때 당신이 원하는 성적 자극을 배우자에게 자주 말하는가?**

ⓐ 그렇다
ⓑ 때때로 말한다
ⓒ 전혀 안한다.

04 **대부분의 경우 성관계를 요구하는 측은 당신인가?**

ⓐ 아니다
ⓑ 상대편이다
ⓒ 그렇다

05 **성관계를 할 때 배우자의 행동이 불만이면 그 점을 서로 의논하는가?**

ⓐ 그렇다
ⓑ 때때로 그렇다
ⓒ 안한다

06 **성관계를 할 때 대화를 하면 로맨틱한 분위기를 망친다고 느끼는가?**

ⓐ 대화하는 것이 좋다
ⓑ 모르겠다
ⓒ 대화는 좋지 않다

07 성관계할 때 환상이나 공상을 하는가?

ⓐ 때때로 한다
ⓑ 항상 한다
ⓒ 안한다

08 감정이 상할 때 성관계를 거부 하는가?

ⓐ 아니다
ⓑ 때때로 그렇다
ⓒ 그렇다

09 성관계할 마음이 없지만 배우자가 원하면 응하는가?

ⓐ 때때로 그렇다
ⓑ 항상 응한다
ⓒ 절대 안한다

10 평상시보다 특별히 성관계를 더 원하는 때가 있는가?

ⓐ 있다
ⓑ 없다
ⓒ 잘 모르겠다

11 성관계에 관해 배우자와 자주 농담을 하는가?

ⓐ 그렇다
ⓑ 자주 한다
ⓒ 전혀 없다

12 배우자를 만족하게 하는 특별한 성관계 동작이 있는가?

ⓐ 있다
ⓑ 있는 것 같다
ⓒ 없다

13 당신의 배우자를 즐겁게 하기 위해서는 무엇이든 할 수 있는가?

ⓐ 그렇다
ⓑ 경우에 따라서 그렇다
ⓒ 그럴 수 없다

14 당신의 성행위는 항상 같은 유형의 반복인가?

ⓐ 변화가 있다
ⓑ 때때로 그렇다
ⓒ 그렇다

15 성관계의 충족을 위해 자세를 바꾸거나 장소를 바꾸는 것이 좋은가?

ⓐ 그렇다
ⓑ 모르겠다
ⓒ 바꾸면 좋지 않다

16 부부간의 성행위 중 키스를 많이 하는가?

ⓐ 그렇다
ⓑ 때때로 한다
ⓒ 전혀 안한다

17 오르가즘 후에 배우자가 계속 애무해 주기를 바라는가?

ⓐ 그렇다
ⓑ 때때로 그렇다
ⓒ 전혀 싫다

18 로맨틱한 영화나 소설, 그림들이 당신을 성적으로 흥분시키는가?

ⓐ 그렇다
ⓑ 때로는 그렇다
ⓒ 무감각하다

19 당신의 배우자도 핑크 불빛이나 좋은 음악을 섹스시에 좋아하는가?

ⓐ 그렇다
ⓑ 때로는 그렇다
ⓒ 그렇지 않다

20 당신은 불을 끄고 하는 섹스를 원하는가?

ⓐ 불을 켜고 하는 것이 좋다
ⓑ 경우에 따라 끄고 한다
ⓒ 끄는 것이 좋다

21 당신의 배우자가 기발한 섹 스테크닉으로 당신을 놀라게 하는가?

ⓐ 아니다
ⓑ 거의 아니다
ⓒ 그렇다

22 당신의 배우자는 당신을 흥분시키는 방법을 알고 있는가?

ⓐ 알고 있다
ⓑ 잘 모른다
ⓒ 전혀 모른다

23 당신은 전희행위에 많은 시간(10~15분 정도)을 투자하는가?

ⓐ 그렇다
ⓑ 가끔 그렇다
ⓒ 전혀 그렇지 않다

24 당신은 쉽게 섹스를 할 수 있는가?

ⓐ 그렇다
ⓑ 거의 그렇지 않다
ⓒ 전혀 안된다

25 당신은 항상 익숙한 환경에서만 섹스를 즐길 수 있는가?

ⓐ 그렇지 않다
ⓑ 분위기에 따른다
ⓒ 그렇다

26 당신은 배우자의 서투름과 무관심 때문에 섹스가 끝난 후 허탈감을 느끼는가?

ⓐ 그렇지 않다
ⓑ 자주 그렇다
ⓒ 항상 그렇다

27 당신은 육체적 긴장감을 푸는 수단으로 섹스를 하는가?

ⓐ 때로는 그렇다
ⓑ 항상 그렇다
ⓒ 결코 그렇지 않다

28 당신은 오르가즘을 느끼는가?

ⓐ 거의 항상 느낀다
ⓑ 때때로 느낀다
ⓒ 전혀 못 느낀다

29 당신의 배우자는 오르가즘을 느끼는가?

ⓐ 거의 항상 느낀다
ⓑ 때때로 느낀다
ⓒ 전혀 못 느낀다

30 당신의 성관계 횟수에 만족하는가?

ⓐ 그렇다
ⓑ 모르겠다
ⓒ 불만이다

31 성관계를 하기 전에 부부만족을 위하여 기도하는가?

ⓐ 그렇다
ⓑ 가끔 그렇다
ⓒ 전혀 그렇지 않다

◎ 채 점 법 ◎

각 설문 중 ⓐ에 해당하는 것은 3점
ⓑ에 해당하는 것은 2점
ⓒ에 해당하는 것은 1점을 준다.

♥ 섹스 만족도는 당신의 삶의 충족도와 건강의 척도를 가름하는 중대한 분수령이다.

총점수 71점 이상 : 만족도가 높은 경우

71점 이상이면 부부간의 섹스 만족도는 아주 높은 편이다. 일단 섹스 만족도가 높으면 좋은 것이다.

총점수 51~70점 : 만족도가 중간 경우

51~70 점이면 섹스의 만족도는 중간이다. 당신은 진정으로 섹스를 즐기는 타입이다. 그러나 당신의 섹스 행위에 있어서 조금은 개발할 부분도 있다. 당신 같은 형은 섹스에 둔감한 사람에게는 물론 어떤 형에나 맞는 형이다.

총점수 30~50점 : 만족도가 낮은 경우

30~50 점이면 섹스의 만족도는 위험수위이다. 당신의 삶에 있어서 섹스는 별로 비중을 차지하지 않는 편이다. 당신은 좀 특별한 사람이기 때문에 당신의 배우자가 당신을 이해할 수 있는 사람이면 문제가 없지만 그것을 이해하지 못하면 결혼 생활에 커다란 파국을 일으킬 수 있다. 당신이 섹스에 있어서 보다 만족을 느끼기 위해서는 섹스에 대해 당신의 사고 전환이 필요하다.

제 3 장

중년기에는

감미롭게 울려 퍼지는 웨딩마치에 곱게 단장한 신부가 신랑을 향해서 한 발 한 발 조심스럽게 내딛는다. 마음 속에 행복을 꿈꾸며 아름다운 미래를 설계하며, 지켜보는 많은 축하객의 축복을 받으며 결혼의 문을 연다.

에덴동산에서 아담과 하와의 결혼을 축복하신 하나님, 그 하나님은 지금도 쉬지 않으시고 우리의 결혼과 가정들을 축복하며 우리가 마땅히 그 축복을 받아 누리기를 원한다.

그럼에도 불구하고 많은 결혼한 가정들이 그들의 완악함과 죄로 말미암아 하나님의 축복을 외면한 채, 죄악의 길로 떠나 버리고 만다.

기쁠 때나 슬플 때나, 풍족할 때나 빈곤할 때나, 건강할 때나 병들었을 때나 항상 사랑하며 같이 하겠다던 결혼 서약은 한낱 구호로 그치고, 제각기 제 갈 길로 떠나 버린다. 특별히 중년에 휘몰아치는 매몰찬 위기를 넘기지 못해 파산해 버리는 가정들이 얼마나 많은지, 통계의 의하면 중년에 이혼하는 숫자가 두 번째로 높다.

중년!

우리의 인생을 사계절로 구분한다면 중년은 분명히 가을이다. 가을은 성숙의 계절이며 수확의 계절이고 그리고 고독을 동반한 낭만의 계절이다.

누렇게 익은 곡식들이 황금물결을 이루고 함초롬히 피어 있는 코스모스는 가을의 낭만을 노래한다.

사오십 대에 들어선 인생의 계절 가을에, 성령의 열매인 사랑과 희락과 화평과 오래 참음과 자비와 양선과 충성과 온유와 절제(갈 5:22~23)가 아름다운 가을 단풍과 같이 색색으로 어우러지는 아름다운 중년을 기원해 본다.

중년이 주는 의미[13]

유아로부터 노년에 이르는 인간발달 과정에서 중년은 참으로 멋진 시기라고 생각한다. 40년 가까이 쌓아온 지식과 삶의 현장에서 부딪혀 온 많은 경험들을 한데 묶어 아름답고 멋진, 박력 있는 삶을 엮어 낼 수 있기 때문이다.

중년의 남편은 남편대로 그들의 삶을 원숙하게 발전시킬 수 있고, 중년의 아내는 아내대로 그가 처해있는 가정에서 또는 직장에서 풍성한 삶을 꾸밀 수 있다. 전에는 보채며 치맛자락을 붙들던 아

13) 송정아(1992). 중년의 위기와 예방. 생명의 말씀사.

이들도 이제는 자라서 그들 나름대로의 정체성을 찾겠다고 한다. 따라서 중년이 되면 전에 비하여 시간의 여유를 갖게 된다. 이 시간들을 어떻게 보람되게 엮어 갈 것인가? 이것이 중년의 과제이다.

1. 중년에 대한 정의

어느 분은 중년을 젊지도 늙지도 않은 중간 지점으로, 젊은 세대와 늙은 세대 사이에서 샌드위치 노릇을 할 수밖에 없는 샌드위치 세대라고 표현한다. 중년은 사춘기에 있는 십대의 자녀들과 나이 먹은 노부모 사이에 끼어 있다.

요즈음 십대들은 그 힘이 대단하다. 그리고 목소리도 크다. 바로 한 세대 전 우리가 십대였을 때엔 감히 상상도 할 수 없는 일들이 요즈음 우리 십대들에겐 거침없이 자연스럽게 일어나고 있다. 고분고분 부모님 말씀에 순종하던 우리의 십대 때와는 거리감이 있고, 세대 차이를 실감한다. 그런가 하면 중년기에 있는 사람들은 잘 돌보고 받들며 공경해야 할 노부모님이 계신다. 나이로 인한 병환을 간호해야 하며 또 부모님의 삶과 죽음을 지켜 드려야 한다.

이 모든 것을 수용할 수 있는 중년들은 그들대로의 삶의 갈등이 있고, 사정이 여의치 않아 보살필 수 없는 중년들은 그들대로의 노부모님에 대한 죄책감으로 마음이 편치 못하다. 두 세대 사이에 끼어서 왠지 밑지고 사는 것 같은 그러한 갈등들이 중년들의 마음에 파문을 던진다.

어린이나 청춘에 대한 예찬은 화려한 문체로써 국어 교과서를 장식하고 있지만 어느 누구도 중년에 대한 예찬을 한 사람은 없다. 그저 중년의 위기라는 위압감으로 어딘지 모르는 벼랑을 향하여 달려가고 있는 기분을 묘사하고 있을 뿐이다. 성경도 중년에 대하여는 별로 언급하지 않고 있다.

학자들의 논문만 해도 어린이나 사춘기에 대한 자료들은 홍수처럼 쏟아져 나오고 있으나 중년에 대한 논문은 그렇게 많지가 않다. 1960년대부터 몇몇 학자들이 관심을 갖기 시작하고, 지금은 비교적 많은 분들이 연구를 진행하고 있으나 아직도 그 결과는 미흡하다고 볼 수밖에 없다.

그러므로 중년에 대한 정의에 대하여도 확실치가 않고, 중년이 무엇이냐고 묻는다면 많은 사람들이 나이로 대답한다. 그런데 그 중년의 나이 자체도 학자에 따라 의견이 분분하다. 윌리엄 노렌(William Nolen) 박사는 중년을 30세에서 60세로 보고 있으며, 인간 발달사를 단계별로 잘 구분해 놓은 에릭슨(Erickson) 박사는 중년기를 35세에서 60세로 구분해 놓았다. 또 중년에 대해 가장 폭넓은 연구를 한 레빈슨(Daniel Levinson) 박사는 중년기를 40세에서 60세로 보고 있다.

또 중년의 위기는 언제 심하게 나타나는지에 대하여도 의견이 분분하다. 켄 로저스(Ken Rogers)는 중년의 위기를 30세에서 39세, 칼 융(Carl Jung)은 35세에서 40세, 조엘(Joel)과 로이스(Lois)는 40세에서 50세, 그리고 노렌 박사는 45세에서 55세 사이에 맞는다고 진술하였다. 그러나 중년의 위기를 일찍 맞느냐, 늦게 맞느냐 하는 것은 나이상의 문제가 아니라 마음의 자세가 더 문제일거라고 콘웨이(Jim Conway)는 진술하고 있다.

중년에 있는 필자도 나이상의 문제보다는 마음의 자세가 더 문제일거라고 생각한다. 어떠한 인생의 목표를 가지고 어떻게 노력해 왔으며, 일찍이 일어난 문제들을 어떻게 해결했었느냐에 따라서 중년기의 성패가 판가름나기 때문이다.

2. 육체적인 변화와 심리적인 변화

요즈음 사추기(思秋期)라는 단어가 중년기를 대신해서 종종 쓰이고 있다. 중년기라는 단어는 무언가 성숙함과 원숙함을 무게 있게 나타내고 있는 반면 사추기라는 단어는 왠지 바람결에 뒹구는 가을 낙엽과 같은 감정의 변화를 묘사한 듯하다. 단어의 의미야 어쨌든 간에 중년기도 사춘기 못지않게 감정의 변화 폭이 넓고 크고 예민한 것만은 사실이다.

남편과 아내가 30대 후반에서 40대 초반, 막 중년기에 들어설 때쯤이면 그들의 아이들은 대부분 사춘기에 들어서 있다. 사춘기를 지나온 중년의 부모들은 자신들이 경험해 보았기 때문에 사춘기 자녀들이 갑자기 불어 닥치는 모든 변화에 당혹해하고 갈등을 느끼며 괴로워하고 있다는 것을 안다.

첫째로 사춘기 자녀들이 눈에 띄게 달라지는 것이 신체적인 변화이다. 남자 아이는 먼저 목소리가 변하고 겨드랑이와 얼굴에 체모와 수염이 나기 시작하며 어깨가 믿음직스럽게 벌어진다. 반면 여자 아이들은 앞가슴이 볼록하게 나오기 시작하고 히프가 커지며 월경을 하게 된다. 이러한 육체적인 변화가 심리적인 변화를 일으키며 감정 변화의 폭을 크게 하고, 때때로 변덕을 부리며 행동에 무절제함을 종종 보이게 된다.

사춘기에 있는 자녀와 비슷하게 중년기에 있는 부모들도 신체적인 변화와 함께 심리적인 변화로 갈등을 느낀다. 흰머리가 하나둘씩 머리를 장식하고, 또 어떤 분들은 머리가 빠져 대머리가 되어가며 체중이 현저히 늘어난다. 벌써 대머리가 되고 흰머리가 나다니! 갑자기 늙어 가고 있다는 두려움이 피부로 느껴지며 정력이 떨어지고 근육에 힘이 없어지기 시작한다. 계속해 오던 일들이 갑자기 싫어지며 짜증이 나고 불만스러워 보이며 때때로 자신이 미워진다. 삶에 의욕이 없고 자신이 쓸모없는 사람으로 생각되어지기도 하며 옛날의 자기가 아닌 것 같은 생각이 든다. 어디론가 멀리 사라지고 싶고, 현실을 도피하고 싶은 유혹들이 자주 머리를 스쳐 가며 자기연민에 빠지기도 한다.

이러한 변화들로 말미암아 가치관이 흔들리기 쉽고, 과거에 세웠던 목표들을 성취하지 못하고 이대로 끝날 것 같은 두려움이 엄습해 온다. 과거에 세웠던 목표들이 성취되었다 해도 그 성취와 성공이 나에게 무엇을 의미한단 말인가 하는 생각이 든다. 갑자기 인생이 허무하게 느껴지고 늙음과 죽음이 문턱에서 기다리고 있는 것 같은 느낌, 인생 그 자체가 이대로 끝나 버릴 것 같은 느낌이 든다. 뿐만 아니라 과거에 대한 평가와 앞날에 대한 두려움으로 현재의 행복을 느끼지 못하며 감사하지 못하는 것이 중년기에서 또한 경험할 수 있는 감정들이다.

그런가 하면 더 늙기 전에 더 큰 목적을 이루어야 한다는 압박과 이것이 나에게 주어진 마지막 기회일지도 모른다는 긴박감에 온 심혈을 기울여 일에 미치기도 한다. 그래서 아내와 대화할 시간도 없고 가족과 같이 할 시간도 없다. 교회에 나갈 시간은 더더욱 없고 예배 드리러 가는 자기 또래의 사람들이 왠지 더 축 처져 보이고, 불쌍하게 생각된다. 황금과 같이 아까운 중년의 시간을 교회에 가서 보내는 것이 불쌍하게 여겨지는 것이다. 이렇게 참으로 안타까운 마음으로 세상 적인 물욕과 정욕으로 꽉 차 있는 시기가 또한 중년이다. 그러나 깨달아야 할 것은 주님을 만날 시간도 없이 바쁘게 뛰는 그들에게 중년의 위기는 어김없이 더 매몰차게 불어닥친다는 것이다.

"모든 육체는 풀이요 그 모든 아름다움은 들의 꽃같으니……

풀은 마르고 꽃은 시드나 우리 하나님의 말씀은 영영히 서리라 하라"(사 40:6~8).

"내일 일을 너희가 알지 못하는 도다. 너희 생명이 무엇이뇨 너희는 잠깐 보이다가 없어지는 안개니라"(약 4:14).

풀과 같은 육체, 들의 꽃과 같이 피었다가 시드는 우리의 젊음, 안개와 같이 잠깐 보이다 없어지는 우리의 뭇 생명들에게 전도자는 말한다. 풀이 마르고 꽃이 시들기 전, 안개가 사라지기 전에 생명의 원천이신 영원한 주님의 품으로 어서 돌아오라고.

3. 정체감의 위기(identity crisis)

결혼 적령기가 되어서 결혼한 평범한 정상적인 가정의 부부가 중년으로 넘어갈 때쯤이면 그들의 자녀는 거의 사춘기에 와 있다. 부모는 중년기에 겪어야 할 중년의 위기가 있고 자녀들은 자녀들대로 사춘기에서 겪어야 할 정체감의 위기가 있다. 이렇듯 부모와 자녀들이 찾아야 할 정체감의 위기가 한 지붕 아래 맞물려 있는 것이다.

다시 말해서 사춘기 자녀들이 정체감을 찾기 위하여 많은 정신적인 갈등과 감정의 소용돌이 속에서 방향 감각을 잃을 때, 중년기에 있는 부모들도 똑같이 그들의 정체감을 찾기 위하여 여러 가지 감정 변화에 휩싸이게 된다.

사춘기 자녀들이 "나는 누구인가? 나는 무엇을 할 수 있으며 무엇이 되어야 하나? 나의 가치는 어디에 있는 것일까?"로 고민하며 자기 자신을 찾고자 자신을 더 잘 알기 원할 때, 부모는 부모대로 지금까지 열심히 달려온 삶을 잠시 멈추어 서서 자기를 뒤돌아보며 자신을 음미하게 된다.

나는 누구이며, 지금까지 나는 무엇을 해 왔고, 누구를 위하여 숨가쁘게 중년의 문턱까지 달려 왔는가, 과거에 세워 놓은 목표들은 다 달성했는가, 앞으로 나의 삶은 어떻게 전개될 것이며 무엇을 하며 살아야 하는가, 이대로 나아가야 할 것인가 아니면 방향을 전환해야 할 것인가 등등으로 마음의 갈피를 잡지 못한다. 자기 나름대로 삶에 성공한 사람은 성공한 대로, 실패한 사람은 실패한 대로 잔잔한 물결에서부터 무섭게 요동치는 큰 풍랑까지도 맞아야 하며 그곳에서 자신을 적나라하게 돌아보며 평가해야 한다.

이러한 자기 자신에 대한 재평가는 중년기에 있는 사람이면 누구나 치러야 할 발달 단계라고 레빈슨 박사는 말하고 있다. 에릭슨 박사 역시 중년기를 자기 탐닉과 정체의 수렁에 빠지느냐, 아니면 창조적이며 생산적인 삶의 길을 택하느냐의 기로에 놓인 시기로 보았다. 즉 자아 성숙과 자아 퇴보의 가능성이 함께 공존해 있음을 의미한다고 하겠다. 중년의 문턱에서 숨가쁘게 살아온 지난 인생길을 뒤돌아볼 때, 이루어진 일과 이루어지지 않은 일들이 서로 엇비슷하게 짜여져 있음을 본다.

"사람이 마음으로 자기의 삶을 계획할지라도 그 걸음을 인도하는 자는 여호와시니라"(잠 16:9).

우리 인생이 아무리 철저하게 잘 계획을 세워 성공을 다짐한다 할지라도, 그 걸음을 인도하시는 이는 여호와 하나님이시기 때문에 그분이 인도하시지 않으면 결코 성취할 수 없다는 말씀이다.

그런가 하면 별로 신통해 보이지 않는 일이라 해도, 그 일이 하나님 보시기에 아름답고 선한 일이면 하나님께서 또한 그 발걸음을 인도하시고 축복하신다. 성취와 침체의 갈림길에 서 있는 중년들에게 "너의 행사를 여호와께 맡기라 그리하면 너의 경영하는 것이 이루리라"(잠 16:3)는 말씀이 은은하게 귓전을 울린다.

가장 예민한 사춘기의 세대와 중년의 세대가 한 가정 안에 함께 공존함으로 해서 갈등이 일어날 수밖에 없지만 모든 행사를 여호와께 맡길 때, 가족구성원 개개인이 치러야 할 일이든 가족구성원 모두가 치러야 할 일이든 간에 여호와께서 선한 길로 인도하실 것이다. 이렇게 든든한 하나님이 우리의 길을 인도하시는데 무엇이 두려운가. 무섭게 휘몰아치는 중년의 파도가 우리의 삶을 삼키려 해도 우리가 두려워할 필요가 없는 것은 주께서 우리와 함께 하시기 때문이다.

4. 남편과 아내의 결혼 생활 만족도

중년은 인생의 사계절 중 가장 무르익은 성숙의 계절이다.

중년이 되면 대부분의 사람들은 그들이 직장에서 어느 정도 힘을 행사할 수가 있다. 직장의 종류에 따라서 다르겠지만 중년이 되면 대개는 과장급 이상, 차장, 부장, 이사, 상무, 전무 등의 위치에서 마음껏 자기의 재질과 기량을 발휘할 수 있는 시기이다. 위로는 모셔야 할 상관이 있지만, 아래로는 자신의 경험과 기술로 힘을 행사할 수 있는 부하 직원들도 있다.

왠지 삶에 의욕이 생기고 무엇인가를 이룰 수 있는 힘이 발끝에서 머리끝까지 치솟아 오른다. 그리고 지금까지 닦아온 경험과 실력으로 할 수 있다는 신념이 생긴다. 직장에서도 지역 사회에서도 무엇인가를 공헌할 수 있는 위치에 와 있다. 그럼으로 해서 삶의 만족도가 최고를 달리는 시점이 바로 중년에 있는 남성이다.

캠벌(Campbell)의 연구에서도 중년기의 남성이 인생의 만족도가 제일 높은 것으로 나타나 있다.[14] 필자가 연구한 결혼 생활의 만족도에서도 중년기의 남편은 다른 나이의 계층에 비해 최고의 만족을 보였다.[15]

그와는 반대로 중년기 아내의 결혼 생활의 만족도는 최하의 수준으로 떨어지고 있어서, 남편과 아내 사이의 갭(gap)이 가장 큰 시

14) Campbell*1983). The Sense of Well-being in America : Recent patterns and trends, New York : McGraw-Hill.

15) Jung, Rho(송정아 박사논문). Multiple Factors Contributing to Marital Satisfaction in Korean-American Marriage, Unpublished Ph. D. Dissertation, Kansas State University, 1989.

기이기도 하다. 때문에 유아에서 노년에 이르는 인생의 긴 무대에서 가장 높은 만족의 지점에 서 있는 남편과 가장 낮은 지점에 서 있는 아내 사이에 균형이 잡히지가 않아 휘청거리며, 가정불화가 일어나기 쉽고 대화가 단절되기 쉬운 위험한 시기이다.

통계적으로도 이혼율이 두 번째로 높은 시기가 중년이다. 다시 말해서 중년의 남편은 바쁘다. 직장에서도 할 일이 많고 사회적으로도 만나야 할 사람들이 많아 귀가하는 시간은 자연히 늦어진다. 남편의 바쁜 생활에 비례해서 중년의 아내들은 시간에 여유가 생긴다.

중년의 나이쯤 되면 아이들이 커서 이제는 어머니의 잔 손길을 필요로 하지 않는다. 하나 둘씩 부모의 곁을 떠나려 하고 가끔 말대꾸를 하며 자기 혼자 저절로 큰 것처럼 자기 방으로 쏙 들어가 버리기도 한다. 사춘기 자녀들의 그런 행동을 보며 어머니의 마음에는 갈등이 생긴다. 남편의 늦은 귀가로 집안의 밤공기는 더욱 적막하고 차갑다. 자신을 돌아볼 때 "지금껏 남편과 자녀들을 위해서 바쳐온 내 인생이 고작 이것이었구나, 남은 것은 적막함과 외로움 이것뿐이구나"하는 생각이 든다.

나를 이해해 줄 사람은 아무도 없는 것 같은 절망감이 뼈 속까지 스민다. 이 나이에 밖에 나가 일을 하기에도 늦었고 오라는 곳도 없으며 받아줄 사람도 없다. 몸도 예전 같지 않아 쑤시는 곳들이 많다. 도대체 무엇을 어떻게 해야 한단 말인가? 이 생각 저 생각으로 인하여 마음이 곤고하고 삶의 의욕이 없고 생기 없는 주름진 얼굴을 거울에 비춰 보며 방황이 시작되는 시기가 바로 중년이다.

이러한 이유들로 인하여 중년의 아내는 외롭고 쓸쓸하며 우울증에 빠지기 쉽고, 생의 만족이 최하로 떨어지게 된다. 이렇게 외로운 중년의 아내에게 남편의 따뜻한 말 한 마디는 아내를 쉽게 감동하게 하며 감격을 준다. 이 글을 읽고 계시는 중년의 남편들이여, 혹시 내 아내가 이러한 고독과 갈등과 싸우고 있지는 않는지 사랑의 눈길을 던져 보시기 바란다.

중년의 아내는 남편의 사랑을 더없이 갈구한다. 주고받는 관심과 사랑 속에서 중년의 위기는 아름다운 낭만과 사랑의 계절로, 성숙의 계절로 승화된다. 낙엽이 뒹구는 골목을, 눈이 소복이 쌓인 눈밭을 중년의 남편과 아내가 두 손을 꼭 잡고 거니는 모습은 생각만 해도 아름답다. 산장이 아니어도 멋진 호텔이 아니어도 서로가 마음을 열어 대화할 수 있는 조촐한 분위기면 족하다.

캄캄한 밤, 촛불을 밝히어 두 개의 찻잔으로 서로를 덥히고 눈과 눈을 마주하며 마음과 마음으로 이어지는 대화의 행렬이 우리 중년에게 필요하다.

중년들이여!

"네가 젊어서 취한 아내를 즐거워하라 그는 사랑스러운 암사슴 같고 아름다운 암노루 같으니 너는 그 품을 항상 족하게 여기며 그 사랑을 항상 연모하라"(잠 5:18~19)는 말씀을 다시 한 번 새겨 보라.

중년기의 위기

가을은 성숙의 상징이며 아름다운 단풍의 계절이다.

빨갛게 물든 나뭇잎들이 가을을 노래하며, 우리도 인생의 가을을 노래한다. 가을을 시샘한 간밤의 바람은 떨어지는 낙엽으로 정원을 누비고, 인생의 계절의 돌풍은 우리네 중년을 절망의 늪으로 유혹한다.

1. 중년의 몸살

중년의 위기를 피할 수는 없는 것일까? 레빈슨 박사를 비롯하여 중년에 대하여 연구한 전문가들의 의견은 "중년의 위기는 불가피한 인생의 한 부분"이라고 말한다. 모든 사람에게 똑같은 증상이 나타나는 것은 아니지만 많은 사람들이 대부분 중년의 위기라는 몸살을 앓는다. 우리 주위를 둘러봐도 어떤 분들은 이 위기를 가볍게 스쳐 지나가는가 하면, 어떤 분들은 파산 직전의 풍랑을 모면하는 것처럼 가까스로 위기를 넘기기도 하며, 또 어떤 분들은 중년의 위기의 돌풍에 휘말려 박살이 나는 경우도 있다.

마치 폭풍이 어느 지역을 휩쓸고 지나갈 때에 곳에 따라 많은 피해를 입을 수도 있고, 가벼운 피해나 또는 별 피해를 입지 않은 지역이 있듯이, 인생의 계절에 불어닥치는 중년의 위기도 이러한 현상이 아닐까 생각된다.

불어닥친 중년의 위기의 농도에 따라 그들의 삶에도 큰 차이가 있겠지만 중요한 것은 그 위기를 어떻게 대응하며 처리하느냐에 따라서 더 큰 차이가 있으리라 생각한다.

그 위기를 지혜롭게 대처한 사람은 그 위기를 통해 긍정적인 가치관을 갖고 더 힘 있게 매사에 전진하며 삶을 새롭게 개척해 나갈 수 있다. 반면에 그 위기를 부정적으로 맞이한 사람들은 절망의 늪에서, 깊은 우울에 빠지기도 한다. 이 때 술이나 마약, 외도는 좋은 해결사인 것처럼 그들을 유혹한다.

노렌 박사는 중년의 위기를 맞는 사람들의 공통적인 특징은 "가까이 있는 주위 사람들에게 짜증을 내며 특히 가족에게 짜증과 불만을 자주 토로하게 된다"고 한다.

특히 중년에 처한 남편은 아내에 대해 불만을 쉽게 토로하고 또 분노를 성급하게 터뜨린다. 마음에 꽉 찬 응어리를 어딘가에 쏟아

붓길 원하며, 그 대상을 찾는 남편에게 노력하지 않아도 쉽게 떠오르는 만만한 대상은 가장 가까이에 있는 아내이다. 따라서 아내에게 가슴이 터질 것 같은 권태와 단조로움, 불만 등을 거리낌 없이 쏟아 놓는다. 나의 아내이기에 모든 것을 수용하고 이해하리라 믿는다. 회사 사장이나 직장의 상관처럼 나의 행동에 제동을 걸고 해고시킬 사람이 아니다. 친구나 동료들과 같이 나의 괴상한 행동을 이곳 저곳 다니며 떠벌릴 사람은 더욱 아니다. 십여 년을 살을 맞대고 살아온 아내가 남편이 퍼붓는 불만에 대항하여 이혼을 요구하지 않으리라는 것을 지혜로운(?) 중년의 남편들은 너무나도 잘 안다. 마음놓고 불만을 털어놓아도, 손찌검을 하여도 아내는 아내의 자리에 그대로 매달려 있을 줄로 안다.

그러나 요즈음 중년의 아내들은 달라져 간다. 일단 시집을 가면 그 집 사람이 되기 위해서 어떠한 고통도 참으며 자신을 희생해야 한다는 생각은 차츰 시들해져 가고 있다. 살아온 날들을 뒤돌아보며 고통과 희생으로 얼룩진 삶이 아무런 보상도 없이 이대로 끝나 버릴 것 같은 두려움과, 계속 이대로만 살 수 없다는 몸부림 속에서 처절하도록 자신과 투쟁을 벌이다가 굳이 그렇게 살 필요가 없다는 결론을 내린다.

사춘기 반항아처럼 불같이 화를 내고 혼자 어디론가 도피해 버리는 남편에게서, 젊은 다른 여자에게 온갖 정성을 다 바치는 남편 앞에서, 중년의 아내는 삶의 의미를 잃고 깊은 절망의 늪으로 빠져 들어간다. 산산조각이 난 빛바랜 꿈의 조각들을 주워 모아 새로운 부부 관계를 정립한다는 것이 지극히 어렵다는 사실을 알고는 모든 삶이 시큰둥해지고 삶에 큰 매력을 느끼지 못한다. 지금 겪고 있는 괴로움으로 인하여 중심을 잃고 과거의 내가 아닌 이상한 다른 몸체를 이끌고 뒤뚱거리며 이혼의 길로 들어선다.

"이젠 희생만을 요구하는 인생은 살아가지 않겠다. 나 자신을 위하여 내 인생과 시간과 돈과 정력을 쏟겠다. 다른 사람들을 위하여 지금까지 희생해 온 그 곳에서 이젠 해방되고 싶다"라는 감정의 푸념들을 늘어놓는다. 남편으로 인하여 중년의 위기의 늪에서 허우적거리는 아내는 괴롭다. 그리고 아내로 말미암아 위기 속에 처해 있는 남편은 더욱 괴롭다.

중년의 위기 앞에 서 있는 남편과 아내들이여!

"하나님의 성령을 근심하게 하지 말라. 그 안에서 너희가 구속의 날까지 인치심을 받았느니라. 너희는 모든 악독과 노함과 분냄과 떠드는 것과 훼방하는 것을 모든 악의와 함께 버리고 서로 인자하게 하며 불쌍히 여기며 서로 용서하기를 하나님이 그리스도 안에서 너희를 용서하심과 같이 하라"(엡 4: 30~32)는 말씀을 기억하라.

2. 중년기의 외도

남성 위주의 전통적인 한국 사회는 남성의 권위가 가정과 사회를 지배하여 왔다. 남자가 돈이 좀 있거나 권력이 좀 있으면 술과 여자는 항상 그 곁에 있어 왔다. 첩을 둘씩 셋씩 거느려야 능력 있는 남자로 인정받았던 사회, 그것이 한국의 과거였다. 이러한 사회 가치관이 조강지처인 아내들에게 얼마나 많은 피맺힌 한을 갖게 했던가! 하나님의 뜻과는 먼 사회 가치관이 오늘날에도 수많은 아내들의 마음을 멍들게 한다.

손에 돈도 좀 잡히고 허리를 펴며 한숨을 돌릴 때쯤이면 어느 새 중년의 문턱에 서 있는 자신들을 바라본다. 벌써 중년, 이대로 늙어 가는 것인가! 바람에 뒹구는 낙엽처럼 가슴에도 낙엽이 쌓인다. 하얀 머리카락이 이곳 저곳을 장식하고, 얼굴에는 잔주름이 물결을 이룬다. 몸도 예전 같지 않아 쑤시는 데가 많고 어디론가 멀리 떠나 쉬고 싶다. 이 지겨움, 이 공허함을 풀 수는 없는 것일까? 감정의 변화가 오고 과거가 그리워진다. 젊음이 그리워진다. 젊음을 노래하며 낭만을 즐기던 20년 전의 나로 돌아갈 수는 없을까?

이런 저런 생각으로 마음 속에 갈등이 일고, 불현듯 외도가 그 권태로움을, 생활의 불만을 해소시켜 줄 것 같은 생각이 든다. 그러한 이유로 중년이 되면 누구나 한번쯤은 외도를 생각해 본다. 꼭 외도가 아니어도 과거에 가까이 지내던 사람들, 말동무나 짝사랑을 노래했던 연인들을 생각해 보며 과거의 젊음을 뒤돌아보게 된다. 이러한 이유들로 중년기에서 외도는 흔히 겪을 수 있는 회오리바람이라 말할 수 있을 것이다.

또 다른 이유는 사춘기 때 성 충동을 느끼듯이 중년기 역시 성 충동을 일으키는 시기라고 말하기도 한다. 전문의들은 이것을 호르몬 작용에 의한 것이라고 말하는가 하면 심리학자들은 육체적인 변화, 다시 말해서 성 기능이나 정력이 떨어짐으로 인하여 오는 심리적 변화에 기인된 것이라고 말한다.

더 늙기 전에 사랑의 눈으로 바라보는 연인과 함께 밤이 깊도록 다시금 이야기하고 싶은 생각들이 가슴을 꽉 메운다. 생각을 외도에 두게 되면 모든 것이 외도와 연관지어 생각하게 되고 그 생각은 쉽게 행동으로 옮겨진다. 그러기에 잠언 23:7절에서도 "대저 그 마음의 생각이 어떠하면 그 위인도 그러한즉"이라고 말씀하셨나 보다.

외도로 꽉 차 있는 그 마음 속에 어떠한 계기가 주어지면 혼외정사나 외도는 쉽게 이루어질 수 있다. 우리의 모든 행동은 우리의 생각에서부터 시작되기 때문이다. 그러므로 "무릇 지킬 만한 것보다 더욱 네 마음을 지키라"(잠 4:23)는 말씀은 부족한 우리 인간들에게 주어진 주옥같은 말씀이다. 특별히 중년의 위기에 서 있는 분들에게는 더욱 절실하게 필요한 말씀이라 생각된다.

믿는 자라 할지라도 매순간 하나님의 말씀에 깨어 있지 않으면, 사탄이 우는 사자와 같이 달려들어 할퀴고 넘어뜨린다는 사실을 다시금 깨달아야 하겠다. 모든 외도자들이 외도를 통한 스릴에 기분 좋아하고 순간적인 기쁨에 행복해 한다. 잠시 후면 불어 닥칠 가정파탄이라는 폭풍을 예상하지 못하고, 이 불륜의 관계가 영원히 지속될 것처럼 좋아한다.

"음행을 피하라 사람이 범하는 죄마다 몸밖에 있거니와 음행하는 자는 자기 몸에게 죄를 범하느니라. 너희 몸은 너희가 하나님께로부터 받은 바 너희 가운데 계신 성령의 전인 줄을 알지 못하느냐. 너희는 너희의 것이 아니라 값으로 산 것이 되었으니 그런즉 너희 몸으로 하나님께 영광을 돌리라"(고전 6:18~20).

3. 다윗 왕의 외도

중년에서 흔히 부딪히는 혼외정사는 자신과 가정을 짓밟을 뿐만 아니라 직장에서도 사회에서도 매장 당하기 쉽다. 지금까지 공들여 쌓아 온 발판들이 일순간에 와그르르 무너지며, 한평생을 같이 살자던 아내와의 관계도, 커 가는 모습을 지켜보며 흐뭇해하던 자녀와의 관계에도 뛰어넘을 수 없는 큰 갭이 생긴다. 직장에서도 사회에서도 외도의 여파는 크다.

다윗 왕과 우리아의 아내 밧세바의 외도는 성경에 나오는 외도 중 가장 대표적인 예라 할 수 있다. 그들의 외도는 근 3,000년 전의 일임에도 불구하고 오늘날 중년 남녀들의 외도와 그 과정이 매우 비슷하다. 사무엘하 11장 이하를 읽어 나가면 어느 작가의 삼류소설을 읽는 것처럼 불륜의 스토리가 흥미롭게 전개된다.

"저녁 때에 다윗이 그 침상에서 일어나 왕궁의 지붕 위에서 거닐다가 그 곳에서 보니 한 여인이 목욕을 하는데 심히 아름다워 보이는지라…… 다윗이 사자를 보내어 저를 자기에게로 데려오게 하고…… 더불어 동침하매 저가 자기 집으로 돌아가니라. 여인이 잉태하매 보내어 다윗에게 고하여 가로되 내가 잉태하였나이다 하니라"(삼하 11:2~5).

그 당시의 배경을 보면 다윗의 군대는 전쟁터에 나아가 암몬족과 싸우고 있었다. 밧세바의 남편 우리아도 이스라엘 군으로 참전하고 있었다. 전쟁으로 인하여 다윗 왕의 심기는 심히 불편하고 마음의 평정도 찾기 어려웠을 것이다.

침상에 누워도 잠을 이룰 수 없고 안절부절하는 마음을 달랠 길 없어 밖에 나와 신선한 저녁 공기를 들이쉬며 사색에 잠겨 거닐고 있었다. 그러다가 섬광처럼 눈에 비치는 목욕하는 여인의 아름다운 나체를 보게 된 것이다. 매혹적인 나체를 본 순간 다윗 왕의 마음은 지금까지 그를 짓누르던 무거운 짐이 사라지고 그녀를 소유하고 싶은 욕망으로 불타올랐을 것이다. 저 아름다운 나체를 품에 안기만 해도 나라 안팎의 모든 괴로움이 순식간에 싹 풀릴 것 같은 열기가 가슴 깊은 곳으로부터 끓어올랐을 것이다.

마침내 그는 사자를 보내어 그녀를 데려오게 하여 동침한 후 다시 집으로 돌려보냈다. 다윗 왕은 분명히 하룻밤의 정사로 그 관계를 끝내려고 했었을 것이다. 그런데 뜻밖에도 밧세바에게서 잉태되었다는 전갈이 온 것이다.

다윗 왕이 그 전갈을 받은 후 얼마나 아찔했을까? 하룻밤의 정사로 모든 마음의 괴로움을 풀려고 했는데 그것은 수포로 돌아가고 전쟁에 대한 걱정에다 골칫거리 하나가 보기 싫은 혹처럼 더 달라붙은 셈이었다.

현재처럼 의학이 발달한 시대라면 쥐도 새도 모르게 해치웠을 텐데. 그럴 수도 없었던 때라 간음을 은폐하기 위해 머리를 짜낸 것이 전쟁터에서 열심히 싸우고 있는 밧세바의 남편을 불러들이는 일이었다. 호의를 베푸는 척하고 우리아를 불러서 아내 밧세바와 함께 잠자리를 같이하도록 명령했다.

그러나 충성스러운 우리아는 요압 장군과 왕의 신복들이 전쟁터에서 전쟁을 하고 바깥뜰에서 자고 있는데 감히 어찌 집으로 들어가서 혼자 먹고 마시며 처와 자겠느냐면서 충신답게 거절했다.

세상만사가 다 다윗 왕의 뜻대로 되지는 않았다.

간음을 얼버무리려고 했던 자기의 획책이 성취되지 않자 왕은 독기를 품고 살인할 계획을 세웠다. 가장 맹렬한 싸움의 맨 앞에 그를 내세워 적으로 하여금 맞아 죽도록 하라는 편지를, 본인 우리아를 통하여 요압 장군에게 보냈다. 다윗의 획책대로 우리아 장군은 맞아 죽었다.

간접 살인이긴 하지만 다윗 왕은 살인죄를 범했다. 그것도 아주 계획적이고 지능적으로 말이다. 아무것도 모르는 충성된 종에게 그 자신을 죽이려는 음모가 적힌 편지를 손수 들고 가도록 그의 손에 전해 줄 때 다윗 왕의 심경은 어떠했을까? 그렇게 착하고 지혜로웠던 왕이 간음이라는 사탄의 올무에 걸리게 되었을 때, 끔찍한 살인 계획을 세우고 또 서슴없이 그것을 해치운 사실이 우리에게 경종을 울린다. 하나님의 사람이라 해도 사탄의 올무에 빠지게 되면 무서운 일을 저지를 수 있다는 것을 우리에게 시사해 준다.

하룻밤의 정사로 끝내려고 했던 순간의 정욕이 간음죄를 낳았고 그것을 덮으려다 살인죄를 낳았다. 이러한 사건들은 오늘날도 가끔 일어난다. 신문지상에 나오는 "치정 살인"이라는 것이 다 이러한 것들이 아니겠는가.

요즈음은 에이즈(AIDS)라는 병까지 합세하여 외도하려면 목숨 내걸고 해야 될 판이다. 그럼에도 불구하고 많은 사람들이 외도를 하고 있으니 외도가 자기의 생명보다 더 귀한 것일까? 말세는 말세인가 보다. 잠언에서도 간통하는 자들의 결과에 대하여 다음과 같이 말하고 있다. "사람이 불을 품에 품고야 어찌 그 옷이 타지 아니하겠으며 사람이 숯불을 밟고야 어찌 그 발이 데지 아니하겠느냐 남의 아내와 간통하는 자도 이와 같을 것이라. 무릇 그를 만지기만 하는 자도 죄 없게 되지 아니하리라"(잠 6:27~29).

남편의 외도(아내의 외도도 마찬가지이지만), 곧 바람피우는 것은 사탄이 사람들을 유혹하여 그들의 가정을 파괴하는 가장 힘 있는 무기 중의 하나이다. 부부관계가 좋아 보이던 가정들이 어느 사이 남편의 외도로 풍비박산이 난 경우들을 우리 주위에서도 종종 본다. 시대의 풍조가, 성도덕이 땅에 떨어질 대로 떨어진 세대, 배우자를 바꾸어 가며 한판 즐겨 보자는 성 쾌락주의가 만연한 시대인지는 몰라도, 꽤 많은 아내들이 남편의 외도를 호소해 온다.

사람들은 종종 남편의 외도는 아내 탓이고 아내의 외도는 끼가 있어서 그렇다고 한다. 하지만 과연 그럴까? 많은 남편들이 남편의 외도를 전적으로 아내의 탓으로 돌린다. 그 이유는 아내가 집안에서 남편에게 잘해 주면, 다시 말해서 성욕을 만족하게 채워 주면 누가 밖에 나가서 이곳 저곳을 기웃기웃하겠느냐는 것이다.

또 사람들은 식욕과 성욕이 인간의 본능이라고 말한다. 그러나 필자가 강조하는 것은 식욕과 성욕이 인간의 본능인 것은 사실이나 차원이 다르다는 것이다. 식욕은 인간의 가장 근본적인 욕구이기 때문에 며칠만 굶어도 살 수 없다. 그러나 성욕은 며칠, 아니 몇 년을 굶는다 해도 그것으로 인하여 죽는 사람은 없다. 그것은 인간의 의지로 성욕을 다스릴 수 있다는 말이다. 그럼에도 불구하고 통계적으로 아내의 외도보다 남편의 외도가 훨씬 더 많은 이유는 무엇일까? 그것은 남편들이 이성적인 의지로 그 상황에 맞게 성욕을 제어하기보다는 그들의 욕구 본능에 쉽게 맡겨 버린다는 사실이다.

그러므로 남편의 외도에 대하여 전적으로 아내 탓으로 돌리는 것은 남편들의 핑계 쪽이 더 강하다고 생각한다. 이 핑계는 인류의 원조인 아담에게서부터 시작되었고 그는 핑계의 명수였다. 어느 날 저녁 하나님께서 에덴동산을 거니시며 아담을 찾으셨다. "네가 어디 있느냐. 가로되 내가 동산에서 하나님의 소리를 듣고 내가 벗었으므로 두려워하여 숨었나이다. 가라사대 누가 너의 벗었음을 네게 고하였느냐. 내가 너더러 먹지 말라 명한 그 나무 실과를 네가 먹었느냐"(창 3:9~11). 여기에 대한 대답은 간단하다. "예, 제가 먹었나이다. 용서하옵소서" 하든지, "아니요, 먹지 않았나이다" 하면 된다. 사실대로 진실을 고백하든지 아니면 거짓말을 하든지 둘 중의 하나이다.

그러나 아담의 대답은 교묘하게 "예"도 아니요, "아니오"도 아닌 "왜(why)"에 대한 대답을 하고 있다. 아담이 대답하기를 "하나님이 주셔서 나와 함께 하신 여자 그가 그 나무 실과를 내게 주므로 내가 먹었나이다"(창 3:12). 여기에서 아담은 당돌하게도 핑계를 하나님과 하와에게 돌리고 있다.

일본 작가 미우라 아야꼬는 "하나님이 주셔서"라는 이 말을, "하나님이 하와를 저에게 안 주셨다면 문제가 없었을 텐데 그 여자 때문에 저에게 문제가 생겼어요"라는 뜻이라고 진술했다.

세상에 못 믿을 것이 여자라고 하지만, 정말 못 믿을 것은 남자라고 생각한다. 언제는 "뼈 중에 뼈요 살 중의 살"(창 2:23)이라고 감격해서 말하던 아담이 죄를 범하고 궁지에 몰리니까 "당신께서 주신 그 여자 때문에"라고 핑계를 대고 있다.

에덴동산에서 남편들의 조상 아담은 자기를 만드신 하나님과 자신의 뼈 중의 뼈, 살 중의 살인 아내에게 핑계를 대고 있었다. 지상의 낙원인 에덴에서도 이러할진대 하물며 요즈음 같이 죄악이 편만한 세상에서야 오죽하랴. 남편의 외도를 호소하는 아내들의 이야기를 들어 보면 "그 지경에 이르게 된 것이 다 아내 탓"이라고 남편들은 말한다고 한다.

그러나 다윗 왕은 달랐다.

사무엘하 12장에는 나단 선지자를 통해 다윗 왕이 회개하는 장면이 나온다. 그는 어느 누구에게도 핑계를 대지 않고, 오로지 자신이 범죄하였음을 고백한다. "내가 여호와께 죄를 범하였노라"(삼하 12:13). 시편 6편과 51편에서도 침상을 적셔 가며 회개하는 다윗 왕의 고백을 들을 수 있다.

"내 죄과를 도말하소서. 나의 죄악을 말갛게 씻기시며 나의 죄를 깨끗이 제하소서. 대저 나는 내 죄과를 아오니 내 죄가 항상 내 앞에 있나이다. 내가 주께만 범죄하여 주의 목전에 악을 행하였사오니 주께서 말씀하실 때에 의로우시다 하고 판단하실 때에 순전하시다 하리이다…… 주의 얼굴을 내 죄에서 돌이키시고 내 모든 죄악을 도말하소서. 하나님이여 내 속에 정한 마음을 창조하시고 내 안에 정직한 영을 새롭게 하소서…… 하나님이 구하시는 제사는 상한 심령이라 하나님이여 상하고 통회하는 마음을 주께서 멸시치 아니하시리이다"(시 51:1~17).

간음죄에 살인죄까지 겸한 죄인이었지만 하나님 앞에 나가 통회하고 자복할 때에 그 죄를 말갛게 씻어 주실 것을 다윗 왕은 알았고 또 믿었다. 마음 속 저 깊은 곳으로부터 터져 나오는 참회의 소리가 시편 이곳 저곳에 구구절절이 흐른다. 그 통회의 기도가 없었다면 이스라엘에 다윗이라는 별은 없었을 것이다. 다윗 왕을 별처럼 반짝이는 선왕으로 그리고 승리의 왕으로 지켜 준 것은 분명 통회하고 자복하는 상한 심령이었다.

오늘날 외도하는 남편들도 다윗 왕과 같이 누가 옆에서 충고해 줄 때, 성령의 음성이 들려올 때, 얼른 그 자리에서 돌아설 수 있기를 바라는 마음 간절하다. 하나님은 회개하고 돌아오는 그들에게 승리의 삶을 더 새롭게 살아갈 수 있도록 힘주시는 분임을 의심치 않으면서 말이다.

어느 날 세미나를 마치고 돌아서는데 아름답게 단장한 중년 부인이 대화하기를 원하였다. 혹시 자신의 간증이 나의 세미나에 도움이 된다면 참고하시기를 바란다면서 말문을 열었다. 그 부인과 남편은 오랫동안 신앙생활을 잘해 왔다. 어느 누가 봐도 아름답게 잘 어울리는 한 쌍의 부부였으며, 주위 사람들의 많은 부러움을 받아 왔었다. 그러나 그들이 막 중년의 문턱에 이르렀을 때, 뜻밖에도 그 부부에게 문제가 생겼다. 그렇게 가정적이고, 믿음 좋고 교회에서 봉사를 잘하던 남편이 다른 여자와 그것도 넘어서는 안 될 선을 넘어가며 관계를 가져 왔다는 것이다.

이 커다란 충격 앞에서 그 부인은 며칠 몸을 가누지 못했다. 다행히 마음 한구석에서 들리는 세미한 음성이 있었다. “어려울 때일수록 주님을 찾자, 주님께 매어 달리자." 그러나 그것도 잠시 뿐이지 현실로 돌아오면 "아니야, 그런 파렴치한 위선자와는 더 이상 살 수 없어. 이혼해야지" 하는 생각이 무섭게 마음에 파문을 일으키기 시작했다. 결국 이혼을 하기로 작정하였다. 그 때에 남편은 그에게 주어진 모든 일들을 뒤로하고 교회에서 연일연야 금식하고 기도하면서 그의 죄가 얼마나 무겁고 무서웠던 것인가를 주님 앞에 자복하고 있었다.

그 부인이 이혼장에 도장을 받기 위하여 간다는 연락도 없이 밤 12시쯤 교회 문 앞에 도착해서 숨을 죽이며 한 발 한 발 내딛었을 때, 남편의 회개의 소리가 교회 문밖까지 들려 나왔다. "하나님 저는 죄인입니다. 저를 용서하소서. 저를 용서하소서." 얼마나 처절하게 죄사함 받기를 간구했던지 그의 목소리는 쉬어 있었고 얼굴은 온통 눈물과 땀방울로 얼룩져 있었다고 한다.

그 장면을 보면서 부인의 마음에는 이런 생각이 들었다고 한다. "하나님은 상한 심령을 구하신다고 하셨는데 저렇게 처절하게 회개하고 자복하는 남편을 하나님께서 용서해 주지 않았겠는가? 하나님이 용서했다면, 하나님께서 용서한 사람을 내가 누구이기에 정죄할 수 있겠는가? 내가 남편을 용서하지 못한다면, 나는 하나님보다 더 높은 사람이다. 결코 내가 그럴 수는 없다. 하나님이 용서했다면 나도 용서를 해야 하고, 하나님이 받아들이는 자라면 나도 그를 받아들여야 한다." 현명하고 지혜로웠던 부인은 손에 든 이혼장을 갈기갈기 찢어 버리고, 남편의 있는 모습 그대로를 수용하였다고 한다. 그 후로 남편은 가정에 더 충실하고 교회에도 더 열심히 봉사하며 신실한 청지기로 일한다고 한다.

참으로 아름다운 간증이었다. 주님만이 베푸시고 감싸 줄 수 있는 아가페 사랑을 이 부인도 한 것이다. 하나님은 회개하고 돌아오는 심령을 결코 박대하지 아니하신다. 회개하는 그 심령을 어루만지시며 위로하시고 더 큰 것으로 채우시며 일을 맡기신다.

상한 심령으로 돌아온 다윗 왕을 쓰신 하나님, 그 하나님은 이 시간에도 외도에 빠져 신음하며 고민하고 있는 많은 사람들이 간음의 쇠사슬을 끊고 주님 앞에 나아오기를 기다리신다. 집 나간 자식이 돌아오기를 밤새 기다리는 아버지의 심정으로 기다리고 계신다.

4. 죄의 대가

우리의 죄가 아무리 주홍같이 붉을 지라도 상한 심령으로 주님 앞에 나아와 철저히 회개하면 하나님께서 깨끗하게 용서해 주심을 알고 있다. 그러나 죄사함을 받고 구원함을 얻었다 할지라도 그 죄에 대한 대가는 톡톡하게 치르는 것을 사무엘하 12~13장을 통하여 또한 알 수 있다.

간음과 살인죄로 말미암아 다윗 왕이 밧세바에게서 낳은 음란의 아들이 7일 만에 죽게 되고, 큰아들 압살롬은 아버지인 다윗 왕을 반역하게 된다. 또 다윗 왕의 아들 암논이 다윗 왕의 딸 다말을 강간하므로 암논은 죽임을 당하고, 압살롬이 대낮에 이스라엘 무리 앞에서 다윗 왕의 후궁들을 범하는 근친상간이 집안에서 꼬리에 꼬리를 물고 일어난다. 다윗 왕이 궁내에서 모범을 보이지 못하고 하나님 앞에 죄를 범함으로 치러진 대가였다.

우리 가정에서도 그와 똑같다. 가정의 머리가 되는 아버지가 모범을 보이지 못하고 외도나 술, 마약 등에 빠져 있을 때 우리의 자녀들은 그 모든 것들을 자기도 모르게 그대로 보고, 배우고, 행하게 된다. 어릴 때에는 아버지의 그러한 행동에 대하여 나쁘다고 반박도 하며 마음 속에 갈등이 일어 잠 못 이루는 밤도 있었지만, 그 아이가 성장하여 어른이 된 후에는 그렇게 마음 속으로 싫어했던 아버지의 길을 자신도 모르는 사이에 걷고 있는 자신을 발견하게 된다. 우리말에도 "부전자전"이라는 말이 있고 연구 통계를 보아도 마약이나 알코올로 고생하는 청소년들의 70%가 그러한 가정환경에서 자랐다는 것이다.

어느 날 40대 후반의 중년 부인이 필자의 연구실를 찾아왔다.

이 세상의 모든 무거운 짐을 홀로 진 것처럼 초췌한 모습으로 문을 들어섰다. 사연인즉 결혼 생활 25~6년 동안 부부의 정이라고는 한 번도 느껴 본 적이 없다고 했다. 결혼 바로 직후부터 지금까지 남편은 이 여자 저 여자를 불나비처럼 찾아다니며 향락 생활을 즐겨 왔다고 한다. 사업이라고 벌이면 제대로 되는 것이 없고 항상 빚더미에 쫓겨 어렵게 생활해 왔다는 것이다.

할 수 없이 가냘픈 몸으로 직장을 갖기 시작했고 자라나는 자녀들을 위하여 밤이 지새는 줄도 모르고 일을 해왔다고 한다. 그러나 돈푼이라도 모이면 남편은 여지없이 찾아와 그 돈을 요구해서 훌쩍 떠나곤 했다. 사회의 따가운 눈총과 자녀들의 앞날을 위하여 이혼은 생각도 못하고 그냥 남편을 없는 사람으로 생각하고 살았다고 한다. 25년이라는 기나긴 세월은 이 여인의 가슴에 한을 겹겹이 쌓아 놓기에 충분했다.

다행히 자녀들이 어머니의 마음을 이해해 주고 캄캄한 밤중의 등불처럼, 세 자녀 모두 한결같이 머리도 좋고 주위의 칭찬을 독차지하는 아이들이었다. 모든 괴로움과 한 맺힌 생활이 자녀들을 바라볼 때마다 맞바람에 봄눈 녹듯이 사라져 갔다. 힘든 가운데서도 삶의 의미를 부여해 주는 자녀들을 위하여 온 생명을 다 바쳐 일해 왔다. 그러나 정말 어이없게도 요즈음 하나하나 쌓아올린 공든 탑들이 와그르르 무너지고 있다는 것이다.

생명 바쳐 보살펴 온 자녀들의 삶에 금이 가기 시작했고, 술과 마약을 하며 또 이루어질 수 없는 사람과 불륜에 빠져 있다는 것이다. 아무리 타이르고 또 타일러도 속수무책이니 어떻게 하면 좋겠느냐고 엉엉 우는 것이었다. 잘 살아 보려고 뼈가 가루가 되도록 노력했는데, 이제는 산다는 것에 아무런 희망도 용기도 없다는 것이다.

이 여인이 지나온 인생 여정 길을 같이 되돌아보며 느낀 것은 가슴에 피맺힌 한을 가지고 살아가는 여인들이 지금도 많이 있다는 사실이다. 남편의 무절제한 행동이 보람 있고 생동감 있게 살아가야 할 한 여자의 일생을 여지없이 짓밟고, 후에는 자녀들의 삶까지도 무참하게 짓밟아 놓고 있다는 사실이다. 엄청난 죄의 대가이다.

그러나 이러한 역경과 고난 가운데서도 주님께 감사한 것은 하나님의 사랑의 손길은 끝이 없다는 것이다. 삶의 의미를 잃고 사망의 골짜기를 헤매는 여인에게 주님은 사랑으로 찾아오셨다. 상담을 통하여 주님을 영접한 후 이 여인의 삶의 목적이 분명해졌다. 새롭게 창조된 자아상으로 다듬어지며 원망하고 미워하던 하나님을 이제는 좋으신 하나님, 사랑이 많으신 하나님으로 바꿔 부르게 되었다. 이 여인의 믿음과 긍정적인 사고는 마약을 복용하던 아들을 돌아오게 했고 불륜에 빠져 있던 딸을 돌아오게 했다.

이곳 저곳에 붙여 놓고 간수했던 수많은 부적들을 모두 불태우고 새 생명으로 새롭게 태어나서 이제 높고 높으신 하나님만을 찬양하는 귀한 딸이 되었다. 이것은 우리 주위에서 볼 수 있는 한 예이다.

부모의 삶이 우리 자녀들에게 얼마나 큰 영향을 미치는지는 전문가의 입을 빌리지 않아도 어느 누구나 알 수 있는 일이며, 우리 모두가 입을 열어 아무리 설명하여도 부족할 것이다. 부모는 아이들에게 세상을 살아가는 데 있어서 필요한 삶의 원천이며 지혜를 길러주는 선생이고 모델이다. 이 모델이 중심을 잃고 방황할 때에 우리 자녀들은 지울 수 없는 상처를 입는다.

특별히 중년기에서 생활로 인하여 심신이 고달프고 삶에 여유가 없다 할지라도 다시 한 번 옷깃을 여미고 우리 자녀들을 돌아봐야 할 때이다. 우리 자녀가 더 성장하기 전에, 결혼해서 집을 훌쩍 떠나기 전에 손과 손을 맞잡고 마음과 마음으로 이어지는 사랑을 전해 주어야 한다. 부모인 우리 자신들이 마음의 거울과 행동의 거울을 깨끗하고 아름답게 닦아 놓을 때, 우리 자녀들은 그들의 해 맑은 미소와 얼굴을 언제라도 비춰 볼 수 있을 것이다.

5. 밧세바의 외도

지금까지 다윗 왕에게 맞춰온 초점을 이젠 밧세바에게로 돌려보고자 한다. 주위가 산란하고 심기가 편치 못하여 간음죄를 범한 다윗 왕에게도 문제가 있었지만, 우리아의 아내 밧세바에게도 또한 문제가 있었다고 본다.

밧세바의 남편 우리아는 전쟁터에서 암몬족과 싸우고 있었다. 살아서 승전가를 부르며 올지, 죽은 몸으로 암담하게 돌아올지 분간하기 어려운 상황에 있었다. 하나님을 믿고 의지하는 이스라엘 군으로 참전한 남편이고 보면, 분명 밧세바도 살아 계신 하나님의 역사를 많이 듣고 보아 왔을 것이다. 그렇다면 남편이 없는 외로운 밤을 마냥 외로워하며 보내기보다는 말씀에 의지하여 이스라엘이 승리하고 남편이 안전하게 돌아오기를 간구했어야 했다.

그러나 어이없게도 기도가 가장 필요한 시기, 하나님의 말씀에 온전히 사로잡혀야 할 시기에 밧세바는 외도를 하고 있었다. 아마도 밧세바 역시 남편이 없는 공허한 밤, 쓸쓸한 마음을 달래기 위해 잠시 밖에 나와 머리를 식히고 있었을지 모른다. 그런데 뜻밖에 사선 거리로 보이는 왕궁 옥상에 다윗 왕이 나와 거니는 모습을 보게 된 것이다. 그것도 단 한번이 아니라 저녁이면 가끔 나와 거니는 왕의 모습을 훔쳐보게 된 것이다.

심기가 불편한 것은 다윗 왕이나 밧세바나 둘 다 마찬가지였다. 다윗 왕은 전쟁이 어떻게 될 것인가로 인해, 밧세바는 남편의 안전과 외로움으로. 불현듯 밧세바의 마음에 다윗 왕을 유혹하고 싶은 욕정이 일어나고, 그래서 생각한 것이 왕궁의 먼발치에서 보이는 곳에서 목욕을 하기로 작정한 것이다. 모르긴 해도 그 날 딱 한번 목욕한 것이 아니라 다윗 왕의 눈에 띌 때까지 여러 번 하지 않았을까 생각된다. 목욕도 어두움이 짙게 깔린 한밤에 했더라면 벗은 몸은 보이지 않았을 터인데, 벌거벗은 몸이 어슴푸레하게 보일 수 있는 초저녁 쯤에 하지 않았을까? 이와 같이 중년의 여자도 허전하고 외로워지면 음흉하게 꼬리를 친다. 사춘기의 자녀를 위하여, 피곤한 몸으로 바삐 뛰는 중년의 남편을 위하여 더없이 기도가 필요한 시기에 순간적인 정욕이 실수를 저지르게 하고 급기야는 가정 파탄으로까지 휘몰고 간다.

중년의 남자와 여자는 지킬박사와 하이드와 같이 가슴 속에 두 개의 감정이 갈등을 일으키고 있다고 혹자는 말한다. 지킬 박사와 같이 낮에는 좋은 남편과 좋은 아내로, 좋은 엄마, 아빠로 또는 믿음 좋은 그리스도인, 집사, 장로, 목사로 행동하다가, 밤이 되면 하이드와 같이 마귀의 손에 이끌리어 놀아나고 바람을 피우게 된다는 것이다. 미국의 유명한 TV복음 전도자로서 세인들의 관심과 화제의 대상이었던 짐 베이커(Jim Baker)나 지미 스웨것(Jimmy Swagert)이 창기들과 놀아났던 것은 그 좋은 본보기이다.

이러한 일은 누구에게나 일어날 수 있는 일이다. "나는 아니야, 나와 내 남편에게는 결코 그러한 일이 일어날 수 없어"라고 어느 누구도 장담할 수가 없다. 우리가 발을 딛고 사는 곳은 죄악이 편만한 세상이기 때문에 깨어서 기도하고, 하나님의 말씀에 사로잡혀 있지 않으면, 어느 누구나 넘어질 수 있기 때문이다.

어떤 남편이 상담을 요청했다. 그들 나름대로 믿음 생활을 잘 해보려고 애도 쓰고 노력도 많이 했다. 그런데 뜻밖에도 집사님의 아내가 교회의 다른 집사와 눈이 맞았다는 것이다. 그들의 관계가 미심쩍어서 계속 주시해 오던 가운데 꼬리를 붙잡았고, 결국 아내의 불륜 관계를 알게 되었다는 것이다. 이혼하자니 자녀들의 장래가 걱정이 되고, 살자니 괴로움이 이만 저만이 아니라며 어찌할 바를 모르겠다는 것이다. 그러면서 믿는 자의 가정에 왜 이러한 낯 뜨거운 일이 일어나는지 침묵하고 계시는 무심한 하나님이 원망스럽다는 것이다.

남편의 외도 못지않게 아내의 외도도 큰 회오리를 몰고 온다. 밧세바의 외도가 남편인 우리아를 죽게 만든 것같이 아내의 외도는 가끔 칼부림이 난다. 특별히 우리 사회의 이중 기준은 여자에게 더 큰 상처를 준다. 즉 남편의 외도는 용납될 수 있지만 아내의 외도는 절대 용납되지 않는 사회이기 때문이다. 이 집사님의 상담에 대한 글은 제5장 '상담 글'에 나와 있다.

이러한 일은 나 자신 뿐만 아니라 내 남편 내 아내에게도 일어나서는 안 될 일이다. 뿐만 아니라 내 이웃, 내가 몸담고 있는 이 사회 어느 곳에서도 일어나서는 안 된다. 그러나 믿는 자의 가정까지도 우는 사자와 같이 달려드는 사탄의 공격을 어찌하랴. 이러한 이유로 사도 바울은 우리 믿는 자가 항상 깨어 기도하며 말씀의 검, 성령의 검으로 단단히 무장하기를 당부했다. 사탄은 깨어 기도하는 자와 말씀에 사로잡혀 있는 자들을 가장 두려워하기 때문이다.

"하나님의 뜻은 이것이니 너희의 거룩함이라. 곧 음란을 버리고 각각 거룩함과 존귀함으로 자기의 아내 취할 줄을 알고 하나님을 모르는 이방인과 같이 색욕을 좇지 말고 이 일에 분수를 넘어서 형제를 해하지 말라"(살전 4:3~6).

중년의 위기에 대한 예방

사춘기 다음으로 육체적으로나 심리적으로 예민한 시기가 중년기이다. 중년의 남편과 아내는 가정과 직장의 일상적인 매너리즘에 빠져 서로에 대하여 관심이나 친밀감이 시들해질 수 있는 때이다. 그 결과 다른 것에 대한 일시적인 관심과 흥분으로 배우자 중 한쪽이 중년의 연애 사건에 빠져들기도 한다. 또 늙어가고 있는 자신에 대하여 끊임없는 매력 증명과 사춘기에 있는 자녀와 똑같이 이성에 대한 그리움과 압박감으로 죄의식에 쉽게 빠지기도 하며, 예사로운 일에도 화를 벌컥벌컥 낼 수 있는 시기이다.

이렇게 예전과는 달리 이상하고 어려운 시기가 중년들 앞에 기다리고 있다는 사실을 알고 준비하면서 중년을 맞이하게 되면 중년의 삶이 쉬워질 것이다. 그러나 무방비 상태에서 기습적인 공격을 받으면 집채가 무너지는 듯한 아픔을 겪게 된다.

시편 기자도 중년의 위기를 몸소 체험했던 것 같다.

시편 102:23~24절에 "저가 내 힘을 중도에 쇠약케 하시며 내 날을 단축케 하셨도다. 나의 말이 나의 하나님이여 나의 중년에 나를 데려가지 마옵소서. 주의 연대는 대대에 무궁하니이다"라고 말씀하고 있다.

1. 중년의 위기에 대한 마음 준비

중년의 위기는 피하려 하기보다 그 위기를 좀 더 지혜롭게 맞이하려는 마음의 자세가 더 중요하다. 앞에서 설명한 중년에서 일어날 수 있는 많은 심리적인 갈등, 육체적인 나약함이나 피곤함, 그로 인한 압박감에서 탈피하고 싶은 외도의 생각, 꼭 외도가 아닐지라도 젊음을 그리워하거나 젊었을 때 사귀었던 친구들을 그리워하는 이 모든 것들은 극히 정상적이라는 것이다.

때와 시기는 다르겠지만 중년에 있는 분들 어느 누구에게나 이러한 마음의 갈등과 동요가 일어날 수 있다. 나만이 그러한 갈등과 고민으로 괴로워하며 시름에 빠지는 것이 아니라 표현을 안 할 뿐이지 다른 사람도, 다른 부부도 마찬가지라는 사실이다. 내부의 심한 갈등과는 달리 왜 표현들을 못하고 있는 것일까?

그것은 중년들이 가정이나 직장, 사회에서 갖고 있는 지위와 체면 때문이다. 중년이면 대개는 세를 살던 부부도 내 집을 마련하게 되고, 경제적으로나 사회적으로 상당한 위치에 오르게 되며 힘을 과시할 수가 있다. 누구든지 중년의 그들을 바라보며 "으레 잘하려니, 잘 지내고 있으려니" 생각하고 있다. 따라서 이러한 체면 때문에 내부의 갈등을 꺼내 놓기를 꺼려한다. 젊은 사람들이 나를 어떻게 생각할까? 가족들은? 교회에서 믿음이 연약한 자나 초신자들은 나를 형편없이 보겠지? 등의 두려움으로 자기들의 솔직한 감정들을 고백할 수가 없다.

많은 중년의 사람들이 조심스럽게 마음의 갈등과 괴로움을 호소하러 온다. 상담을 통해서 자신들이 당혹하게 느꼈던 감정들이 극히 정상이라는 것을 깨달은 후에는 아주 홀가분한 마음으로 "인생의 여정 길에 이런 시기가 있다는 것을 미리 알았더라면 많은 문제가 줄어들었을 텐데"라는 말들을 한다.

큰 암덩이를 몸에 지니고 있는 줄 알았는데 가벼운 몸살감기 정도의 진단을 받아, 가벼운 발걸음으로 나가는 그들의 뒷모습을 바라보며 상담자로서의 보람을 느낀다.

그러나 이러한 감정의 물결이 극히 정상이라 할지라도 이것들이 도를 지나치거나 간음의 생각으로 바뀌게 되면 그것은 곤란하다. 사탄은 먼저 우리의 생각을 사로잡고 교묘한 방법으로 타당성을 만들어 행동을 유도하기 때문이다.

"악은 모양이라도 보지 말라"고 한 말씀이나 "사탄아 물러가라"고 한 능력과 권세 있는 주님의 말씀에 의지하여 이러한 갈등이나 동요를 지혜롭게 넘긴 중년들은 예전에 체험하지 못한 더 깊이 있고 성숙한 부부 관계를 정립해 나간다.

영적으로도 나약해지지 않고 원숙한 중년답게 믿음에서도 성숙한 자리로, 장성한 믿음의 분량의 자리로 들어가도록 늘 깨어서 기도하며 우리에게 정한 마음과 깨끗한 영을 주시도록 간구해야 할 것이다.

2. 함께 있을 시간을 마련

중년의 문턱을 넘긴 남편과 아내는 이제 인생의 중턱에 와 있다. 헉헉거리며 정신없이 올라온 삶의 뒤안길들을 이곳 중턱에 서서 숨을 고르며, 잠시 머물고 싶은 순간이다. 여유를 갖자.

남편과 아내가 함께 있을 시간을 내자.

위를 쳐다보면 아직도 가야 할 길이 아스라이 멀다. 그러나 아래로는 지금까지 스쳐 지나왔던 길들이 한눈에 선하다. 구부러진 길 사이사이로 야생초가 곱게 피어 있고, 호젓한 오솔길 너머로는 이름 모를 새들이 이곳 저곳을 날아다닌다.

마음이 저리도록 아름다운 저 길들을 아무 생각 없이 지나치다니……

어쩌면 내 인생의 여정에서 하나님의 사랑도, 남편의 사랑도, 아내의 사랑도 이렇게 무심히 지나쳐 버리고 있는 것은 아닐까?

함께 머물고 싶은 순간들, 이 아름다운 시간을 주님과 함께 남편과 아내가 잠시 마주앉아 서로를 확인해 보자. 10년, 20년을 한 이불 속에서 살을 맞대며 살아왔지만 정말 서로를 그렇게 잘 아는 것일까? 참으로 오랜만에 빤히 들여다보는 얼굴에서 눈에 띄는 것은 주름살뿐이다. 팽팽하던 얼굴에 잔물결이 이리저리 선을 그어 놓고 까맣던 머리는 반백의 흰구름이 넘실거린다.

둘만의 시간.

호젓한 시간.

멋진 대화가 오가지 않아도 좋다. 잠시 서로를 응시하며 손과 손을 마주잡고 눈과 눈으로, 마음과 마음으로 이어지는 정겨운 순간들……

"여보, 곱게 그어진 잔주름이 참 멋있어, 원숙한 멋 바로 그거야."

"여보, 고마워요. 아름답게 봐 주셔서……

같이 호흡하며 우리들만의 시간을 갖는 것이 얼마나 감사한지요."

"그래, 우리 좀 더 자주 같이 있는 시간을 마련해 봅시다."

꺼져 가는 장작불을 다시 지피며 벽난로 앞에서 정겹게 이어지는 대화들, 시들해져 가는 부부의 정을 다시 살리기 위해 노력하는 남편과 아내의 모습은 참으로 아름답다. 둘이서 무릎을 마주하고 숨을 훅훅 불어 가며 꺼져 가는 사랑의 등불을 다시 밝히자.

사업으로 인하여, 직장 일로 인하여 시간이 없다는 것은 핑계다.

건강을 잘 유지하려면 운동도 필요하고 정기적인 검진도 필요하듯이 부부의 정도 건강하게 유지하기 위해서는 서로의 노력이 필요하다.

남편과 아내가 하룻밤쯤 호텔에 묵어가며 같이 있을 시간을 마련하고 대화를 나누며 서로를 재확인해 보는 시간이 필요하다. 밤늦게까지 카페나 레스토랑에서 흘가분하게 이야기를 나누는 것도 불을 다시 지피는 방법이며, 함께 책을 읽거나 운동을 하거나 또는 부부 생활 세미나에 참석하여 듣고 배운 것을 실습하는 것도 참으로 유익한 방법이라 하겠다. 이중 어느 것 하나도 시간의 투자 없이는 이루어지지 않는다. 그러므로 행복한 결혼 생활의 필수조건은 함께 있을 시간을 마련하는 것이다.

특별히 중년의 바쁜 남편들에게서 시간을 내는 것은 극히 힘들다. 그러나 시간이 없다는 핑계로 식어 가는 부부의 정을 바라 볼 수만 있겠는가? 시간이 없어 같이 할 시간을 마련하지 못하던 그들이 이혼을 하기 위해서 더 많은 시간들을 갈등과 이혼 수속에 허비하는 것을 본다. 참으로 안타까운 일이다.

젊은 부부라 할지라도 아이를 갖기 시작하면서부터 결혼 생활의 만족도는 떨어지고 사랑은 식어간다. 떨어지는 결혼 생활의 만족도를 높이기 위하여, 식어 가는 사랑을 다시 화끈하게 불붙이기 위하여 부부만의 시간을 갖는 것은 참으로 중요하다. 시간을 같이해야만 서로를 바라보며 대화를 나눌 수 있기 때문이다.

3. 부부가 서로 개인의 발전을 이루도록 노력하며 격려

결혼은 부부가 서로 하나 되기 위하여 가정이라는 영구적인 직장에서 남편과 아내의 직분을 수행하며 주님 앞에 서는 그 날까지 종신토록 노력하며 살아가는 삶의 한 과정이다. 따라서 부부는 지적으로, 사회적으로, 영적으로 같이 성장할 수 있도록 서로 밀어 주고 당겨 주어야 한다.

결혼할 당시를 생각해 보라. 남편과 아내가 그 때만큼 대화를 많이 나눴던 때도 없었을 것이다. 결혼할 당시에는 서로가 대화할 수 있는 가장 좋은 상대였고 대화하는 데 별 불편이 없었다. 그런데 결혼 후 시간이 지남에 따라 남편들은 지적으로, 사회적으로 성장하게 된다. 직장에서는 힘이 있는 자리에서 부하 직원들을 거느리기도 하고, 지적으로는 석사나 박사 학위를 가지고 권위 있게 일할 수 있으며 또한 그 수준급의 사람들을 만나게 된다. 그와는 반대로 대부분의 아내들은 결혼한 그 날 이후로 밥하고 빨래하고 청소하고 애 키우는 일에만 전념하게 된다. 해도 해도 끝이 없고 표도 안 나는 일을 매일 반복하며 살아간다.

결혼한 아내들의 가사 노동에 대한 연구를 실시했는데, 그 결과는 아내들의 가사 노동이 결코 남편들이 직장에서 하는 일의 양에 뒤지지 않는다는 것이다. 오히려 어린아이를 기르는 아내들의 일의 양은 남편들이 직장에서 하는 일의 양보다 훨씬 많다는 것이다. 그러므로 어린아이들을 가지고 있는 아내들은 직장에 나가지 않고 집에 있다 해도 일의 양이 남편들보다 훨씬 많으며 피로에 지쳐 있기 십상이다. 그렇게 많은 일의 양에도 불구하고 남편들은 집에 돌아오면 핀잔부터 하기 시작한다. “집에서 뭐하고 있었어? 집안 꼴이 엉망이잖아!”

아내에게 사랑과 관심을 가지고 있는 남편이라면 귀가한 후 아내의 어깨에 가볍게 손을 얹거나 주물러 주며 이렇게 말할 수 있으리라.

“여보, 애 보랴 살림하랴 얼마나 수고가 많았소, 내가 아기 볼 테니 좀 쉬시오” 라고. 남편이 이렇게 나오면 아내들은 감격한다. 하루의 피로가 봄눈 녹듯이 녹아내리고 남편에 대한 사랑과 그리움이 마음 깊은 곳으로부터 솟아오른다. 그러한 남편에게 아내도 가만히 앉아 사랑을 받을 수만은 없다. “당신이 직장 일로 저보다 더 힘이 들었을 텐데 좀 쉬세요”라는 말이 아내에게서 저절로 나온다. 남편의 사랑을 받는 아내는 남편을 귀하게 여기며 아끼게 된다.

그런데 우리의 아내들은 어떠한가? 남편들이 집에 돌아온 후 남편으로부터 위로와 사랑을 받기는커녕 애를 하나 더 키우는 만큼의 일의 양도 늘게 된다.

"신문 가져와, 오늘 우편물은? 주스도 좀 가져오고.

꼭 이것 가져와, 저것 가져와 시켜야만 해? 아이고 답답해. 머리 좀 쓰라고……" 하는 식이다.

떼를 쓰는 심술궂은 아이처럼 남편의 요구는 끝없이 이어진다. 피곤에 지쳐 다리가 천근만근 무거운 아내가 이러한 요구들을 고분고분 들어줄 턱이 없다.

"당신은 손이 없소, 발이 없소. 당신이 좀 갖다 먹고 보시구려.

해도 해도 너무 한다고……" 아내의 불평도 끝이 없다.

인격을 무시하는 말들이 오가고 남편이나 아내의 마음 속에 분노가 이글거린다. 급기야는 성격이 맞지 않는다는 이유로 이혼으로 몰고 간다. 부부가 성격이 안 맞는다는 것은 너무나 당연한 일이다. 성장해 온 환경과 경험해 온 모든 일들이 다르기 때문이다. 그럼에도 어느 부부는 별 탈 없이 잘 지내는가 하면 어느 부부는 하루가 멀다 하고 다툼이 그치지를 않는다.

그것은 남편과 아내가 주안에서 한마음으로 서로 사랑하지 못하고 뜻을 합하지 못하기 때문이다. 배우자인 남편을, 아내를 나보다 낫게 여기며 칭찬하고 격려해 주기보다는, 나 자신을 더 낫게 여기며 상대방을 깔아뭉개며 경멸하려 들기 때문이다.

사랑하는 남편과 아내들이여!

피곤에 지치고 상한 몸이라 할지라도 우리 마음 속에 예수그리스도의 마음을 품어 남편과 아내가 서로 감싸 주고 위로해 주며 격려해 주는 아름다운 부부의 정을 나누시기 바란다.

"마음을 같이하여 같은 사랑을 가지고 뜻을 합하여 한마음을 품어 아무 일에든지 다툼이나 허영으로 하지 말고 각각 자기 일을 돌아볼 뿐더러 또한 각각 다른 사람들의 일을 돌아보아 나의 기쁨을 충만케 하라"(빌 2:2~4).

중년이 되었을 때 남편과 아내가 개인적인 성장에서 큰 갭이 생기지 않게 부부가 서로 성장하도록 밀어주며 도와 주고 격려해 주는 것은 참으로 중요하다. 과거의 우리 한국 아내들의 모습은 참으로 헌신적이었다. 남편이 보다 나은 삶을 위하여 어떠한 목표를 세우고 노력할 때에 우리 아내들은 온갖 희생을 감수하며 물심양면으로 도와 주었다. 한 몸을 이룬 부부로서 남편의 성공은 바로 아내의 성공이요 남편의 출세는 아내의 출세라고 생각했기 때문이다.

요즈음 사회는 많이 변화하고 있다. 집에 갇혀 지내던 여자들도 사회로 많이 진출하고 교육의 문은 어느 누구에게나 활짝 열려 있다. 그럼에도 불구하고 아내가 무엇인가를 좀 배워보겠다고 나서면, "그래 참 좋은 생각이야, 해 보라고, 잘할 수 있을 거야"라고 격려해 주기는커녕 "그 나이에 여자가 무슨 공부야, 집에서 밥이나 하고 애나 잘 키우면 되지. 당신보다 더 똑똑한 여자들도 다 집에 있어"하는 식으로 핀잔을 준다. 그렇게 핀잔을 주는 남편일수록 중년이 되었을 때 아내가 무엇인가를 이야기하려고 하면 "당신이 뭘 알아? 대화가 되어야지, 무식하기는……" 등의 아내를 무시하는 말들을 서슴지 않고 한다.

아내는 자신의 인격에 대한 모독과 모멸감으로 분하여 치를 떨게 되며, 마음 속에 쌓여진 그 모멸감들은 아내로 하여금 언젠가 남편에게 복수하기 위한 비수를 수단과 방법을 가리지 않고 준비하게 한다. 중년에서 맞는 이혼들은 이러한 현상들이 많다.

필자가 박사 과정의 공부를 할 때이다. 남편과 사춘기의 딸아이를 둔 중년의 부인이 뒤늦게 공부를 시작했다. 우리는 공부를 늦게 시작했다는 이유만으로도 쉽게 가까워질 수 있었고, 시간이 날 때면 마주 앉아 공부하는 어려움과 갈등, 기쁨들을 서로 나눌 수가 있었다.

친밀감이 더해감에 따라 그 분은 자신의 가정 문제를 하나하나 꺼내 놓기 시작했다. 자신이 공부하고 있는 동안 남편은 외도를 하게 되었고 그 여자에게서 딸아이를 하나 갖게 되었다는 것이다. 그녀는 비열하고 치사한 남편과는 더 이상 살고 싶지 않다며 너무나 자기중심적인 남편의 행위에 치가 떨린다고 하였다.

그분은 남편이 공부하고 있을 때 정말 헌신적으로 열심히 돈을 벌어 남편의 뒷바라지를 해 주었다. 그 덕분에 남편은 박사 학위를 받을 수 있었고 모교에 교수자리도 하나 얻게 되었다. 이제는 사회적으로나 경제적으로 안정이 되었고 아이에 대한 잔손질도 뜸하고 남편과 지적 수준도 어느 정도 맞춰야 하겠기에 공부를 하겠다고 제안을 했다는 것이다.

그러나 남편의 대답은 너무나도 쉽게 노(No)였다. 그렇지만 이 부인은 뒤늦게 하려고 한 공부였기에 쉽사리 포기할 수가 없었다.

부인은 우연히 미국에 온 길에 딸과 남아서 공부를 하겠다고 주저앉았다. 계절이 바뀌는지 해가 바뀌는지 시간의 흐름을 무시한 채 그저 공부에만 전념하고 있었다.

몇 년이 지난 후 부인의 손에는 두 개의 고통의 열매가 주어졌다. 하나는 석사학위의 졸업장이요, 다른 하나는 이혼장이었다. 결국 석사학위와 가정을 맞바꾸어 버린 셈이다.

자기 성장을 하겠다는 아내를 키워 주지 못한 남편도 책임이 크지만, 하지 말라는 공부를 부득불 하겠다고 우기며 자기의 고집을 내세우다가 가정을 풍비박산 낸 그 부인에게도 문제는 있다.

무언가 노력해서 자아 발전을 이루고자 하는 아내를 우리 남편들은 잘 받아주지 않는다. 아내가 남편보다 돈을 더 벌어 오거나 교육을 더 받으면 왠지 남편은 자존심이 상한다. 그래서 아내가 발전하도록 도와 주는 일에 남편들은 무척 인색하다. 물론 모든 남편이 다 그런 것은 아니지만.

4. 대화

남편과 아내가 함께 결혼의 문을 연 후 10년 이상을 줄기차게 달리다 보면 어느 새 그들이 중년의 문턱에 서 있음을 발견하게 된다. 10년이면 강산도 변한다는데 우리 부부의 모습은 어떠한 모습으로 변모해 있을까? 주님께서 칭찬할 만한 아름다운 모습으로, 성숙한 중년 부부의 모습으로 변해 있을까? 아니면 주님께서 꾸중하시는 일그러진 모습으로 서로가 서로를 미워하고 헐뜯는 모습으로 변모해 있을까?

10년 넘게 한 이불 속에서 살을 맞대고 살아온 중년의 남편과 아내가 대화의 문을 꼭 닫아 버리고 원치 않는 이혼의 길로 치닫는 분들이 많이 있다. 남편(아내)의 외도로 대화가 단절되어 버렸는가 하면, 자녀들의 문제로 대화가 막혀 있는 경우도 있고, 바쁜 사업으로 또는 직장 일로 말미암아 대화가 단절되는 경우도 많이 있다.

어느 날 세 자녀를 둔, 막 중년에 접어든 한 여인이 찾아왔다. 날씬하고 예쁘고 아주 세련되어 보였다. 그런데 이 부인의 하소연인즉 남편이 한 유부녀와 관계에 빠져 있다는 것이다. 부모 곁을 떠나 남편 하나만을 의지하고 정말 열심히 10여 년을 일해 왔는데, 이제 어느 정도 자리가 잡혀가고 허리를 펴며 한숨 돌릴만하니까 이혼이라니 이게 무슨 날벼락이냐며 우는 것이었다.

이혼을 요구하는 남편에게 무조건 "모든 것이 내 잘못이니 용서해 주세요"라고 사정도 해 보고, 장승처럼 커 가는 세 아이들을 바라보며 "아이들이 불쌍해요, 저는 둘째 치고 애들 때문이라도 같이 살아요"라고 애원도 해봤다고 한다. 그러나 한번 다른 여자에게 마음을 두고 정을 통한 남편의 마음은 차가웠고 도통 말을 하지 않는다는 것이다. 다른 여자와 외도하는 것도 분한데, 말을 하지 않고 작정을 하고 침묵하는 데는 아주 미칠 것 같다고 했다. 그러한 감정을 억누르며 어느 날 "도대체 그 여자가 뭐가 그리 좋아서 나와 이혼하려고 하는 거예요?"라고 물었더니 뜻밖에도 남편이 입을 열어 말하기를 "당신과는 대화가 되지 않아! 나를 전혀 이해해 주지 않는단 말이야. 그런데 그 여자는 말상대가 되거든. 아주 나를 잘 이해해 준단 말이야. 그러니 어찌하겠소. 남은 여생이라도 나를 이해해 주고 대화가 되는 여자와 살아야 하지 않겠소"라며 떠나 버렸다고 한다.

대화가 막힘으로 해서 남편과 아내 사이에 거리가 생기고, 그 곳에 높은 장벽이 양쪽에 쌓아올려지고 있다. 그 막힌 담은 남편으로 하여금 외도의 길을 걷게 하고 종래에는 가정을 파괴하게 만든다. 외도자들은 외도의 길을 가면서도 떳떳하다. "당신과는 대화가 되지 않아서" 또는 "전혀 이해해 주지 않으니까 어쩔 수 없다"는 것이다. 더욱이 이 지경에 이른 것이 "내 탓"이 아니요 "당신 탓"이라는 것이다.

외도하는 남녀는 너무나 어리석다. 그들이 나누는 대화가 진실인 줄로 착각한다. 그리고 서로가 잘 이해해 주는 것으로 오해한다. 외도하는 상대는 한 지붕 아래에서 한솥밥을 먹으며 살림을 걱정하는 생활인이 아니다. 그렇기 때문에 외도하는 상대가 "집에 일이 생겼어요. 돈이 좀 필요해요"라고 집에 대한 걱정을 말할 이유가 없다. 그리고 "왜 이렇게 늦었어요? 집에 일찍 들어와요. 돈을 쓸데없이 물 쓰듯 하지 마세요" 등의 잔소리를 하지 않는다.

무슨 말을 하든지 화를 내며 큰소리를 치기보다는 그저 잠잠히 들어주고 고개를 끄덕거리며 아주 잘 이해하고 있다는 표정만을 지을 것이다. 외도하는 사람끼리는 잔소리할 필요도 없고 서로 나무랄 거리도 없고 큰소리칠 일도 없다. 그저 달콤하게 호리는 말로 서로의 관심을 사기에 바쁘다. 그래서 그들의 입술은 기름보다 더 매끄럽게 잘 빠져나간다. 그러나 영원히 달콤할 것 같던 외도의 스릴의 맛은 오래 가지 않아 시들해지고, 쑥같이 쓰고, 두 날 가진 칼같이 날카로워지며 외도자의 발은 죽음의 길로, 음부로 내려간다고 성경은 말하고 있다(잠 5:3~5).

순간적인 쾌락을 즐기다 음부로 내려갈 것인가 아니면 빛의 자녀답게 성령의 옷을 입어 주님 앞에 서는 그 날까지 흠 없이 우리의 몸을 보전할 것인가? 그것은 우리의 의지에 달려 있다.

"하나님의 뜻은 이것이니 너희의 거룩함이라 곧 음란을 버리고 각각 거룩함과 존귀함으로 자기의 아내 취할 줄을 알고 하나님을 모르는 이방인과 같이 색욕을 좇지 말고…… 하나님이 우리를 부르심은 부정케 하심이 아니요 거룩케 하심이니 그러므로 저버리는 자는 사람을 저버림이 아니요 너희에게 그의 성령을 주신 하나님을 저버림이니라"(살전 4:3~8).

5. 믿음 생활

하나님께서 짝지어 준 남편을 만나 살아온 것도 30년이 되어 온다. 세월이 화살같이 지나가고 있음을 실감하며 30년 전의 일을 잠시 생각해 본다. 우리는 어느 누구보다 행복하게 살리라는 부푼 꿈속에 부부가 지켜야 할 10조항의 부부헌장을 거창하게 작성해서 한 장씩 나누어 가졌다.

그 부부헌장이 어떠한 것들이었는지 지금은 기억이 가물거리지만 한 가지 분명하게 떠오르는 것은 초등학교 도덕책에 나오는 안데르센의 「썩은 사과이야기」이다.

옛날 어느 곳에 할아버지 할머니가 금실 좋게 살고 있었다. 이 할머니는 할아버지를 무척 존경하였고, 할아버지가 하는 일은 무슨 일이나 "참 잘했어요"라고 칭찬하며 웃음과 격려를 아끼지 않는 할머니였다. 할아버지 마음씨 또한 할머니에게 뒤지지 않을, 자상하고 아름다운 따뜻한 성격의 소유자였다.

어느 날 할아버지는 집에서 기르는 말 한 마리를 장에 끌고 가 다른 물건과 바꾸어 오겠다고 제안했다. 할머니는 "당신 하는 일은 무엇이든지 좋아요"라고 대답했다. 할머니의 승낙을 얻은 할아버지는 말을 끌고 싱글벙글하며 장으로 갔다. 가는 도중에 작은 소를 끌고 가는 사람을 만나게 되었다. '이 말과 저 작은 소와 바꾸면 할멈이 무척 좋아할 거야'라고 생각하며 할아버지는 말을 그 소와 바꾸었다.

소를 끌고 조금 가다가 이번에는 양을 끌고 가는 사람을 만나게 되었다. 할아버지는 마음에 '소보다는 양이 더 나을 거야'라고 생각하며 소와 양을 바꾸었다. 양을 끌고 가다가 이제는 거위를 끌고 가는 사람을 만나게 되었다. '아니야, 양보다는 거위가 더 나을 거야. 거위는 기르기도 쉽고 알도 낳고 집도 지켜 주니 할멈에게는 양보다 거위가 훨씬 나아'라고 생각하며 양과 거위를 또 바꾸고 말았다.

한동안 길을 가다가 어떤 사람이 큰 자루를 무겁게 들고 가는 것을 보았다. 할아버지는 저 자루 속에 무엇이 들어 있을까 무척 궁금했다. "여보시오, 그 자루 속에 무엇이 들어 있소?" 그 사람은 "썩은 사과가 있어요"라고 대답했다. 할아버지 마음 속에 '거위보다는 썩은 사과가 더 나을 거야. 할멈은 사과를 좋아하고 사과 잼도 좋아하니까'라고 생각하며 거위와 썩은 사과 한 자루를 바꾸고 말았다.

집으로 돌아오던 중 나무 그늘에서 쉬다가 그 곳에서 쉬고 있는 낯선 사람들과 대화를 나누게 되었다. 할아버지가 그 날에 일어났던 일들을 이야기할 때 낯선 두 사람은 눈을 둥그렇게 뜨며 "할머니의 꾸중이 대단할 텐데요. 집에서 쫓겨날지도 모르겠네요"라고 말했다. 눈이 휘둥그레진 할

아버지는 "내 아내는 나에게 결코 화내지 않아요. 내가 하는 일은 무엇이든지 '잘했어요'라며 칭찬해요"라고 말했다.

그 사람들은 믿을 수 없다며 만일 말 한 마리가 썩은 사과로 둔갑한 것에 대하여 할머니가 화를 내지 않는다면 자기들이 가지고 있는 금은보화를 다 주겠다고 약속했다. 할아버지는 "좋아요, 우리 집에 갑시다"라고 말하면서 의기양양해 했다. 집에 돌아온 할아버지가 할머니에게 하루 동안 일어난 일들에 대해 자초지종을 이야기했다. "말을 끌고 가다가 작은 소로 바꾸었지"라고 할아버지가 말할 때 할머니는 화도 내지 않고 "참 잘했어요. 말은 키우기도 힘든데 작은 소가 훨씬 낫지요"라고 대답했다.

다시 작은 소를 양으로 바꾼 것을 들었을 때 할머니는 "당신은 참 지혜로워요. 작은 소보다는 우유를 먹을 수 있는 양이 훨씬 낫지요. 참 잘했어요"라고 칭찬했다. 양이 거위로 바뀐 것도 참 잘했다고 칭찬을 하며 마지막에 거위를 썩은 사과로 바꾼 것을 들었을 때는 무릎을 치며 "참 잘했어요. 그렇지 않아도 사과잼을 만들어 먹고 싶던 참이었는데"라고 말하며 생글생글 웃는 것이었다.

화를 내며 싸우리라고 생각했던 낯선 두 사람은 할머니, 할아버지의 화목한 대화와 아름다운 부부 생활에 감격하여 둘이서 갖고 있던 모든 금은보화를 다 내놓고 돌아갔다.

이것은 동화이지만 우리의 현실에서도 남편과 아내의 의합은 그 가정에 행복을 가져온다. 그리고 생각지 않았던 축복을 받는다. 결혼하기 전 필자가 이 글을 읽고 어린이들에게 가르칠 때 너무나 신선한 충격을 받았다. 나도 꼭 이 할머니와 같은 아내가 되리라고 다짐을 하곤 하였다. 결혼하기 전날 「썩은 사과 이야기」를 남편될 사람에게 말하며 우리가 동화의 주인공이 되어 보자고 제의했었다. 남편은 대찬성이었다.

그러나 너무나 어이없게도 우리 부부는 얼마 못가 부부헌장의 준수도, 썩은 사과 이야기의 주인공 역할도 모두 포기하고 말았다. 인간의 결심은 바람결에 나부끼는 갈대와 같이 수시로 변하고 어떠한 장애물 앞에서 너무나 쉽게 깨어지고 만다. 그리고 서로의 마음에 깊은 상처와 실망을 안겨 주며 살아가게 된다.

"나의 결혼은 어느 누구의 것 보다 행복하리라. 행복한 결혼을 위하여 썩은 사과 이야기의 주인공이 되리라!" 부부헌장 수칙을 만들어 한 장씩 나누어 갖고 그것을 벽에 붙여도 보고 손가락을 걸어 약속도 해 보았다. 우리 나름대로 최선의 노력을 해 본 것이다. 그러나 그 모든 노력은 얼마 못 가서 벽에 부딪혔고 부부헌장이나, 썩은 사과 이야기의 주인공의 역할은 빛 좋은 개살구처럼 실속 없는 구호로 그치고 말았다. 그리고 그것들은 다른 사람들의 일처럼 우리 머릿속에서 희미해져 가고 있었다.

왜 그랬을까? 노력을 했음에도 불구하고 한 달도 못 가서 왜 포기해 버렸을까? 줄기차게 살아온 결혼 생활을 잠시 뒤돌아보며 많은 생각들을 해 보았다. 돌이켜 보면 우리 부부는 남편과 아내의 역할을 제대로 감당하지 못했었다. 썩은 사과 이야기의 주인공이 되어 보기로 작정을 했으면 나는 할머니의 역할을, 남편은 할아버지의 역할을 꾸준히 감당했어야 했다.

그런데 우리는 결혼 생활이라는 무대에서 연기자로서의 행동만을 한 것이 아니라 때로는 연출가가 되기도 하고 감독자가 되기도 하였다. 그리고 각본까지 우리 멋대로 우리 마음대로 바꾸었던 것이다. 그리하여 무대는 온통 아수라장이 되었고 연기자인 남편과 아내는 피곤에 지쳐 쓰러지고 또 쓰러졌던 것이다.

다시 말하면 감독자인 하나님 아버지의 보호를 받지 아니하고 연출가인 예수님의 지시를 따르지 않고, 우리 자신이 연출가가 되기도 하고 감독자가 되기도 하며 또 주인공으로 실속 없이 이리저리 종횡 무진 뛰어다녔던 것이다.

거기에다 모든 힘의 원천인 성령님의 도움도 받지 않고 각본인 성경 말씀은 제멋대로, 우리 마음대로 우리의 생각을 써넣어 활용하고 있었으니, 남편과 아내의 대사도 뒤바뀌고 순서도 뒤바뀐 질서가 없는 혼돈된 생활을 무대 위에 나열해 놓았던 것이다. 그리고 상처투성인 우리 부부의 모습을 바라보며 무심한 하나님을 원망도 해 보았다.

이 모든 혼돈이 빛으로 오신 예수님을 진정으로 우리 마음 속에 영접하지 못하고 지식적인 믿음으로 형식과 의식에 사로잡혀 허상만을 바라보며 쫓고 살아왔기 때문이라는 것을 뒤늦게 깨닫게 되었다.

빛으로 오신 주님, 삶의 의미를 부여해 주신 생명의 주님, 그분이 내 마음에 오심으로써 삶에 변화가 일어났다. 얼어붙은 마음이 녹고 교만은 목 잘린 보리 이삭처럼 고개를 숙였다. 참으로 아름다운 순간, 잊을 수 없는 순간들이었다.

빛 되신 예수님은 부족한 우리의 가정에 사랑의 주로, 생명의 주로 오시었다. 흑암 중에 있던 역사의 수레바퀴 속에 예수님이 오심으로써 주전(B.C.)과 주후(A.D.)로 나뉘는 위대한 분기점을 이룸같이, 내 인생에도 우리의 가정에도 예수님이 오심으로써 일대 전환이 일어났던 것이다.

6. 부부의 첫사랑을 간직

많은 남편과 아내들이 사랑을 표현하는 일에 너무나 인색하다. 또 어쩌다 한 번씩 표현하는 것이 얼마나 어색하고 멋쩍은지 모른다. 만일 하나님께서 우리에게 보여 주시는 사랑이 그렇게 인색하고 멋쩍고 어색하다면 우리의 위치는 어떻게 되었을까? 아마도 하나님의 자녀의 신분도, 예수님의 신부의 자리도 다 내놓아야 될 것이다.

많은 남편과 아내들이 토라져 있을 때 서로 먼저 화해하려 하지 않고 서로 버틴다. "남편을 우습게 알아도 유분수지, 여자가 대들기는? 어디 두고 보라고, 내가 먼저 말하나. 이 기회에 한번 따끔한 맛을 보여 주어야지"라며 남편은 으름장을 놓는다.

아내는 아내대로 남편에게 질세라, "흥! 두고 보세요. 나도 무서울 것 하나도 없어요. 남편이라고 소견머리가 좁아서 아내를 이해해 주기는커녕 뭐든지 제멋대로 자기에게 유리한 대로만 하고 있으니 한 순간인들 살 수가 있어야지요. 나나 되니까 지금까지 버텨왔지요. 다른 여자라면 하루도 못살고 도망갔을 거예요. 잘 됐어요. 나도 함께 사는 것이 정말 지긋지긋해요"라고 벼른다. 험악한 말들이 오가고 냉전이 지속된 후, 급기야 '이혼'이라는 최후의 카드를 서로가 들이민다.

지난 한 주간도 세 쌍의 부부들이 이혼의 막다른 골목에서 치열

한 싸움을 벌이고 있었다. 그들의 마음 한복판에 대리석과 같이 차갑게 굳어진 분노의 응어리가 서로를 죽이겠다고 서로의 목을 한쪽에서는 힘으로 누르고 한쪽에서는 법으로 조이는 과정을 지켜보며, 그들이 처음 만났을 때, "사랑하노라", "사랑하겠노라"고 고백했을 그 순간들을 잠시 머릿속에 그려보았다. 그들 부부의 앞길에 이토록 비참한 현실이 가로 놓여 있으리라고 상상인들 했겠는가?

"너의 처음 사랑을 버렸느니라"(계 2:4). 주님이 에베소교회에게 책망하신 그 말씀은 그대로 그들 부부를 책망하고 있었으며 또한 현대를 살아가는 우리 부부들에게 경종을 울려주는 말씀이었다.

교회가 처음 사랑을 버리고 회개하지 않을 때 주님께서 금 촛대를 옮기시겠다고 말씀하신 것같이, 부부 사이에도 부부의 처음 사랑을 버리고 회개하지 아니할 때 주님은 그 가정의 행복을 먼 곳으로 옮기시겠다고 하신다. 부부가 처음 만나 사랑의 밀어를 나눌 때를 생각해 보라. 서로 사랑하려고, 사랑의 행동을 보이려고, 사랑의 마음을 전하려고 얼마나 노력했던가? 서로의 눈빛에서, 표정에서, 나누는 대화에서 사랑의 표현을 찾으려고 얼마나 노력했던가? 바로 그것이다. 우리 부부생활에 행복이 넘치기를 원한다면 부부의 처음 사랑을 잊지 말아야 한다. 나의 남편을 나의 아내를 처음 만나 사랑하고 사랑받고 있음을 느꼈을 때와 같이 10년이 지난 후에도 20년, 30년, 50년이 지난 후에도 서로 사랑하고 사랑받고 있음을 피부로 느끼며 살아야 한다. 얼마나 많은 부부가 그들의 처음 사랑을 버리지 아니하고 매일의 생활 속에서 그 사랑을 간직하고 있을까?

그 동안 많은 상담을 통하여 발견한 놀라운 사실은, 남편과 아내가 주님의 첫사랑을 버리지 아니하고 그들 마음에 아름답게 꼭 간직하고 있을 때, 그 부부는 부부의 첫사랑도 버리지 아니하고 행복하게 잘 간직하고 있음을 알았다. 주님의 첫사랑의 띠와 부부의 첫사랑의 띠가 한데 어우러져 남편과 아내를 하나로 묶었기 때문이다. 그러므로 행복한 부부가 되기 위한 가장 중요한 전제 조건은 남편과 아내 모두가 주님의 첫사랑을 꼭 간직하고 부부의 첫사랑도 꼭 간직하는 일이다.

지난주에 서로의 목을 꼭 쥐어 잡고 있던 세 쌍의 부부들은 그들 부부의 아름다웠던 첫사랑을 헌신짝 버리듯 내동댕이치고 있었으며, 주님의 고귀한 첫사랑도 받아들이려 하지 않았다. 다행히 성령의 인도하심을 따라 두 쌍의 부부가 주님의 사랑을 받아들이고 그에 따라 그들 부부의 첫사랑도 회복되어 가고 있다. 참으로 주님은 가장 위대한 멋진 상담자이시다.

7. 부부가 서로 사랑하려고 노력하고 사랑을 느끼려고 노력

우리말에도 “가는 정이 있어야 오는 정이 있고, 주는 것이 있어야 받는 것이 있다”고 했다. 부부의 사랑도 서로가 사랑을 주려고 노력하지 않으면 받을 것 또한 없다. 따라서 부부가 서로 사랑하려고 노력하고 사랑을 느끼려고 노력할 때 그 곳에 행복이 있다.

누가복음 6장 38절에 “주라, 그리하면 너희에게 줄 것이니 곧 후히 되어 누르고 흔들어 넘치도록 하여 너희에게 안겨 주리라”. 사도행전 20장 35절에도 “주는 것이 받는 것보다 복이 있다”라고 말하고 있다.

사랑에서도 먼저 주는 자가 받는 자보다 기쁨이 넘치며 마음 깊은 곳으로부터 사랑이 용솟음친다. 남편이라고 권위나 체면을 내세워 아내를 윽박지르는 것이 아니라, 먼저 아내를 아내로 사랑해 줄 때, 아내는 아내대로 누가 먼저라 할 것 없이 남편을 사랑하며 순종하게 된다.

필자의 박사 논문 중에 미국인 남편들과 한국인 부인들과의 결혼 생활 만족도에 대한 연구가 있다. 그 연구에서 발견된 사실은 한국인 부인들이 그들의 남편들이 주는 사랑을 제대로 받지도 못하고 주지도 못한다는 사실이다. 그 연구에 의하면 한국인 부인들과 살고 있는 미국인 남편들 80%가 그들의 결혼 생활에 대하여 대단히 만족하고 있는 것으로 나타나 있다. 그런가 하면 한국인 부인들은 55% 정도가 그들의 결혼생활에 대하여 그저 만족하고 있는 것으로 나타나 있다.

그리고 한국인 부인들 중 30%가 그들 결혼 생활에 대하여 불만족을 표시한 반면, 미국인 남편들은 그들의 결혼생활에 대하여 불만족하다고 생각하는 사람이 100명 중 한 명도 없었다는 사실이다.

결혼을 기점으로 남편과 아내가 한 몸을 이루고 한 지붕 아래에서 살고 있건만 남편과 아내가 생각하고 느끼는 결혼 생활의 만족도가 이렇게 다르다. 그것은 아마도 문화적인 차이에서 오는 거리감이 아닐까 생각된다. 미국인 남편들은 그들의 느낌과 사랑을 열린 대화를 통해서 솔직하게 전하려고 노력하고 또 부인으로부터의 사랑도 주는 것 못지않게 받으려고 노력한다. 그런가 하면 유교 사상에 젖어 있는 우리 한국 부인들은 사랑의 감정을 직접 표현하기보다는 간접적으로 표현하거나 아니면 그 감정들을 안으로 삭히기에 바쁘다.

이러한 현상은 한국인 남편들에게도 마찬가지이다. 오죽하면 아내 자랑하는 자를 팔불출 중의 하나라고 했을까! 한국인 남편들은 사람 앞에서 아내를 위로해 주거나 정다운 대화를 나누기가 겁이 난다. 팔불출이 될까봐 겁이 나고 어머니의 시샘 어린 말이나 아내에 대한 시집살이가 겁이 난다. 그래서 이중적인 표현을 사용한다. 다시 말해서 아내에 대한 사랑을 직접 표현하여 창피나 곤욕을 당하지 않도록 은근하게 그리고 묵직하게 속마음으로 사랑을 전하는 것이다.

때문에 무게가 있고 깊이가 있는 그 묵묵한 사랑을 아내들이 깨달으려고 노력하지 않으면 남편의 사랑을 느끼기가 쉽지 않다. 따라서 범사에 남편의 사랑을 깨달으려고 노력할 때 남편의 은근한 사랑을 느끼게 되며, 감사가 마음 깊은 곳으로부터 나오게 되고 순종하는 마음이 저절로 생기게 된다. 그렇게 순종하고 감사하는 아내를 남편들은 사랑하지 않을 수 없을 것이다.

8. 남편과 아내의 존재에 대하여 감사

사랑할 수 있는 대상, 내 남편과 내 아내가 곁에 있다는 그 사실은 말할 수 없는 큰 축복이다. 비록 부부관계가 원만하지 못하여 말다툼하고 샐쭉 토라져 비틀거릴 때가 있다 할지라도 남편과 아내의 존재 그 자체는 큰 기적이다.

그러므로 바가지를 북북 긁는 부인이라 할지라도, 뚱보가 되어 볼품없는 부인이라 할지라도 남편 곁에 있어 남편으로 하여금 가정이나 직장에서 활동할 수 있도록 배려해 주는 것에 감사해야 한다.

특별히 사랑을 전하고 싶을 때, 성욕이 불일 듯 일어날 때 간음죄를 범하지 않고 같이 사랑의 기쁨을 나눌 수 있는 아내가 있다는 그것만으로도 감사해야 한다.

아내도 마찬가지다. 수입이 적은 남편이라 할지라도 그 남편이 곁에서 호흡하고 있다는 그 사실만으로도 든든해 하고 감사해야 한다.

풀고 넘어가야 할 많은 문제들이 남편과 아내 주위에 첩첩이 쌓여 있다 할지라도 남편과 아내의 근원적인 존재에 대하여 서로 깊이 감사할 때 용서가 있고, 기쁨이 있으며 사랑이 넘친다. 나의 사랑하는 남편이 불의의 사고로 내 곁을 훌쩍 떠나가고 있다고 가정해 보라. 나의 사랑하는 아내가 불치병으로 시한부 인생을 하루하루 살아간다고 생각해 보라. 정말 숨이 막히도록 아찔하다.

그러나 그러한 일들이 우리 주위에서 종종 일어나고 있다. 영원히는 아니어도 오래도록 같이 살아갈 줄 알았는데 어느 날 뜻밖에 홀연히 내 곁을 떠나간다. 얼마 전 불의의 사고로 사랑하는 아내 곁을 훌쩍 떠나 버린 남편이 있었다. 남편이 살아 있을 때 그들 부부관계가 어떠했는지는 알 수 없지만, 떠나가는 남편의 마지막 모습을 붙들고 통곡하는 아내의 모습을 지켜보았다.

"당신이 보고 싶을 때 어떻게 해요, 어떻게 해요, 난 어떻게 하라고……"

남편을 보내며 마지막으로 드리는 사랑의 고백이 그 곳에 있던 많은 부부들에게 살아있는 교훈으로 메아리치고 있었다. 남편과 아내가 같이 호흡하며 존재하고 있다는 사실에 감사하며 또한 죽음에 대하여도 준비하라고. 사랑해야 할 대상이 우리의 곁을 떠난 후에 안타까워하며 후회하기보다는 사랑해야 할 대상이 우리 곁에 있을 때 그 존재를 인정하고 감사하며 사랑하라고 들려주는 것 같았다.

하나님과의 관계도 마찬가지이다. 내가 살아 있을 때 하나님의 존재를 인식하고 인정하며 하나님의 그 넓고 크신 사랑을 깨달아야 한다. 내가 원하는 어떠한 필요를 하나님이 꼭 채워 주시기 때문에, 기도하는 제목들이 하나하나 응답되어지기 때문에 하는 감사보다 부족하기 그지없는 나, 주님 앞에 보일 것이라고는 죄 밖에 없는 형편없는 나임에도 불구하고 주님께서 먼저 사랑의 손길을 펴시고 사랑해 주셨다는 그 사실에 깊은 감사를 드려야 한다.

때때로 삶이 피곤하고 곤할 때가 있다. 하나님의 뜻을 찾기를 간절히 원하지만 하나님이 잠잠하실 때가 있다. 못 견디도록 조바심이 나는데 하나님은 기다리라는 것이다. 그럴 때마다 나의 마음에 들려주시는 음성이 있다. 하박국 선지자의 말씀이다.

"비록 무화과나무가 무성치 못하며 포도나무에 열매가 없으며 감람나무에 소출이 없으며 밭에 식물이 없으며 우리에 양이 없으며 외양간에 소가 없을 지라도 나는 여호와를 인하여 즐거워하며 나의 구원의 하나님을 인하여 기뻐하리로다"(합 3:17~19).

우리의 삶 속에 꼭 있어야 할 것들이 많이 있다. 가장 기초적인 먹을 것, 입을 것, 쉴 곳 뿐만 아니라, 심신이 고달프고 영혼이 메마를 때 위로를 주고 위로를 받을 수 있는 사랑하는 사람도 필요하다. 그러나 이러한 것들 중 어느 것 하나 주어진 것이 없다 할지라도 하박국 선지자처럼 여호와 하나님, 구원의 하나님 한 분만으로 기뻐할 수 있겠는가? 시시 때때로 몰려오는 인생의 높은 고난의 파도 앞에서 두려워 떨며 좌절하고 힘겹게 살아갈 때도 많이 있다. 그러나 이 험난한 세상에 홀로 남겨 두지 않으시고 여호와를 알게 하고 그분의 손을 붙잡고 살아갈 수 있게 해 주심을 마음 깊은 곳으로부터 감사해야 한다.

부부간도 마찬가지이다. 냉전을 벌이기도 하고 언성을 높이기도 하지만, 남편이 어려울 때 고민을 같이 나누고 사랑을 주고받을 수 있는, 하나님이 짝지어 주신 남편과 아내가 있기에 그것을 감사해야 한다. 비록 남편이 키가 작고 머리가 빠져 대머리가 되고, 아내가 뚱보가 되어 볼품이 없다 할지라도, 서로의 존재를 감사해야 한다. 감사하는 그 곳에 하나님은 분명히 사랑의 기쁨을, 행복을 넘치도록 쏟아 부어 주실 것이다.

부부가 함께 이야기를 나누세요

1. 거울 앞에서 당신의 얼굴을 들여다 볼 때 무엇을 느끼고 그리고 무엇을 생각합니까? 부부가 함께 대화를 나누세요.

2. 당신은 자신이 중년이라고 생각합니까? 그 이유는 무엇입니까? 육체적인 변화와 심리적인 변화 때문에 그렇게 생각합니까? 부부가 같이 의견을 나눠 보세요.

3. 당신이 실감하고 있는 육체적인 변화, 심리적인 변화에는 어떠한 것들이 있는 지 구체적으로 써보시고 부부가 함께 나눠 보세요.

4. 그동안 내 아내의 얼굴을, 내 남편의 얼굴을 한번이라도 마음 깊이 사랑을 가지고 바라본 적이 있습니까? 서로의 얼굴을 바라보며 변화된 모습을 찾아 서로 대화해 보세요.

5. 부부가 함께 있을 시간을 마련하여 마음을 주고받을 수 있는 대화를 나누는 것이 참으로 필요합니다. 하루에 몇 시간? 일주일에 몇 시간을 할애합니까? 계산해서 적어 보세요.

6. 당신 부부가 함께 있을 시간이나 대화를 나누는 데 방해되는 요소들은 무엇입니까? 함께 나열해 보시고 적어 보세요. 그리고 두 분의 행복을 위해서 조정되어야 할 것들에 대해 같이 의견을 나누며 조정해 보세요.

7. 지난날들을 돌아보며 남편에 대하여, 아내에 대하여 느꼈던 감격의 순

간, 고마웠던 순간들을 글로 써 보시고 서로 나누어 보세요. 비록 조그마한 일이었다 할지라도 이러한 나눔의 시간을 통해서 갖는 감사의 표현과 격려와 위로는 부부의 삶을 풍성하게 해줍니다.

8. 당신 부부가 처음 만났던 순간을 기억합니까? 조용히 눈을 감고 그때 그 순간을, 아름다웠던 장면들을 머릿속에 그려 보십시오. 그리고 그때의 느낌을, 소망을 다시 한 번 글로 써서 나누어 보세요.

9. 남편 또는 아내 그리고 자신의 죽음에 대하여 생각해 본적이 있습니까? 지금 남편 또는 아내가 불치병으로 하루하루 내 곁을 떠나가고 있다고 가정해 보십시오. 그 장면을 상상하면서 마지막 전하고 싶은 말을 글로 표현해 보세요.
그리고 자신의 죽음에 대해서도 상상하면서 남기고 싶은 말을 글로 써 보고 바꾸어 읽어 보세요.

10. 남편 또는 아내가 내 곁에 있다는 사실에 마음 속 깊은 곳으로부터 감사가 나옵니까? 남편의 존재, 아내의 존재에 대한 감격을 서로 전하십시오. 기쁠 때나 슬플 때나 건강할 때나 병들었을 때나 항상 함께 하며 서로 돕겠다고 손을 잡고 기도하십시오. 사랑의 주님이 행복을 마음 가득히 부어 주실 것입니다.

제 4 장

노년기에는

인생은 60부터라는 말이 있다. 노년은 보통 60세에서 65세 사이에 시작된다고 일반적으로 믿고 있는데, 서구에서는 65세를, 우리 나라에서는 60세를 노인으로 간주한다. 우리 나라의 경우는 전통적인 회갑 연령인 60세를 근거한 것으로 볼 수 있다. 하지만 사람들은 신체적으로나 심리적으로나 서로 다른 비율로 나이를 먹는다. 개인의 건강관리, 삶의 태도, 능력, 신체적인 외모 등에 따라 많은 차이가 있다. 어떤 사람들은 70살이 넘었음에도 왕성한 활동으로 사회에 기여하고 있는가 하면, 어떤 사람들은 40세에도 아주 늙은 노인의 삶을 살아가는 사람도 있다.

노인은 완고하고, 생활방식은 구식이며, 화를 잘 내고, 건강은 쇠약해져 지쳐 있는 사람들로 생각하기 쉽다. 그리고 늙는다는 것을 추하게 생각하는 사람들도 있다. 때로 노인은 지혜자로 존경받기도 하지만, 대개는 시대에 뒤떨어진 사람으로 여전히 부정적인 생각들을 가지고 있다. 그러나 '백발은 영화의 면류관'이라고 성경은 말하고 있다. 이 영광스러운 황금기, 인생의 황혼기를 어떻게 보낼 것인가에 대한 준비와 계획은 인생을 아름답게 마감하는 중대한 결산이 될 것이다.

노년기의 특성

1. 신체적 변화와 지적 능력 변화

나이가 들수록 몸은 쇠약해진다. 노화에 의해서 신체를 구성하고 있는 세포 및 기관 등의 기능에 감퇴가 일어나면서 신체적인 변화가 나타난다. 노안과 백발, 치아의 상실, 줄어드는 키, 주름진 얼굴, 검은 반점, 이러한 것들은 노인에게서 흔히 보는 외모상의 특징들이다. 젊음과 신체적 매력을 중히 여기는 문화권에서 이러한 늙음의 상징들은 많은 노인들의 자존감과 안정감에 부정적인 영향을 미친다. 뿐만 아니라 65세 이상의 노인들 약 87% 정도가 그들의 활동을 제한하는 한두 가지의 만성병을 가지고 있다는 연구보고이다. 이러한 것들은 노인들을 불안하게 하고, 활동을 불편하게 하며, 실의에 빠지게 한다. 건강하다면 노년은 인생에 있어서 또 하나의 흥미 있는 시기가 될 수 있지만 건강하지 않다면, 노년은 힘들고 어려운 시기가 될 것이다.

지능은 일반적으로 연령 증가에 따라 감퇴된다고 한다. 그러나 지능은 노화에 따라 일률적으로 쇠퇴한다고 말하기 어려우며 노인의 교육수준, 세대간의 차이, 사회 경제적 지위, 건강상태 등의 요인을 고려해야 한다. 기억력에 있어서 노인은 최근의 것에 대한 기억능력이 크게 약해지고, 기계적인 암기의 기억보다는 논리적인 것의 기억능력이 약해지며, 본 것에 대한 기억보다는 들은 것에 대한 기억이 더 좋은 편이다.

2. 심리적 변화[16]

1) 과거 지향적인 경향

젊은이는 생각에 융통성이 있고 새로운 것을 수용하고 변화를 시도하는 것에 주저하지 않는 반면에 노인은 한번 굳어진 생각을 바꾸기 어렵고 새것을 수용하기보다는 옛 것에 집착해 있는 경향이 있다. 사람마다 개인차가 있어서 젊은이 못지않게 그 생각에 신축성이 있는 노인들도 많이 있지만 대체로 나이가 들면 과거 지향적이 되어 새로운 것에 마음 열기를 주저한다.

16) 홍숙자(2001). 노년학 개론. 하우.

특히 친숙한 물건들은 노인으로 하여금 지나온 과거를 회상하고 마음의 안락과 만족을 느끼게 하며, 비록 세상과 세월은 많이 변하였지만 자신과 자신의 주변은 변하지 않고 일정한 방향으로 유지되고 있다는 느낌을 갖는다. 오래된 것들을 간직하고자 하는 노인심리는 일상 곳곳에서 젊은 세대와 오해와 충돌의 소지를 가진다. 노인이 쓰던 물건을 쉽게 버리지 못하는 것과 마찬가지로 정들어 살던 집에서 다른 집으로 옮겨가는 것에 대한 거부감 등은 새로 이사간 집이 편리한 곳이라고 느끼기 보다는 낯선 곳이라는 느낌을 더 강하게 갖기 때문이다.

2) 내향성의 증가

나이가 들면서 내향성이 증가한다는 데에는 거의 모든 학자가 의견일치를 보이고 있다. 노인이 되면 내향적인 성격으로 바뀌면서 내면 자아에 몰두하는 경향을 띠게 된다. 심리학자 뉴가튼(Neugarten)은 노년기에 에너지가 외부 세계에서부터 내부 세계를 향해 이동하며, 대체로 노인들은 그들의 지난 생을 재평가하고 내면의 세계에 눈을 뜨는 내적 성찰을 가지게 된다고 말한다.[17] 노년기에 이르면 특히 생의 시간이 얼마 남지 않음과 죽음이 가까워짐을 지각할수록, 지나온 생을 돌아보고 회상하는 경향을 나타낸다.

또한 많은 세월을 지나오면서 연륜이 가져다 주는 신중함이 몸에 배는 시기이며 돌다리도 두드려 보고 가는 조심성을 보일 뿐만 아니라, 무언가 유산으로 남기고자 하는 경향이 있는데 이것은 노년

17) Neugarten, B.L.(1977). Personality and aging, in J.E. Birren & K.W. Schaie(eds.), Handbook of Psychology of Aging. N.Y. : Van Nostrand Reinhold.

기의 통합성의 한 표현이다.

3) 존재가치 인정

노인이 가지는 욕구는 정신적으로나 경제적으로 안정감을 가지길 원하고, 아직도 무엇인가를 할 수 있음을 보이기 위해 알고, 배우고 싶어하며, 친구나 자녀들과 정서적이고 감정적인 유대관계를 가지고 자신들의 존재가치를 인정받고 싶어한다. 노인 자신이 아직은 누군가에게 필요한 존재라는 사실을 끊임없이 확인받고 싶어하기 때문에 다 큰 자녀들이 의논해 오고 물어 주기를 고대한다. 고부간의 갈등에서 시부모 쪽이 받는 큰 상처 중 하나는 며느리가 시어머니에게 이런저런 물음이나 자초지종의 설명 없이 혼자 알아서 처리하는 경우이다.

4) 우울해지는 경향

대체로 노인이 되면 우울해지는 경향이 있다. 늙으면 젊었을 때보다 스트레스의 양은 줄어들지만 스트레스의 내용이 부정적인 것이 많아진다. 예를 들면, 퇴직으로 인한 정체성 상실, 직장 동료들과의 단절에서 생기는 상실감, 쓸모없는 사람이 되어간다는 무력감, 다른 이에게 삶을 의존해야 한다는 좌절감 등은 노인들을 외롭고 우울하게 만든다. 그리고 나이가 들면서 얕은 잠에서 쉽게 깨는 경향도 노년기 우울 증세 강화의 한 요인이 된다. 그러나 개인의 적응능력 정도에 따라 전혀 우울 증세를 보이지 않는 노인도 있다. 우울해지는 경향은 노년기에 있는 노인들의 정서적인 한 반응이다.

【사 례】

"자녀들이 외국에서 의사, 박사를 하고 있는 부유한 가정의 한 할머니가 계셨다. 부러울 것이 없어 보이는 할머니였는데 어느 날부터 보이지 않기 시작하였다. 동네 사람들은 '어디 다니러 가셨나보다'라고 생각하였는데 너무 오래 동안 나타나지 않아 경찰에 신고하였다. 문을 따고 들어가 보니 할머니는 이미 목숨을 끊은 후였다……

할머니의 일기장이 책상 위에 놓여 있었는데 이렇게 쓰여 있었다.

'오늘도 아무도 찾아오지 않았다……' "[18)]

5) 의존성의 증가

타인에 대한 의존심은 노년기의 자아중심성과 예전의 활동과 독립심으로부터 위축되는 현상에서 오는 퇴행적인 심리변화이다. 타인보다는 자기 자신에 대한 관심이 높아지고 자신의 욕구 충족을 위하여 타인의 관심을 유도하며 의존하려는 경향이 생긴다. 노년기의 의존성 증가는 발달단계상 자연스러운 현상이지만 과도한 의존성은 주위 사람들에게 많은 어려움을 준다.

---

18) http://ipcp.edunet4u.net/~teacher17/노인.htm,

노화 이론

인류는 창세 이후부터 현대에 이르기까지 인체가 늙어가는 이유에 대한 구체적인 해답을 구하고자 끊임없이 노력해 왔다. 과연 노화의 본질은 무엇인가? 사람들은 왜 늙는 것일까에 대한 수수께끼를 풀고자 많은 과학자들이 설명해 오고 있다.

노화에 대한 대표적인 학설들을 설명하면 다음과 같다.[19]

첫째는 유전설로, 인간이 아무리 절제하고 장수에 좋은 모든 것을 실행한다 해도, 불로장생할 수는 없다. 대다수 노년학자들은 인

19) 김태현(1999). 노년학. 교문사.

간 수명의 한계는 극히 소수의 예외를 제외하고는 120세 정도가 한계라고 주장하고 있다. 즉 유전(遺傳)에 의해 수명이 결정된다는 것이다. 장수의 가계, 단명의 가계가 있다고 하며 그 같은 견해는 유전설에 근거하고 있다.

둘째는 유전설과는 달리 환경의 영향을 중시하는 유해산소 원인설이 있다. 인간은 호흡으로 얻은 산소로 음식을 태우고 에너지를 얻는데, 이중 10% 가량의 산소는 물로 환원되지 않고 유해한 활성산소(活性酸素)가 되어 버린다. 이 활성산소는 생체에 해를 끼쳐 성인병과 각종 암의 발생 원인이 되며 노화를 일으킨다.

셋째는 DNA 변화설로, 모든 세포들은 그 안에 DNA라는 핵산 속에 유전인자를 저장하고 있다. DNA가 세포 분열하여 복제될 때 에러가 발생하여 축적되거나 방사선이나 화학물질 때문에 DNA에 변화가 일어나면 유해한 단백질이 만들어져 노화를 가져온다는 것이다.

넷째는 소모설로, 노화는 삶 그 자체의 필연적인 결과이며 인간이 기계와 같다는 생각에서 출발한 것이다. 오래 전 아리스토텔레스는 유기체를 기계에 비유하여 "인간의 몸은 기계처럼 오래 쓰면 낡고 마모될 수밖에 없다"는 견해를 밝혔다. 일광에 대한 지속적인 노출은 피부에 손상을 입히고, 거친 혈류의 흐름은 시간이 경과함에 따라 혈관 파열을 초래한다고 주장한다.

다섯째는 노폐물 축적설로, 시간의 경과에 따라 세포 내에 노폐물과 해로운 물질들이 형성되고 축적되어 세포들의 정상적인 기능을 수행하지 못하게 한다는 이론이다. 이러한 노폐물은 피부에 주름살을 만들고, 특히 지방 색소 물질 등은 새로운 멜라닌 색소를 남겨 그 기능을 저지하는데, 검버섯 혹은 저승버짐이라 칭하는 피부

얼룩이 그 한 예이다.

이 외에도 면역기능이 쇠퇴하기 때문에 세균 등에 감염되기 쉬우며 이 때문에 노화가 촉진되어 사망 시기가 빨리 온다는 설, 호르몬을 조정하는 중추인 뇌가 노화로 호르몬의 균형이 깨져 노화가 촉진된다는 설, 과도한 스트레스가 면역기능을 저하시켜 수명을 단축한다는 설 등이 있다.

노년기 부부관계

자녀를 모두 떠나보내고 부부 둘이 함께 보내는 기간이 점차 길어지고 있다. 전에는 대부분의 노부부가 자녀와 함께 살았기 때문에 노부부만의 문제가 크게 부각되지 않았지만 현대는 점차 핵가족화로 인하여 노부부만 사는 기간이 늘어나면서 노년의 부부관계는 노후 삶의 만족도를 결정짓는 가장 중요한 요소 중 하나로 등장하고 있다.

1. 노년기 부부관계의 특성

노년기에 무엇보다 중요한 것은 함께 해로하며 감정적인 유대를 쌓아가는 일이다. 서로가 서로에게 필요한 존재로서 서로 아껴 주고 공동의 화젯거리가 고갈되지 않도록 서로의 관심사를 같이하며 관계를 키워 가는 일이 중요하다. 자녀들이 떠난 후 부부간의 응집력과 친밀감을 향상시킬 수 있고, 자녀 양육으로 인한 재정적인 지출이 줄게 되어 여유가 생긴 경제력을 부부만의 새롭고 향상된 생활방식을 위해 활용하면서, 독립한 자녀에 대한 부모로서의 성취감을 맛볼 수 있는 황금의 시기이다.

자녀들이 독립하여 떠나버리는 시기를 '탈 부모기(post parental period)'라 하여 부모역할로부터의 은퇴를 의미한다. 또한 부모들이 그들의 자녀가 취업이나 결혼을 통하여 독립된 삶으로 진출하도록 지도한다는 의미에서 '진수기(launching stage)'라고 칭하기도 한다.

이 시기는 독립한 자녀와 마찬가지로 부모 자신도 독립해야 하는 시기이다. 진수기에는 그 동안의 부모 자녀간의 의존적 관계에서 독립적 관계로 발전되어야 하며, 서로의 삶을 침해하지 않으면서 필요할 때 서로 돕고 격려해 주는 보다 성숙한 관계로 발전되어가야 한다.

노년기에서 자녀들이 떠나가고, 부부가 직장으로부터, 은퇴를 하게 되면 부부역할에 큰 변화가 오게 된다. '누가 무슨 일을 맡을 것인가?'에 대한 새로운 역할 조정이 필요하다.

부부관계의 상호작용이 증가하여 상대방과 더 친밀해질 수도 있고, 반면에 더 친밀해진 것 때문에 긴장과 갈등의 기회가 더 많아질 수도 있다. 예컨대, 은퇴 후 남편의 가사참여 증대는 부부간의 역할 수용 정도에 따라 받아들이는 데 차이가 있다. 원만한 부부관계를 유지해 오던 부부는 남편의 가사참여 증대가 평등한 부부관계 향상에 긍정적인 효과가 있지만, 평소 성별 분업이 뚜렷하게 유지되어 오던 부부관계에는 오히려 부정적인 결과를 초래할 수 있다.

남편에게는 퇴직으로 인한 가사 참여가 가족 내에서의 자신의 권력과 위신의 하락으로 인식될 가능성도 있고, 부인에게는 지금까지 자신의 고유영역으로 인정되었던 가사에 대한 남편의 참여가 '성가신 간섭'으로 받아들여져 부부 상호간에 불협화음을 일으킬 수도 있다. 따라서 은퇴한 배우자와 긍정적인 부부관계 유지를 위해서 노년기의 부부 적응에 대한 이해가 필요하다.

2. 노년기 부부 적응

오랫동안 서로의 경험을 공유하며 함께 어려운 난관을 극복해 온 부부들에게 노년기의 조화로운 부부간의 적응은 생의 마지막 단계에서 개인의 만족이나 자아 통합감을 갖게 하는 중요한 요인이 될 수 있다. 최근 노인들의 이혼 상담이 점차 증가하고, 그 실증적인 예로써 황혼이혼이 부쩍 증가하고 있다. 이는 노부부 관계의 재정립과 상호작용의 필요성이 과거 그 어느 시기보다 높아지고 있음을 의미한다.

노년기 부부 적응을 위한 방안[20]은 다음과 같다.

첫째, 현실에 대한 이해와 수용이다.

부부는 노년기 자체의 상황들을 있는 그대로 이해하고 수용하는 자세가 필요하다. 노년기는 바쁘게 살아온 지난날과는 달리 서로의 건강이 약화되고 활동범위가 축소되며 활동력이 감소하는 시기이다. 따라서 체력이나 건강의 쇠퇴에서 오는 노화를 인식하며, 은퇴와 수입의 감소로 인한 육체적 · 사회적 활동의 축소를 이해하고 받아들이는 것이 중요하다.

둘째, 부부역할에 대한 재조정이다.

전통적인 남편과 아내의 뚜렷한 역할보다 부부 서로 간에 일의 협력 및 분담, 책임의 한계 등에 대하여 융통성 있는 역할을 재조정하는 것이 필요하다. 가능한 한 의사결정을 부부가 함께 하고 참여하게 되면 부부의 친밀감 향상으로 노년기 부부의 행복감이 증진될 것이다.

셋째, 부부관계의 재구조화이다.

최근 언론에 종종 보도되고 있는 '황혼이혼'의 증가는 노부부 관계의 재구조화에 대한 필요성을 인식하게 한다. 과거에는 중·노년기의 결혼생활은 한쪽 배우자의 사망으로 끝이 난다고 생각했으나, 최근에는 중·노년기 결혼생활의 결말이 이혼에 의해서도 이루어짐을 보여주고 있다.

따라서 노년기에는 부부가 보다 친밀한 관계가 되도록 구조적인 노력이 필요하다. 사랑과 애정, 동료감을 중요시하며 상대의 자존심

---

20) 농촌노인 가족문제 상담 자료집(2004). 농촌 진흥청 농업과학기술원 농촌자원개발연구소

이 상하지 않도록 서로 격려하고 인정해 주는 자세가 필요하다.

넷째, 노년기 부부 성(性)생활에 대한 이해이다.

노년기에는 자녀 양육과 가정의 일이 대폭 감소함에 따라 신혼기 때와 같이 부부간에 오붓한 시간을 가질 수 있으며, 성생활도 보다 자유로울 수 있다. 많은 연구들은 노년기 성만족도는 생물학적이기보다는 사회·심리적인 요인에 의해 더 크게 영향 받는다고 한다. 따라서 노화로 인한 성행위의 생리적 변화에 대하여 정확히 알고, 이를 수용하고 대처할 때 노년기 성생활은 정서적으로 만족스러우며 원만한 성적 적응이 가능해진다.

다섯째, 은퇴생활에 대한 적응이다.

은퇴는 많은 사람들의 자존감에 큰 영향을 미치며, 은퇴에 대한 적응방식에 따라 자존감에 많은 차이를 보인다. 어떤 사람들은 오랫동안 갈망하면서도 경제적 사정과 직장일로 인하여 하지 못했던 일들을 열정적으로 한다. 그들에게 있어서 은퇴는 자신들의 삶을 유용하고 의미 있게 활용할 수 있는 기회이다.

반면 은퇴라는 현실을 수용하지 못하고 의기소침과 우울증에 빠지는 사람들도 있다. 은퇴는 많은 노인들에게 수입의 감소로 생활에 어려움을 주기도 한다. 그러므로 은퇴 후의 생활보장에 대한 은퇴적금이나 보험, 연금 등의 재정투자는 젊을 시기부터 계획하는 것이 바람직하다. 다음 사례를 보자.

"나는 올해 만 70살이야. 일제시대에 ○○사범을 나와 학교에서 한 10년쯤 교사생활을 했어. 퇴직금은 사업한다고 다 날렸고, 지금은 동사무소에서 나오는 노령수당과 생활보조금에다가 내가 손수레로 고물을 수집하여 생활비를 마련해서, 현재 700만원짜리 전세방에서 살고 있어. 나이 탓인지 이제는 허리가 아파서 고물행상을 하는 것이 힘들어. 생활비를 어찌 해야 하나 고심 중이었는데, 일어 번역능력 3급이 있다는 광고를 보고 시험에 응시해서 합격을 했어. 앞으로 1, 2급 시험에도 도전하려고 해. 지금이라도 내 수준 정도에서 번역 일을 얻었으면 좋겠어."[21)]

여섯째, 홀로됨의 준비이다.

노년기가 되면 배우자와의 사별에 의한 홀로됨의 준비가 필요하다. 배우자의 죽음은 지속적인 부부관계의 종말을 의미하며 생존자의 생활환경에 지대한 영향을 미친다. 노년기 부부관계의 중요성이 점점 높아지는 현대사회에서 배우자 없이 생활하는 것은 노인들의 행복한 생활 영위에 큰 장애가 되므로 그 때를 미리 대비해 홀로됨의 마음의 준비를 해 두는 것이 좋다.

---

21) http://ipcp.edunet4u.net/~teacher17/노인.htm,

죽음에 대한 준비

삶의 끝은 죽음이며 우리는 매일 조금씩 삶의 현장을 떠나고 있다. 죽음 그 자체는 인간 어느 누구에게나 보편적인 것이나 죽음의 과정은 개별적이며 일정하거나 보편화된 유형이 없이 다만 예측할 뿐이다.

죽는 것은 태어나는 것과 같이 자연적인 것이지만 실제로 모든 사람들이 죽음을 삶의 자연스러운 과정으로 받아들이지는 않는 것 같다. 죽음은 그 만큼 피하고 싶고 대면하기 싫은 가장 큰 두려운 삶의 과정이다.

많은 나이, 약해지는 건강, 친구들의 죽음 등은 노인들에게 죽음은 현실이고 필연이라는 사실을 직시하게 한다. 대부분의 사람들은 죽음 그 자체와 죽음 뒤의 존재에 대하여 두려움을 갖는다. 개인마다 죽음에 대해 특정한 두려움을 가지며 그 두려움에 대해 나름대로 반응하고 대처하게 되는데, 그 두려움에 대한 반응들을 살펴보면 다음과 같다.

첫째는 미지에 대한 두려움이다.

모르는 것에 대한 두려움, 죽음에 대한 무지(unknown of death)는 많은 생각과 두려움을 가져온다. 이 세상의 삶 후에는 어떤 운명이 기다리고 있을까? 죽은 후의 나의 육체는 어떻게 될까? 남은 가족들은 어떻게 될까? 나의 죽음에 대하여 다른 사람들은 어떤 반응을 보일까? 나의 삶의 계획과 목표는 얼마나 이루어졌는가? 지금 삶의 과정에서 어떤 것을 할 수 있을까? 등에 대한 두려움들이 밀려올 것이다.

둘째는 사랑하는 사람의 상실에 대한 두려움이다.

사랑하는 사람과의 영원한 이별에 대한 생각들은 많은 슬픔과 두려움을 가져온다. 배우자의 죽음은 단지 인생의 동반자를 잃는 것뿐 아니라 어떤 경우에는 인생의 모든 것이 끝나는 것 같은 의미를 갖는다. 스트로브(Strobe)는 사망으로 인한 배우자의 상실이 개인에게 가장 부정적인 영향을 미치는 생활사건이라고 말한다. 배우자와 사별한 노년기의 연구를 보면 여성보다는 남성이 더 고독감이나 사기 저하를 경험하게 된다고 한다. 그러나 배우자를 일단 잃게 되면 남녀 모두 심각한 슬픔과 걱정과 불행감, 두려움 등을 경험하게 되는데 이것은 극히 정상적인 인간의 감정 상태이다.

셋째는 상실에 대한 우울과 의기소침이다.

배우자와의 사별은 노년기 삶의 가장 큰 스트레스이며, 삶의 여러 측면에서 변화를 초래하고, 특히 건강에도 많은 영향을 미친다. 배우자의 죽음으로 인하여 홀로 된 여성과 남성은 슬픔, 불면증, 식욕감퇴 등과 같은 증상을 나타내며 공통적으로 우울증을 보인다.

넷째는 배우자 사별 후의 적응이다.

배우자 없이 홀로 지내는 시기의 적응은 특히 경제적인 능력에 영향을 받으며 적절한 재정 상태는 자아만족감을 유지시키고 의미 있는 활동을 지속할 수 있다. 홀로된 노후를 잘 영위해 나가기 위해서는 사회적인 지지가 필요하지만 개인적으로 먼저 노후를 준비하여, 사별 후의 어려움을 극복해 나가는 지혜가 필요하다.

여성에게 있어서 재정적인 결핍은 그 동안 주로 배우자에게 의존해 왔기 때문에 타격이 더 크다. 반면 남성은 가사 일을 부인에게 거의 전적으로 의존해 왔기 때문에 가사 일에 있어서 여성보다 더 무력감을 느낀다. 또한 직업에서 목표 지향적 친구관계나 동료관계를 맺은 남성들은 노년기에 감정적으로 밀접한 친구관계 형성에 어려움을 느낀다.

배우자의 죽음 후 재혼은 여성에 비해 남성이 더 많다고 한다. 그 이유는 첫째, 단지 아내를 잃었다는 사실보다는 그에 뒤따르는 사회적 고독감과 외로움이다. 즉 홀로 남은 남성은 그 동안 아내와 누려왔던 친밀성을 대신할만한 적절한 대리인을 찾는데 어려움을 경험한다는 것이다. 둘째, 전통적인 결혼에서의 역할 구조상의 문제이다. 남편은 전에 해본 적이 없는 조리나 세탁, 집안 청소 등, 생존을 위해 필수적인 가사 전부를 떠맡아야 한다는 점이다. 셋째, 홀로 된 남성은 여성보다는 금전적으로 여유가 있기 때문이다. 이러한 점들이 홀로 된 남성이 곧 바로 재혼하는 이유이다.

흔히 '성공적인 노화'란 생애 초반기에 자신의 잠재력을 얼마나 실현시켰고 인생의 목표를 얼마나 달성했느냐 라는 객관적인 기준에 달려 있다고 생각한다. 그러나 나이가 들어가는 모습은 자신의 성격이나 심리적인 자원과 깊은 관련이 있다. 즉 자신의 심리적 욕구가 무엇이며, 그 심리적 욕구를 만족시킬 만한 능력이 어느 정도인지에 성공적인 노화가 결정된다. 무엇보다도 중요한 것은 자신의 내면적인 요구와 자신이 처해있는 상황을 얼마나 잘 조절하고, 그러기 위해서 얼마나 노력을 하느냐에 노년기의 성패가 달려 있다.

한편 노인은 경험이 풍부한 지혜자로서 자녀들에게 삶의 지혜와 용기를 줄 수 있는 안내자이다. 노인들은 분명히 한 인간으로서 그들의 지혜와 경험으로 인해 존경과 보호와 사랑을 받아야 한다. 그럼에도 불구하고 자신의 부모를 공경하지 않는 젊은이들이 많이 눈에 띈다.

"한 노부부가 장남과 동거한지 1년이 조금 넘었다. 그런데 동거하면서 큰 아들 내외는 먹는 것이나 보약 등에 대해서 자기 식구는 잘 챙기면서 부모님은 전혀 보살피지 않고 인간 대접을 하지 않고 있다. 어머니가 6개월 정도 몸져 누워 있었는데도 모시고 병원에도 가지 않는 지독한 며느리가 있다."[22)]

"네 부모를 공경하라 그리하면 네가 잘되고 땅에서 장수하리라"는 말씀은 우리가 노년기에 있는 사람들을 어떻게, 왜 대접해야 할지에 대하여 잘 설명해 주고 있다.

22) http://ipcp.edunet4u.net/~teacher17/노인.htm,

제 5 장

상 담 글

1. 나홀로 사랑법

나홀로 사랑법을 아시나요?

저는 대학생활 2년에 접어든 학생입니다. 요즈음 저에게 생긴 고민은 제가 마음 속으로 사모하는 한 남자 선배님이 있는데, 그 선배 앞에만 가면 저의 의지와는 달리 목석이 되어 버린다는 것입니다. 그렇게 좋아하고 그리워하는 선배인데, 그 선배 앞에만 서면 아무 말도 하지 못하고 그 자리를 피하거나 아니면 투박하고 딱딱한 말투로 한 마디 던지는 것이 고작입니다. 다시 말하면 제 의지와는 정반대의 행동을 하게 되는 것입니다.

제 자신이 참 한심하다는 생각이 들면서 자신감이 점점 없어집니다. 그 후로 나 홀로 사랑법이라는 것을 개발했지요. 그 형제를 멀찍이 서서 바라보는 것만으로 족하다고 생각하면서, 내 마음 속에서만 사랑을 키워 가는 것입니다.

그런데 얼마 전부터 제 마음이 아파오는 거예요. 멀찍이 서서 마음 속으로 사랑하는 것만으로도 족하다고 생각했었는데 그게 아닙니다. 초여름의 향기가 물씬 나에게 다가올 때, 제일 먼저 생각나는 사람, 그 형제를 떠올립니다. 파아란 하늘을 바라보며 혼자 길을 걸을 때, 언제 어디에서도 나는 그 형제를 생각합니다.

이것이 소위 말하는 상사병이라는 것이지요? 저의 아프고 시린 마음을 만분의 일도 전하지 못했습니다만, 교수님도 제 마음을 대충은 읽으실 줄 압니다.

대학 2학년은 인생에 있어서 가장 낭만적인 시기라고 생각합니다. 어느 한 형제님에게 푹 빠질 필요는 없지만, 자신이 생각하고 느끼고 있는 감정들을 최소한 표현하고, 서로 나누는 것이 필요하다고 봅니다.

요즈음 대학생들, 특히 여대생들 사이에 '나홀로 사랑'이 유행(?)이라고 들었습니다. 신세대들의 'X 세대 사랑'에 대한 반동이 아닌가 생각됩니다. 어느 여학생과의 대화에서, 마음 속으로 한 사람을 그토록 그리워하면서, 왜 자신의 마음을 전하지 못하고, 그렇게 마음 아픈 사랑을 하느냐고 물었습니다. 그랬더니 그 자매님이 '나홀로 사랑'에 대한 장점을 몇 가지 들려주었습니다.

나홀로 사랑은 첫째로 상대로부터 차일 일이 없어 실연의 비참함을 경험하지 않아서 좋다는 것입니다.

둘째로는 머릿속에서 그 대상과 마음대로, 아무 때나, 어느 곳에서든지 사랑할 수 있어 거절당함을 경험하지 않아 좋다는 것입니다.

셋째로는 일방적으로 혼자 사랑하다가 그 대상이 싫어지면 언제라도 대상을 바꿀 수 있으며, 대상을 바꾼다 해도 귀찮게 치근덕거리지 않아서 좋다는 것입니다.

마지막으로 나홀로 사랑은 경비가 들지 않아서 좋다는 것입니다.

제법 논리적인 사고로 나홀로 사랑에 대한 연구를 하고 있는 것 같았습니다.

'나홀로 사랑'의 내용을 보면서 몇 가지 문제점을 발견하게 됩니다.

첫째는 실연의 비참함이나 거절당하는 것에 대한 두려움입니다. '실연당하기 전에, 거절당하기 전에, 비참함을 경험하기 전에 아예 시작도 하지 말자'라는 마음의 각오를 하고 있는 것 같습니다. 인생의 긴 여정을 살아가면서 앞에 진술한 부정적인 경험을 미리 사서 할 필요는 없겠지만 그렇다고 한 번도 경험하지 않고 살아갈 수는 없는 것이지요.

행인지 불행인지 우리의 인생은 육체적인 고난, 영적인 고난, 경제적인 고난 그리고 자매님이 겪고 있는 정신적인 고난, 심리적인 고난, 감정적인 고난 등 많은 고난들이 있게 마련입니다. 욥기에도 '인생은 고난을 위하여 났나니 불티가 위로 날음 같다'고 하였습니다. 우리의 인생길에서 필연적으로 부딪히는 고난이나 장애물들을 피하려고만 하기보다 과감하게 직면하여 극복하는 지혜가 필요합니다.

그러한 의미에서 자매님이 먼저 형제님에게 다가가서 현재 느끼고 생각하고 있는 것과 자매님의 모습 그대로를 전하십시오. 거절당함을 두려워하여 시작도 하지 않고 마음 속에 끙끙거리며 묻어두는 소극적 자세가 아닌 적극적인 자세를 취해 보십시오. 물론 과잉 적극성을 의미하는 것은 아닙니다.

사랑은 능동적이며 적극적인 활동이라고 '사랑의 기술'의 저자 에릭 프롬은 말하고 있습니다. 기도로 준비하면서 자매님이 다가갈 때 분명 좋은 결과가 있으리라 믿습니다. 그리고 설혹 좋은 결과를 얻지 못했다 해도 거절당함에 대한 경험은 인생에 있어서 필요한 것이며, 그러한 부정적인 경험을 극복하고 승화시키는 노력도 필요합니다. 이 승화의 과정 속에서 인생은 성숙하게 됩니다. '나홀로 사랑'의 경험이 성숙한 사랑으로 성장하기 위한 하나의 좋은 발판이 되었으면 좋겠습니다.

'나홀로 사랑'만을 고수하게 되면 이성과의 만남이 부자연스러워지고, 언젠가 누군가와 결혼을 한 후에도 미해결된 과제로 충족되지 않은 기대와 열망으로 마음 한구석에 남아 있어 결혼생활을 힘들게 할 수도 있습니다. 그러므로 선배님과 직면하여 자신을 표현하시기 바랍니다.

둘째로는 생각 속에서 그 대상과 마음대로, 아무 때나, 어느 곳에서든지 자유롭게 사랑하며 싫어지면 언제라도 대상을 바꿀 수 있어 좋다고 표현하였습니다. 이것 또한 정당한 사랑 방식이 아닙니다. 자매님이 생각 속에서 어떠한 방법으로 어떻게 사랑하든 보는 사람도 없고 그것을 탓할 사람은 아무도 없습니다. 그 사랑을 평가해 줄 분은 오직 자매님 자신과 하나님 밖에는 없다고 생각합니다.

물론 하나님께서는 자매님의 마음 아파하는 모든 것들을 이해하고 수용하며 위로해 주시겠지요. 그런데 여기에서 간과해서는 안 될 것이 사탄도 당신의 생각을 판단해 줄 수 있다는 것입니다. 하나님의 위로와는 달리 어쩌면 사탄은 당신의 생각을 교묘히 사로잡아 '나홀로 사랑'을 강화시킬 수 있다는 사실입니다. 그로 말미암아 자신도 모르는 사이에 '나홀로 사랑' 속에 고착화 되어 버린다면, 진정한 사랑에 대한 가치 형성이 되지 않아 큰 문제를 야기하게 됩니다.

하나님은 우리의 연약함과 사탄의 교묘한 방법을 아시므로, 우리가 문제에 빠지지 않도록 솔로몬의 잠언을 통하여 경고의 말씀을 주십니다.

"무릇 지킬 만한 것보다 더욱 네 마음을 지키라 생명의 근원이 이에서 남이니라"(잠언 4:23). 이 말씀을 깊이 묵상하시기 바랍니다.

'나홀로 사랑'은 결코 하나님이 원하시는 사랑의 방식이 아닙니다. 아가서에서 보여주는 사랑처럼 자신을 솔직하게 내보이십시오. 심리학자 시드니 주라드는 '자기 노출'에 대한 연구를 하였는데, 인간은 본능적으로 자기 자신을 드러내려는 성향을 가지고 있다는 것입니다. 그런데 그 노출 성향을 차단하거나 또는 차단당하여 자신을 남에게 닫아 버리게 될 때 사람은 감정의 불편을 느끼게 된다고 합니다. '나의 감정, 나의 생각을 고백하면 나를 형편없는 사람이라고 하겠지'라며 거절에 대한 두려움으로 자신을 열어 놓지 않으려고 위장이라는 마스크를 쓰게 됩니다. 사랑하고 있으면서도 사랑하지 않는 것처럼, 부족한 부분들이 있음에도 부족한 부분이 없는 것처럼 위장의 가면을 쓰게 되는 것이지요.

위장으로 자기 자신의 내면을 차단할 때, 사람은 습관적으로 자기를 숨기고 움츠리며 사소한 일에도 심히 상처를 입고 화를 내며 예민한 반응을 하게 됩니다. 이러한 행동이 지속되면 인격분열과 행동분열을 일으키는 인격 장애자가 될 수 있다는 것입니다. 그들의 행동특성은 다른 사람들을 심히 회피하거나 또는 다른 사람들에게 집착해 있거나 또는 심히 공격적인 자세로 나타난다는 것입니다.

물론 자매님이 이러한 인격 장애자의 특성을 가지고 있다는 것은 아닙니다. 단지 자기 자신의 감정과 내면세계에 너무 격리되지 않도록 자신을 열어 직면할 필요가 있다는 것입니다.

나홀로 사랑에 얽매이지 않도록, 나홀로 사랑의 대상인 그 선배님에게 다가가 사랑의 마음을 전하는 지혜가 필요하다고 봅니다.

2. X-세대 사랑법

교수님, 'X-세대 사랑법' 들어 보셨어요?

요즈음은 신세대라는 단어로도 표현이 부족해 'X-세대'라는 단어를 사용하고 있습니다. 급변하는 세계화의 물결과 변화무쌍한 사조에 발맞춰 '신세대 사랑법'이 탄생된 것이지요.

'X-세대 사랑법'은 처음 보는 순간 '저 정도면 교제의 대상으로 괜찮겠구나' 또는 '재 정도면 같이 놀아 줄만 하구나' 등의 기준으로 대상선택이 이루어집니다. 흔히 말하는 학벌이 어떻고, 가문이 어떻고, 성격이 어떻고 등의 기준에 의한 것이 아니라 외형적인 모습만을 보고 사람을 선택합니다. 서로 선택하고 선택되었다는 이유 하나만으로 같이 즐기며, 쉽게 자신의 모습을 보여주고 쉽게 친해지다가 서로에게 싫증을 느끼면 또 쉽게 아무 일 없었다는 듯이 미련 없이 헤어진답니다.

그리고는 곧 또 다른 대상을 찾아 나섭니다.

상대방이 너무나 그리워 사랑앓이를 하는 법 없이, 그냥 감정이 흐르는 대로 따라가는 단순하기 그지없는 사랑법이지요. 교수님 'X-세대 사랑법'을 어떻게 생각하시나요?

요즈음 대학가에 즉석사랑(instant love)이 유행이라는 말을 들었습니다. 대학교 앞에 있는 카페에 홀로 나가 앉아 있으면 으레 남학생 또는 여학생들과 합석을 하게 되고, 그 중에 한 대상과 눈이 맞으면 데이트가 자연스럽게 이루어진다고 하더군요. 사랑의 속도도 초고속으로 진행되어 간다는 '즉석 사랑'에 대한 이야기를 저도 들었습니다. 자매님의 글을 보니까 그 '즉석 사랑'이 'X-세대 사랑법'과 거의 똑같네요.

혹자는 현대를 찰라시대라고도 표현합니다. 몇 사람만 모이는 곳이면 자판기가 설치되어 있고, 그 자판기에 동전을 넣고 각자의 기호에 맞는 단추를 누르면 먹고 싶은 것, 마시고 싶은 것들이 즉시 나와서 각자의 구미를 즉각 즉각 만족시켜 주는 그러한 시대이지요. X-세대 사랑 역시 찰라시대에 걸맞게 그들의 사고와 행동양식이 속성화, 찰라화, 즉석화되어 가고 있는 것처럼 보여 집니다.

온 세계가 국제화 물결을 타고 급속도로 빨리 변화하고 있다지만, 사랑해야 할 대상과 사랑받아야 할 대상을 선택하는데 있어서, 외형적인 모습만을 보고 순간적인 선택을 한다는 것이 영 마음에 걸리는군요.

요즈음 이혼율이 급속도로 증가하는 것도 이러한 'X-세대 사랑법'에 기인된 사고와 가치관의 흐름 때문이 아닌가 생각됩니다. 주위에서 일어나고 있는 몇 가지 사실들을 가지고, X-세대 사랑을 운운하며 X-세대의 사랑은 그런 거라고 일반화하는 것은 곤란합니다.

그렇지만 자매님이 준 글과 듣고 보아왔던 것을 종합해 볼 때, 'X-세대 사랑법'이 현대를 살아가는 젊은이들에게서 나타나는 사랑법의 한 풍속도인 것만은 사실인 것 같습니다. 여기에는 물론 X-세대 모두가 다 'X-세대 사랑법'을 좋아하고 따라간다는 것은 아닙니다.

어느 분의 글에 '우리가 어떻게 태어난 인생인데'라는 제목이 있었습니다. 그렇습니다. 우리가 어떻게 태어난 인생인데, 우리의 삶을 함부로, 찰라적으로 살아갈 수 있겠습니까? 우리의 삶은 예술입니다. 그리고 우리는 예술가이구요. 예술은 예술가의 정성과 노력에 따라서 훌륭한 걸작품이 나올 수도 있고 졸작이 나올 수도 있습니다. 걸작이든 졸작이든 우리는 인생이라는 개개인의 작품 속에 사랑이라는 주제로 하루하루를 열어갑니다. 그런데 우리는 그 사랑이라는 주제에 대하여 과연 얼마나 알고 있는지 의문입니다.

사랑 또한 예술입니다. 사랑은 예술이기 때문에 사랑에 관한 이론을 배워야 하며, 그 이론을 실습해야 합니다. 많은 사람들은 사랑은 이론이 아니며, 배울 것이 없다고 말합니다. 사랑은 감정이기 때문에 사랑의 감정을 느끼면서 사랑을 해 보지 않으면, 사랑의 의미를 도무지 알 수 없다고 말합니다. 옳은 말입니다. 그러나 그들이 말하는 것처럼 사랑은 감정만으로 다 해석되고 이해되는 것은 아닙니다. 왜냐하면 사랑은 감정과 함께 이지적인 양면이 있기 때문입니다.

사랑은 감정에서부터 시작됩니다. 사랑의 시작이 감정에서부터 시작된다고 해서 감정이 전부인 것은 아닙니다. 때문에 감정에 대한 조절은 이지적인 이성에 의하여 진행되어야 합니다. 만일 감정에 대한 이성의 인지와 조절이 없다면 감정의 폭은 너무 높고 깊어서 감정의 혼란을 초래하게 됩니다. 마치 조울증 환자의 감정처럼. 그러므로 감정에 대한 조절이나 대상 선정, 사랑하는 방법, 사랑의 속성들은 사랑의 이론으로 배울 필요가 있다는 것입니다. 그러한 맥락에서, 'X-세대 사랑법'은 사랑의 감정적인 면에만 치우쳐 있기 때문에, 너무 쉽게 사랑하고, 너무 쉽게 빠지며, 너무 쉽게 헤어지는 찰라적이고 즉흥적인 사랑이라 생각합니다.

사랑에 대한 인지가 부족할 때, 사람들은 오직 감정에 의한, 감정에 빠진 사랑만을 하게 됩니다. 위에서 보여준 'X-세대 사랑' 역시 감정에 의한, 감정만을 위한, 극히 위험한 사랑이라 생각됩니다. 그들은 사랑을 너무 흔하게, 아무것도 아닌 것처럼 무가치하게 함부로 사용하고 있습니다. 그러기에 너무 쉽게 사랑하고, 너무 쉽게 버리는 것이 아닐까요?

우리의 삶은 예술입니다. 아침에 잠자리에서 눈을 뜨면서 무엇을 생각합니까? 아, 지겨워, 힘들어, 하면서 불평과 불만에 찬, 마지못해서 어쩔 수 없이 시작하는 하루입니까? 아니면 오늘 하루도 호흡하게 하시는 하나님, 생명을 연장시켜 주시는 하나님을 생각하며 감사와 기쁨으로 하루를 맞이합니까? 나에게 준 오늘 하루를 어떻게 만들어 갈 것인가 하는 것은 우리 각자의 몫이라고 생각합니다.

아름답고 추억에 남는 하루, 길이 간직되어지는 기억에 남는 하루의 삶을 계획한다면 무턱대고 아무렇게나 살 수는 없겠지요. 삶이 예술인 것처럼 사랑도 예술이기 때문에 아무나 무턱대고 사랑할 수 없고, 감정에만 치우친 찰라적인 사랑은 더더욱 할 수 없겠지요.

우리가 어떻게 태어난 인생인데……

예수님께서 십자가에 못 박혀 피 흘려 죽으신, 그 피 값으로 새로 태어난, 거듭난 인생인데 함부로 살 수는 더더욱 없는 일이지요. 주님 보시기에 아름다운 사랑으로 수 놓여진 그러한 사랑이 진정한 사랑이 아닐까요?

3. 데이트와 이성 교제

결혼을 해야 할 것 같아서 주위 분들의 소개로 맞선이라는 것을 몇 번 보고 데이트도 해 보았습니다. 그런데 데이트가 왠지 부담스럽고 꼭 데이트를 해야만 하나 하는 생각이 자꾸 듭니다.

데이트에 투사하는 시간이나 비용만큼 그렇게 큰 수확이 돌아오는 것 같지 않아 실망감이 들면서, 데이트는 성경적인가 하는 생각도 듭니다. 기도만 열심히 하면 하나님의 때에 배우자감을 보내 주시지 않겠습니까? 바쁘고 힘든데 꼭 이성 교제는 해야만 하는지요?

형제님의 글은 '데이트는 성경적인가?', '배우자를 선택할 때 교제는 꼭 필요한 것인가?' 로 요약이 되겠습니다. 결론부터 말씀드리면 데이트는 성경적이며 데이트를 통하여 배우자를 선택하는 것은 지혜롭다고 생각합니다.

물론 성경이, 배우자를 선택할 때 교제를 하십시오라는 구절은 없습니다. 그러나 우리는 하나님과의 만남과 교제를 통하여 하나님이 누구인가를 알고, 예수님이 누구이며 성령님이 어떤 분인가를 알게 됩니다. 하나님과의 만남과 교제 없이는 하나님을 알 도리가 없습니다. 불신자에게 전도하는 과정을 한 번 생각해 보세요.

데이트나 이성 교제는 만남이라는 필연적인 과정이 필요합니다. 만남이 없이는 그 사람이 누구인지 도저히 알 수가 없습니다. 데이트는 만남을 의미하며 그 만남을 통하여 교제가 이루어지고, 교제를 통하여 서로를 알아가는 것입니다.

글 내용에서 바쁘고 신실하게 살아가고 있는 형제님의 모습을 봅니다. '이렇게 바쁜데 이성 교제를 할 시간이 어디 있단 말인가. 기도 열심히 하면 가장 적당한 때에 하나님께서 나에게 맞는 가장 적당한 배우자를 보내 주시지 않겠나.'

그렇습니다. 배우자를 선택할 때 기도는 가장 중요한 도구이지요. 주님께서 "구하라 그러면 주실 것이요"라고 말씀하셨으니, 구하는 이에게 주시지 않겠습니까? 신실하신 주님께서는 기도하는 형제님에게 가장 적절한 배우자를 주실 것입니다. 독신으로 살아가도록 예정되지 않았다면 형제님의 배우자는 이미 만세 전부터 예비해 놓으시고 이 세상 어디에선가 살고 계십니다.

문제는 60억에 가까운 이 지구상의 사람들 중에 누가 하나님이 보낸 배우자인지 알 수가 없다는 것입니다. 하나님께서 "네 배우자는 지금 어디에 있으니, 가서 만나 보라"고 구체적으로 말씀해 주시면 얼마나 좋겠습니까? 그러나 하나님은 그러한 방법을 사용하지 않으시고, 기도로 간구한 뒤에 우리로 하여금 찾으라고 하십니다. "구하라 그러면 주실 것이요, 찾으라 그러면 찾을 것이니라."

저는 이 찾는 행위가 바로 데이트라고 생각합니다. 하나님이 보내신 배우자가 누구인지 찾으러 가야 합니다. 찾기 위해서는 누군가를 만나야 하고, 그 만남을 통해서 이성을 이해하고 자신의 인격을 발전시켜 나가야 합니다. 교제를 통하여 자아를 발견하고, 상대방을 존중하며 서로의 장점과 약점을 바라볼 수 있는 통찰력이 생깁니다.

물론 사랑하면 장님이 된다는 말과 같이 미숙한 사랑에 빠져 버리는 위험도 있기는 하지만, 그러나 이러한 미숙한 사랑도 교제를 통하여 훈련하는 가운데 성숙한 사랑으로 자라갑니다. 데이트나 이성 교제가 모든 나라, 모든 사람들에게 다 적용되는 우주적인 것은 아닙니다. 문화와 풍속에 따라 다르고 시대에 따라 변합니다. 불과 50년 전만 해도 우리 나라 사람들은 데이트나 이성 교제 없이 결혼을 했습니다. 그 당시에는 당사자 간의 직접적인 데이트나 교제는 이루어지지 않았지만, 부모님들의 간접적인 교제와 데이트에 의하여 배우자 선택이 이루어졌습니다.

어쨌든 현대를 살아가는 젊은이들, 특히 하나님을 믿는 신실한 젊은이들에게 배우자 선택의 과정에서 데이트와 교제는 필요하다고 봅니다. 데이트와 이성 교제를 통해서, 보다 의미 있는 인간관계를 형성해 가며 하나님이 보낸 그 배필을 만날 수 있기 때문입니다.

의미 있는 데이트와 교제는 대상이 있어야 하며, 시간을 투자해야 합니다. 마치 하나님을 더 잘 알고 더 친밀해지기 위해서 더 많은 시간을 내어 기도하고 성경을 읽어야 하는 것과 같습니다. 형제님이 데이트가 부담스럽고 투자하는 만큼 돌아오지 않아 시간이 아깝다고 말씀하셨는데, 다음 사항에 대하여 한 번 생각해 보세요.

첫째는 형제님 자신이 데이트나 이성 교제를 할 준비가 되었는지요? 자신이 준비되지 않은 상태에선 누구를 만나든 부담스러울 것입니다.

둘째는 만나는 대상이 하나님께서 보낸 바로 그 배필인가에 대한 확신입니다. 이것은 형제님께서 그 동안 배우자에 대하여 기도한 내용에 대한 응답이므로, 교제를 통하여 "아, 바로 이 사람이구나"라는 확신이 올 것입니다. 형제님께서 구체적으로 기도하였다면 확신은 훨씬 더 쉬워지겠지요.

셋째는 형제님 자신이 준비되었고, 배우자에 대한 기도도 열심히 하고 있는데 데이트가 부담스럽다면 현재의 교제를 잠시 중단하고 기다리면서, 하나님께서 형제님을 위해 예비한 바로 그 사람을 찾으시기 바랍니다.

4. 신혼부부의 고민-성생활

결혼 한지 6개월된 신부입니다.

결혼하기 전 전문직을 가지고 있었던 저는 직장생활과 믿음 생활에 만족하며 저의 생활을 꾸려 왔습니다. 항상 믿는 자로서 진실되게 살려고 노력했고, 남을 도우며 살려고 노력했습니다.

그러던 어느 날 아는 분의 소개로 현재의 남편을 만나게 되었고, 그분이 5남매의 막내인 것과 신앙심이 없다는 것 외에는 모든 조건들이 합격선을 능히 넘어섰습니다. 짧은 기간의 데이트였지만 그런대로 좋아서 결혼을 했습니다.

그런데 문제는 결혼 첫날밤에 있었습니다. 결혼식의 바쁜 일정을 마치고 긴장과 피곤으로 지친 우리는 신혼여행에서의 긴 여장을 잠으로 풀고 있었습니다. 어느 때쯤인지 잠결에 엄습해 오는 남편의 요구를 아무 생각 없이 거부하게 되었습니다. 정색을 하며 실망하는 남편의 모습을 보면서, 제 가슴은 놀란 토끼마냥 두려움과 무서움으로 두 방망이질 치고 있었습니다.

그 후로 우리의 관계는 서먹해지고 남편은 저의 과거를 의심하기 시작했습니다. 정말이지 저는 과거를 가지고 있는 사람이 아닙니다. 사사건건 못마땅하게 여기며 퉁명스러운 남편의 곁을 떠나, 이혼해야겠다는 생각으로 꽉 차 있습니다. 소박하고 아름답게, 진실하게 살려는 저의 평범한 신혼의 꿈이 이제 산산조각이 난 파편으로 저를 아프게 찌르고 있습니다.

'처음부터 시간을 두고 믿음의 사람을 찾았어야 했는데' 하고 후회하고 있습니다만 이제는 주워 담을 수 없는 꿈의 조각들인 것 같습니다.

신혼의 단꿈에 더 깊이 안주하고 있을 시기에 뜻하지 않았던 사건들로 인하여 마음에 깊은 갈등과 정신적인 고뇌 속에 시달리고 있는 자매님을 생각해 봅니다.

결혼을 하는 많은 사람들이 결혼 전 상담이나 결혼에 대한 예비교육 없이 결혼을 함으로써, 신혼기 부적응으로 힘들어 하고 있습니다. 우리 사회의 구조가 한 시간이나 두 시간이면 끝날 결혼식에 대해서는 온 정성과 돈을 힘에 겹도록 드려서 준비합니다. 그러나 정작 오십 년을 넘게 검은 머리 파뿌리 되도록 함께 살아야 할 남편과 아내와의 관계에 대해서는, 단 한 시간의 결혼 준비교육이나 상담도 받지 않고 결혼하는 것이 현실입니다.

자매님 부부도 결혼 예비교육이나 상담을 통해서 신혼의 첫 밤을 어떻게 맞을 것이며, 처음 성생활에 어떻게 응해야 할 것인지에 대하여 사전에 배우고 준비하였더라면, 지금과 같은 그러한 심각한 문제는 부딪히지 않았을 줄 압니다.

성생활에 대한 사전 준비나 마음의 준비가 제대로 되어 있지 않은 상황에서, 더군다나 잠자다가 아닌 밤중에 홍두께 식으로 다가오는 남편의 행위에, 자매님이 너무나 큰 충격을 받은 것 같습니다. 다행히 마음에 있는 문제를 혼자 오랫동안 끙끙거리지 않고 빨리 상담해 오셔서 희망적입니다. 신혼 초이기 때문에 두 분이서 노력하면 그 문제는 쉽게 해결될 수 있습니다.

자매님에게 필요한 것은 성생활에 대한 이해입니다. '행복한 결혼생활을 유지하기 위해서는 성생활에 대한 만족이 요구된다'는 것이 제 논문의 결과입니다. 그럼에도 불구하고, 이렇게 중요한 성생활이 유교 문화권 아래 있던 우리 한국 여성들, 특히 경건에 이르고자 하는 믿음 좋은 크리스찬들에게는 잘못된 개념으로 인식되어져 왔습니다.

성(sex)은 부끄러운 것, 수치스러운 것, 또는 불경스러운 것으로 생각해 왔습니다. 그러나 하나님은 성을 결코 그러한 의미로 우리 인간에게 주신 것은 아닙니다.

섹스의 창시자인 하나님은 성관계를 통해서 정신적인 공허함 뿐 아니라 육체적인 공허함도 서로 채우며 만족을 누리도록 성적인 욕구(sexual drive)를 허락하셨습니다. 물론 이 성관계는 결혼이라는 신성한 테두리 안에서만 이루어져야 합니다.

그러므로 행복한 결혼을 위해서는 아름다운 성생활이 유지되어야 하겠고 아름다운 성생활을 하기 위해서는 자매님의 생각 속에 자리잡고 있는 부정적인 생각, 즉 성에 대한 두려움이나 무서움을 제거하는 것이 필요합니다. 성관계는 결코 두려운 것이 아닙니다. 결혼을 통한 부부간의 성관계는 남편과 아내가 서로를 가장 적나라하게 잘 알 수 있는 좋은 방법입니다.

우리의 육체로 최고의 기쁨을 누릴 수 있도록 하나님께서 성을 허락하셨다는 사실을 깨닫고, 성행위(sexual intercourse)에 대하여 긍정적인 사고와 적극적인 태도를 가질 필요가 있습니다. 성행위는 결코 불결하고 추악한 것이 아니라 아름답고 신성한 것이며 부부간의 성행위를 통한 즐거움이나 기쁨은 세상 정욕에 사로잡힌 쾌락이나 죄를 범하는 것이 아니라는 사실입니다.

성에 대하여 긍정적인 사고와 열린 마음으로 남편과 대화를 나눌 때에, 남편의 의심은 사라지고 자매님을 믿으며, 부부의 사랑이 싹터오를 것입니다.

남편은 아내의 있는 모습 그대로를 긍정적으로 수용하십시오. 자매님은 요즈음 보기 드문 정숙한 아내입니다. 요즈음 남성들 사이에서는 속된 말로 "처녀가 어디 있느냐?"고 한다지요. 그러나 현 세대에도 자기 몸을 귀하게, 순결하게 잘 가꾸는 젊은 여성들이 많이 있습니다. 바구니 안에 한두 개의 사과가 썩어서 냄새를 풍긴다고 해서, 거기에 있는 사과 모두가 썩은 것은 아닙니다.

정숙한 신부일수록 결혼 생활의 핵심인 성에 대한 준비가 없으면 두려움이 앞서기 마련입니다. 자매님이 과거가 있어서 남편을 두려워하고 떠는 것이 아니라, 첫날밤에 대한 준비가 부족했기 때문일 것입니다. 또 두 분의 신혼여행에서의 첫 밤의 분위기가 로맨틱하기 보다는, 왠지 좀 어색하고 피곤에 지쳐 순서가 잘 맞지 않았던 것을 엿볼 수 있었습니다.

몸과 마음이 하나로 꽁꽁 묶어져야 할 신혼부부 사이에 의심의 물결이 틈을 내기 시작하면 나중에는 걷잡을 수가 없습니다. 배우자를 의심하는 것처럼 괴롭고 무서운 병은 없지요. 그것은 소리 없는 살인자(silent killer)이며, 상대방을 죽이고 나를 죽이는 잔혹한 무기입니다. 그러므로 의심하기에 앞서 열린 마음으로 아내와 대화를 하십시오. 너무나도 사소한 보잘 것 없는 것들이 두 분의 마음의 문을 닫아버리게 하고, 오해의 안경을 쓰게 합니다. 그리고 그 오해는 순식간에 눈덩이처럼 불어나 보이는 것마다 오해를 하게 됩니다.

의처증이나 의부증으로 인하여 저에게 찾아오는 분들이 많이 있습니다. 그분들의 공통적인 문제의 발단은 대화의 결핍과 대화의 미숙이었습니다. 부부가 서로 대화의 문을 활짝 열고 서로를 믿으며 열린 마음으로 들어주고 이해해 주십시오. 들어주고 인정해 주는 그 곳에 의심은 사라지고 신뢰가 생기며 사랑이 싹틉니다.

신혼부부의 성생활은 한 마디로 말해서 수영을 처음 시작하는 사람과 같습니다. 아무리 훌륭한 수영 선수라 할지라도 수영을 처음 시작할 때에는 물에 대한 두려움이 있고, 물 위에 뜨지도 못합니다. 처음부터 물 위에 뜨는 사람은 없으므로, 물 속에 빠져 허우적거리기도 하고 원치 않는 물을 먹기도 하며 이런 저런 경험을 통해서 하나둘씩 배우며 터득해 가는 것이지요. 그 어려움 속에서 중단하지 않고 꾸준히 연습해 나갈 때 언젠가 물 위에 떠서 호흡을 하게 되고 멋지게 팔을 저어 가며 수영을 하게 됩니다.

우리의 성생활도 그렇습니다. 처음부터 오르가즘을 느끼며 성생활에 만족하는 분은 극히 드뭅니다. 부부가 서로의 행복을 위해서 마음을 합하여 육체가 하나 되도록 꾸준한 노력이 필요합니다. 부부의 성생활에 긍정적이며 적극적인 자세를 취해야 합니다. 부부의 성생활에 적극적인 자세를 가진 사람 치고 오르가즘을 느끼지 못한 사람은 없다고 합니다. 부부 사이의 성관계는 부끄러운 것이 아니며 추한 것은 더더욱 아닙니다.

하나님은 오히려 믿음 좋은 크리스챤들이 더 아름답게 성생활하기를 원합니다. 왜냐하면 아름다운 성생활은 결혼생활을 행복으로 이끌어 가는 열쇠이니까요. 하버트 마일즈 박사에 의하면 크리스챤들이 믿지 않는 사람들보다 오르가즘을 훨씬 더 잘 느낀다고 합니다. 믿음 안에서 아름다운 부부생활을 하시기 바랍니다.

5. 남편의 외도

40대 중반에 들어선 사람입니다. 남편은 전문직을 가지고 지금까지 열심히 일해 왔고, 저도 또한 파트타임 일을 가지고 직장인으로, 아내로, 그리고 두 자녀의 어머니로 열심히 살아왔습니다. 저희 가족은 구성원 모두가 큰 탈 없이, 평범하면서도 잔잔하게, 가정의 행복을 누리며 살아왔습니다. 그러던 어느 날 저희 가정에 폭풍우를 동반한 먹구름이 다가오기 시작했습니다.

얼마 전부터 남편이 심혈을 기울여 오던 직장 일에 불평을 하기 시작하고 짜증을 내곤 하더니만, 그 돌파구로 외국에 1년 체류할 계획이라며 같이 떠나자고 저에게 권유했었습니다. 그러나 사춘기에 있는 두 아이들과 학교 문제가 용이치 않아 저는 한국에 남고 남편만 외국으로 가게 되었지요. 그런데 1년의 체류기간 동안 남편에겐 여자가 생겼고, 저희 가정은 순식간에 폭풍우에 휘말리고 말았습니다.

남편과 함께 했던 아름다운 순간순간들이 이제는 먹구름으로 피어오릅니다. 마음 한 편에서는 '용서하고 다시 사랑해야지' 하면서도, '그럴 수 없어 당신은 파렴치한이야, 배반자야!' 라며 제 안에 두 마음이 무섭게 소용돌이치고 있습니다.

남편은 남편대로 자신의 인생철학이나 가치관과는 너무나 동떨어진 행동이었음을 시인하면서도, 그 여자와의 관계를 매섭게 끊지 못하고 인터넷으로, 전화로, 또 가끔은 서로 오고가며 관계를 유지하고 있습니다. 정말 죽고 싶어요.

삶의 뒤안길에서 고민하고 계시는 선생님, 두 분의 결혼생활이 옛날과 같은 아름다운 관계로 회복되어지기를 간구합니다.

선생님의 결혼생활은 한 마디로 중년에서 흔히 겪을 수 있는 중년기 위기의 한 패턴입니다. 중년의 위기에서 맞는 소용돌이의 형태는 여러 가지가 있습니다. 지금까지 살아오면서 주위에 있는 분들이 술이나 도박, 외도 등으로 괴로워하고 깨어져 가는 가정들을 많이 보셨을 것입니다. 그럴 때마다 행복한 자신의 부부생활에 감사 하며 더 열심히 살아오셨으리라 생각합니다.

그런데, 그 평온하고 잔잔했던 소박한 가정에 먹구름과 폭풍우가 한꺼번에 청천병력과 같이 불어 닥쳤으니 얼마나 충격이 컸겠습니까? "이러한 일들이 어떻게 내 가정에 일어날 수 있단 말인가?"라고 가슴을 치며 한탄하고, 남편을 파렴치한 인간이며 배반자라고, 욕을 하며 미워하고 부부싸움도 잦았겠지요.

잔잔한 호수에 돌멩이를 던지면 큰 파문이 생기듯이, 그런 감정은 극히 정상적입니다. 여기에서 우리가 알아야 할 것은 파문은 처음에는 굵고 깊은 원을 그리다가 점점 사라져 버린다는 겁니다. 우리의 감정도 마찬가지입니다. 처음에는 충격으로 말미암아 금방 질식해 버릴 것 같지만, 시간이 지나면 미움과 분노의 감정이 식어져 갑니다. 그렇기에 인간은 그 긴 인생의 여정 위에 희로애락으로 점철된 하루하루를 살아갈 수 있나 봅니다.

미움과 분노의 감정은 영원한 것이 아니기에, 지금 이 순간 남편에 대한 극한 감정이나 이혼 등의 부정적인 생각을 긍정적인 사고로 바꾸어 보십시오. 물론 사고의 전환은 힘이 들고 시간이 걸리지만 긍정적인 사고 전환을 위하여 다음 몇 가지 사항들을 말씀드립니다.

첫째로 현실을 그대로 받아들이고 이해하십시오.

중년의 위기는 어느 가정이나 또 어느 누구에게나 일어날 수 있는 일입니다. "내 가정에는, 내 남편에게는, 나에게는 그러한 일이 절대 일어나지 않을 거야"라고 어느 누구도 장담할 수가 없습니다. 인간은 강하면서도 때로는 너무나 연약하기 때문에 그 감정 속에 휘말리게 되어 어찌할 수 없는 자신을 바라보며 절규할 때가 있습니다. 선생님께서 남편의 외도로 지금 그 상황에 처해 있는 것 같습니다.

프로페셔널로서 자신의 삶을 그렇게도 잘 꾸려왔던 남편이 중년기에 들어서서 왠지 모르게 직장에 대해서 불평을 하고 가족구성원들에게 짜증을 내는 것은 중년이면 누구나가 정도의 차이는 있겠지만 경험할 수 있는 일입니다. 어느 분은 30대 중반에 일찍 중년의 위기를 맞는가 하면, 또 어느 분은 늦게 50대 이후에 중년의 위기를 맞는 분도 있습니다.

그러면 왜 이러한 중년의 위기가 일어나게 될까요?

그것은 중년기에서 두드러지게 나타나는 현상 중의 하나가 자기를 뒤돌아보며 자신을 재평가해 본다는 것입니다. 내가 누구이며, 내가 지금까지 무엇을 해 왔으며, 젊은 날에 세웠던 나의 목표는 얼마나 성취되었는가? 등등. 중년기는 자신의 인생에 대하여 다시금 뒤돌아보고 자신의 부부생활과 가정생활 또 사회적인 지위와 경제적인 안정도와 소유물에 대하여 전반적으로 재평가(reevaluation)를 해 보는 시기입니다.

그런가하면 신체적으로는 늙어가고 있다는 것을 피부로 느끼는 시기이지요. 정력이 떨어지고, 힘이 없어지고, 머리에는 흰 머리가 늘어나고, 대머리가 되기도 합니다. 체중은 늘어 잘록했던 허리가 펑퍼짐해지고, 배는 동산을 이루어 갑니다. 윤기가 흐르던 피부는 탄력을 잃어가고, 까칠한 피부 위에 검버섯이 하나둘 무늬를 그려 갑니다.

신체적인 변화와 함께 정신적인 변화도 서서히 밀려옵니다. 만사에 자신이 없어지고 세상에서 별로 쓸모없는 인간으로 변해가고 있다는 생각을 합니다. 과거에 세워 놓았던 목표들을 성취하기 위하여 그렇게 열심히 밤을 세워가며 정열을 쏟았던 과거의 일들이 아무것도 아닌 것처럼 생각되고 허무해집니다. 그러면서 현재가 불만스러워지고, 짜증이 나며 그렇게 권태로울 수가 없습니다.

성취한 사람은 성취한 대로 일면은 만족스러우면서도 일면은 회의가 짙게 밀려옵니다. '이 성공이, 이 성취가 나에게 무슨 의미가 있단 말인가?' 라는 반문과 함께 갈등에 빠집니다. 또 과거의 목표를 성취하지 못한 사람은 못 한대로 인생이 이대로 끝날 것 같은 불안감에 빠집니다. 성공한 사람은 성공한대로, 성공하지 못한 사람은 성공하지 못한 대로 중년의 위기를 맞습니다.

이러한 불만과 짜증스러움 속에서 외도, 술, 도박, 마약은 활력을 불어 넣어 줄 것 같은 착각에 빠지게 합니다. 이 짜증스럽고 권태로운 현실을 신앙으로 건전한 스포츠로 조절하는 분들은 중년의 위기를 가볍게 넘기지만, 그렇지 못한 분들은 태풍에 휩싸이듯 중년의 위기로 정신을 잃을 수도 있고 가정이 난타당할 수도 있습니다.

그러나 어떠한 상황에서도 부부가 마음을 합치면 그 큰 재난도 곧 회복될 수 있다는 것이지요. 중요한 것은 두 분 모두가 현실을 그대로 받아들이고 이해하는 것입니다.

자기의 현실을 받아들일 때 문제의 해결점을 찾을 수 있습니다. 남편 역시 자기의 외도를 감추려하거나 그 상황을 피하려 하지 말고 직면하여 부인과 함께 해결점을 찾아야 합니다. 남편께서 그 문제를 감추려하거나 피하려 하면 할수록 문제는 점점 더 깊은 수렁으로 빠진다는 것입니다.

불만과 짜증스러움 속에서 외도가 그 모든 문제를 해결해 줄 것 같지만, 외도는 잠시의 황홀감뿐이지, 결코 문제를 해결해 주지 못합니다. 그것은 가정을 파괴하고 본인에게는 더 큰 죄책감으로 깊은 우울감에 빠지게 합니다. 그 우울감은 또 다시 외도를 하게 하고, 그 외도에서 잠깐의 스릴과 기분전환은 또 다른 죄책감과 더 깊은 우울감에 빠지게 합니다.

마치 마약을 복용하는 것과 같은 사이클을 그립니다. 그러므로 외도하는 자신이 자기의 감정을 억제하려는 강한 의지가 필요하며, 피나는 노력이 필요합니다. 이 노력이 없이는 자신도, 아내도, 자녀들도 모두 파멸하고 만다는 사실을 깨달아야 합니다.

둘째로는 남편의 외도를 용서하고 잊어야 하며, 남편 또한 정직하고 간절한 마음으로 아내에게 용서를 구해야 합니다. 용서한다는 것은 쉽지가 않지요. 처음 한두 달은 감정을 억누를 수가 없어 부부싸움을 자주 하게 됩니다. 그러나 중요한 것은 부부싸움은 몇 번으로 족하다는 것입니다. 만약 감정을 억제하지 못하고 계속 싸우게 되면 결국 헤어질 수밖에 없다는 결론에 도달하게 됩니다.

셋째로 사랑하려고 노력하고 사랑받기 위해 노력하십시오.

남편에 대한 미움과 분한 생각이 밀려올 때마다 "나는 남편을 과거보다 더 새롭게 사랑할 수 있다"라고 되뇌이십시오. 생각과 행동이 긍정적으로 바뀔 것입니다. 그리고 새롭게 사랑할 수 있는 방법에 대하여 궁리해 보십시오. 예를 들면, 얼굴을 더 아름답게 다듬고 옷도 좀 섹시하게 입고, 잠자리의 분위기도 로맨틱하게 바꾸어 보십시오. 지나간 아름다운 추억들을 상기하며 새롭게 사랑할 수 있는 묘약들을 준비하십시오.

남편도 외도하며 다른 여인에게 환심을 사려고 했던 그 모든 노력을 이제는 당신의 아내에게 바치려고 새롭게 접근해 보십시오. '내 아내는 별 볼일 없어. 그저 그렇고 그런 여자야'라고 단정하면 새로운 관계가 정립되기 어려워집니다. 대부분 외도하는 남편들은 외방 여인에게 쏟는 시간과 돈, 노력들은 아까워하지 않으면서도 아내에게는 무척 인색합니다. 그것이 문제입니다. 외도 후 부부간의 새로운 관계 정립은 아내와 남편이 공동으로 같이 노력해야 함을 잊지 마십시오.

마지막으로 신앙생활을 강조하고 싶습니다. 믿음의 눈으로 서로를 바라보십시오. "너희 인생이 무엇이뇨. 너희는 잠깐 보이다가 없어지는 안개와 같으니라"의 성경말씀을 생각해 봅니다. 성경에서 표현한 것처럼 잠깐 보이다가 없어지는 안개와 같은 그 짧은 인생을 살아가면서 우리는 수많은 문제에 부딪힙니다. 때때로 부딪히는 문제가 우리의 삶을 질식시켜 버릴 것 같기도 하지만 그럴 때일수록 우리는 여유를 갖고 한 발치 뒤에 서서 문제를 바라보아야만 합니다. 그 여유란 바로 신앙의 힘이지요. 선생님께서 남편과 함께 아름다웠던 부부의 정을 다시 찾으시고 더 행복한 삶을 누리시기를 바랍니다.

6. 용서할 수 있을까요?

아이가 둘이 있는 집사입니다. 아내와 저는 열심히 교회 일에 충성하며 믿음생활을 잘해 보려고 무척 노력하였습니다. 그런데 지금 생각해 보니 1년쯤 전부터 저희 가정에 심상치 않은 불길한 그림자가 지나가고 있었습니다. 다시 말해서 아내의 태도가 조금씩 이상해지는 것 같았고, 같은 교회에 다니는 모 집사님과 무슨 일이 있는 것 같았어요.

그러나 믿는 자로서 '뭐 큰일이 일어나겠나' 하고 대수롭지 않게 생각하고 1년쯤 보내왔는데, 최근엔 그것이 점점 더 확실해졌습니다. 우연치 않게 그들 관계의 꼬리를 잡게 되었고, 아내의 입을 통해서 그들의 관계가 사실임이 밝혀졌습니다.

세상이 온통 샛노랗게 변해가고 있는 기분이었습니다. 왜 믿는 자의 가정에 이러한 낯 뜨거운 일이 일어난단 말입니까? 침묵하고 계시는 무심한 하나님을 때때로 원망해 보기도 하며, 한창 신나게 뛰노는 천진난만한 두 어린 것들을 바라보며 착잡한 마음 가눌 길이 없습니다.

어떻게 이러한 일이 내 가정에 일어날 수 있단 말입니까? 모든 것은 사실이었고 현실은 냉정했습니다. 현실에서 일어나고 있는 이일을 어떻게 처리해야 할지 막막합니다. 이혼하자니 애들이 불쌍하고, 살자니 그 일이 내 머리 속에서 지워질 수 있을까? 용서할 수 있을까? 하는 마음으로 싸우고 있습니다.

지금 저에게 크게 세 가지로 고민하고 있는 문제들을 여쭈어 봅니다. 첫째로 크리스찬으로서 그럴 수가 있습니까? 둘째로 이혼을 해야 할까요? 셋째로 이혼을 안 한다면 아내를 완전히 용서할 수 있을까요?

참으로 어려운 아내의 외도(extra marital relationship) 문제를 문의해 오신 집사님의 용기에 감사드리며, 하나님의 크신 위로와 평강이 있으시기를 간구합니다. 마음의 중심을 보시는 주님께서 하나님의 방법으로, 믿음의 방법으로 이 문제를 해결하려는 집사님의 마음을 이미 아시고, 좋은 방법으로 꼭 해결해 주실 것입니다.

분명한 것은 인간의 힘으로는 할 수 없는 극히 불가능한 일이라 할지라도, 모든 문제 해결의 열쇠를 들고 계시는 예수님 앞에 겸손히 나아갈 때, 그리고 주님의 음성에 귀 기울이고 그의 뜻대로 행할 때에, 그 어려워 보이던 문제들이 해결되어짐을 많은 사례들을 통해서 보아왔고 저도 역시 경험했습니다. 좌로도 우로도 흔들리지 않는 믿음으로 이 문제를 잘 해결하시고 승리하는 삶을 사시기 바랍니다.

질문해 오신 첫 번째 문제, 크리스찬으로서 그럴 수가 있습니까?

간단하게 한 마디로 요약하면, 크리스찬들에게도 얼마든지 혼외정사가 일어날 수 있습니다. 혼외정사가 일어날 수 있는 경우를 두 가지로 분류해 보겠습니다. 집사님 부인의 경우는 어느 쪽에 해당하는지 점검해 보시기 바랍니다.

첫째로 거듭나지 못한 크리스찬의 경우입니다. 영적으로 거듭나지 못한 크리스찬은 아직도 육에 속한 사람이기 때문에 혼외정사를 얼마든지 할 수 있습니다. 물론 윤리적, 도의적인 책임으로 인하여 괴로워하겠지요.

거듭난 신자는 자기 자신이 죄인임을 깨닫고 오로지 예수님만이 나의 죄를 해결해 주실 수 있다는 사실을 믿고, 예수님을 믿고 따르기로 결단한 것을 고백한 사람들입니다. 다시 말해서 예수 그리스도가 나의 구세주라는 그 사실을 머리로, 지식으로 믿는 것이 아니라, 마음 문을 열고 마음으로 받아들이고 믿는 분입니다(요 1:12).

집사님의 부인이 정말 중생한 거듭난 신자인지요?

만일 집사님의 부인께서 중생하지 못했다면 구원의 확신이 없기 때문에 그의 행동이 믿지 않는 자와 똑 같을 수 있습니다. 겉으로 보기에는 신자 같지만 마음 속에 주님을 모시지 못했기 때문에 세상에서 할 수 있는 불의한 일들을 다 할 수 있을 것입니다.

둘째로 극히 드물긴 하지만 거듭난 신자라 할지라도 혼외정사를 할 수 있습니다. 주님을 나의 구세주로 영접한 후, 내 마음 속에 주님을 모시고 산다 할지라도 우리가 사는 이 세상은 죄악이 가득한 세상입니다.

신자라는 말은 그 죄악된 세상으로부터 구별된 자를 의미합니다.

그런데 거룩하게 구별되었다 할지라도 우리의 육신이 마귀가 권세 잡은 세상에 머물러 있기 때문에, 사탄은 항상 믿는 자인 참 신자에게까지도 와서 죄를 짓도록 유혹을 하고 있습니다. 그 마귀는 믿는 자를 유혹할 때에 우리 각자가 가지고 있는 가장 연약한 부분을 이용하여 넘어지도록 하고 있습니다.

아마도 집사님의 부인이 외롭고 울적해 있을 때, 그 사탄은 귓속말로 속삭였을 것입니다. '모 집사님이 너에게 호의를 갖고 있으며 각별한 관심을 갖고 있다'는 식으로. 마음이 약해 있을 때, 성령이 충만하지 못할 때, 기도가 부족할 때, 하나님의 말씀에 똑바로 서 있지 못할 때, 유혹하는 마귀의 권세를 물리치기는 힘들 것입니다. 그래서 믿는 자라 할지라도 항상 깨어 기도하고 믿음에 굳게 서서 대적 마귀가 우는 사자와 같이 두루 다니며 삼킬 자를 찾을 때에, 말씀의 검, 성령의 검으로 물리쳐야 합니다.

성경에서도 다윗 왕의 간음죄가 그 좋은 본보기라 하겠습니다. 다윗 왕은 이스라엘 역사에 별과 같이 찬란한 업적들을 오직 믿음으로 쌓아올렸지만, 한순간에 간음죄를 범하게 됩니다. 사무엘하 11장에서 13장을 참고하시기 바랍니다. 집사님의 첫 번째 질문에 어느 정도 이해가 가고 수긍을 하셨는지요? 주님의 위로가 함께 하시기를 기도드립니다.

두 번째 질문인 이혼을 해야 할까요?에 대하여 말씀드리겠습니다. 이 세상에 있는 어떤 상담자도 상담을 요청하는 분에게 '이혼을 하세요, 하지 마세요'라고 말할 수는 없습니다. 다만 전문가의 입장에서 방향제시와 조언을 해 드릴 뿐이지요.

저도 마찬가지로 집사님이 이혼을 하고 안하는 것은 전적으로 집사님의 자유 선택이라고 말씀드립니다. 성경에서도 간음한 연고로 이혼하는 것은 허락(마 19:9)하셨습니다. 때문에 집사님께서도 이혼을 할 수는 있습니다.

그러나 다시 한 번 생각해 보십시오. 두 아이들의 앞날을 생각해 보시고 또 하나님의 크신 사랑을 생각해 보십시오. 집사님 부인의 죄는 밖으로 드러났지만 드러나지 않은 당신의 죄도 한번 생각해 보십시오. 주님께서는 지나가는 여인을 보고 음욕을 품는 자도 이미 간음하였다(마 5:28)라고 말씀하십니다.

이것 뿐만 아니라 주님은 남편들에게, 아내 사랑하기를 주께서 교회를 사랑하시고 위하여 자신을 주심같이 하라(엡 5:25)고 말씀하십니다. 다시 말해서 죽도록 사랑하라고 명령하셨습니다. 주님은 피 흘려 죽기까지 집사님을 사랑해 주셨는데, 그러한 사랑으로 부인을 사랑하셨는지 자문자답해 보시기 바랍니다. 이혼을 서두르기에 앞서 부인이 회개하고 주님 앞으로 돌아올 수 있는 기회를 주십시오. 누가 압니까? 하나님은 집사님의 사랑으로 부인이 구원함을 받기를 원하시는지.

세 번째 질문인 '이혼을 안 한다면 아내를 완전히 용서할 수 있을까요?'의 대답은 집사님이 주님의 말씀을 따르려고 노력한다면 완전히 용서하고 잊을 수 있습니다.

우리 인간은 허물 많은 연약한 존재입니다. 우리의 과거를 뒤돌아보면 상처투성이지요. 그 갈기갈기 찢겨진 상처들을 주님은 꿰매어 주시고, 붕대로 감아 치료하여 주시고, 꼭 껴안아 위로해 주십니다.

상한 갈대를 꺾지 아니하시고 꺼져 가는 등불을 끄지 않으시는 정말 좋으신 하나님의 사랑을 우리는 때때로 잊어버리고, 다 아물어진 상처의 흔적을 놓고 죄인이라고, 죄의 흔적이라고 정죄하며 자신을 또는 상대방을 비참하게 만듭니다. 하나님은 모든 상처와 허물과 죄를 멀리 옮기셨으며 도말하셨다(시 103:12; 사 43:25)라고 말씀하시는데, 우리 자신이 완악해서 하나님의 한없는 사랑과 용서를 받으려 하지 않고 또 주려고도 하지 않습니다.

집사님 자신을 주님의 말씀의 거울 앞에 놓고 조명해 보십시오. 드러나지 않은 죄목들이 많이 떠오를 것입니다. 그것들이 부인의 죄처럼 겉으로 드러나지 않았을 뿐이지요. 사랑의 주님께서는 간음하다 잡혀 온 여인의 죄도, 남편을 다섯 번이나 갈아치운 수가성 여인의 죄도, 다윗 왕의 간음죄와 살인죄까지도 다 용서해 주셨습니다. 집사님이 누구이시기에 주님께서 용서해 주시는 분을 용서하지 못하겠습니까? 집사님이 주님보다 더 높은 자입니까? 결코 그럴 수 없지요.

하나님께서 나 같은 죄인을 사랑하시어 택해 주심같이 집사님도 부인의 죄를 용서하시고, 다시 옛날과 같은 화목한 가정을 이루도록 노력하면 좋겠습니다. 괴로울 때 호세아 선지서를 읽으시며 위로 받으시기 바랍니다.

호세아 선지자는 창녀인 고멜을 아내로 맞이했습니다. 몇 번이나 집을 나가는 아내를 다시 데려다 용서하고 또 용서하며 살았습니다. 호세아 선지자와 같이 하나님의 넓고 깊은 사랑으로 부인을 용서하고 사랑하면 어떨까요?

집사님의 부인이 아직 중생하지 못했다면 중생하도록 부인을 위하여 기도하시고 진리의 도를 가르쳐 주십시오. 한 영혼을 천하보다 귀히 여기시는 주님께서 부인의 영혼을 살리려고 노력하는 집사님께 큰 위로와 축복을 허락하실 것입니다.

또 부인께서 거듭난 신자라면, 다윗 왕과 같이 자기의 간음죄를 철저히 깨닫고 침상을 적시는 회개의 역사가 일어나도록 부인을 위하여 기도하십시오. 분명히 성령님께서 도와 주시고 부인에게 회개의 역사가 일어날 것입니다.

한 남편으로, 더구나 한국인 남편으로 아내가 부정한 것을 용서하기란 그리 쉽지는 않습니다. 그러나 쉽지 않은 일을 하실 때에 하나님께서 더 기뻐하시고 욥에게 허락하신 갑절의 축복을 집사님 가정에 허락하실 것입니다.

믿음으로, 주님의 사랑으로 용서하시고 그 어려움을 끝까지 극복하시어 주님 보시기에 아름다운 크리스찬 가정을 이루시기 바라며, 언젠가 주님 앞에 서는 날 잘했다 칭찬받는 신실한 하나님의 사람이 되시기를 바랍니다.

7. 이혼을 꿈꾸는 이들에게

저는 세칭 명문대학을 나와 어렵지 않게 남들이 부러워하는 직장에 들어갔습니다. 하나님의 은혜로 분에 넘치는 아내를 만나 결혼을 하고 유학과 함께 예쁜 자녀들도 갖게 되었습니다. 10년 동안 열심히 직장생활을 하면서 어느 정도 생활에 안정도 잡아갔습니다. 그 후 내 사업을 하고 싶은 마음이 솟구쳐 오르면서 저는 정들었던 직장을 그만두고 사업을 시작했습니다. 처음 몇 년은 그런대로 잘 되어갔습니다.

그런데 그 후로 경기침체와 함께 사업은 힘들어지고 손대는 것마다 손해를 보게 되었습니다. 그러다 보니 여유가 좀 있는 처가의 도움으로 생활을 하게 되었고, 그러한 과정에서 저희 부부는 가끔 말다툼과 함께 사이가 점점 벌어져가고 있었습니다. 내 생각과 같이 사업은 제대로 되지 않고, 아내와 처가에 대한 부담감으로 내 자신이 자주 좌절감과 무력감에 빠지게 되었습니다.

그럴 때마다 아내는 위로보다는 저의 부정적인 면에 초점을 두어 "게으르다느니, 하는 일마다 제대로 되는 것이 없다느니" 등의 남자의 자존심을 마구 할퀴어 놓았습니다. 기억해 보건대 아내에게 칭찬이나 격려를 한 번도 들어본 적이 없는 것 같고, 나 역시 칭찬에 인색했었습니다.

아내와 함께 있을 때면, 주눅 드는 자신을 보며 그렇게 초라하게 느껴질 수가 없습니다. 때때로 내 자신이 밉고 또 아내가 그렇게 미울 수가 없습니다. 화가 날 때면 내 마음에도 없는 비꼬는 말로 아내에게 상처를 줍니다. 그러다 보니 사사건건 갈등입니다. 아내가 동쪽으로 가자고 하면 나는 서쪽으로, 내가 남쪽으로 가자고 하면 아내는 북쪽으로 가야한다고 우깁니다. 이제 우리 부부는 부부간의 정보다는 갈등이 더 많고 가까워질 기미는 전혀 보이지 않습니다.

요즈음 아내는 서로 보기만 하면 미워하고 싸우게 되는데, 그렇게 사느니 별거를 하자고 강요합니다. 저 역시 아내와 성격이나 삶의 스타일이 영 맞지 않아서 별거나 이혼을 전혀 생각해 보지 않은 것은 아닙니다.

단지 아이들 때문에 참고 사는 것이 현명한 방법이라 생각되어 지금까지 버티어 왔는데 남편의 인격을 짓밟는 아내와 이제 더 이상 살고 싶은 마음이 없습니다. 당분간 별거를 하면서 생각을 좀 정리해 보면 어떨까 생각 중입니다.

정말 어려운 상담을 요청해 주셨군요. 이 글을 쓰기까지 얼마나 힘드셨습니까? 결론부터 말씀드리면 별거나 이혼이 결코 문제해결의 열쇠가 아니며 최선의 선택도 아니라는 것을 염두에 두고 문제의 실마리를 풀어 가면 좋을 것 같습니다.

모든 부부는 문제를 가지고 있습니다. 아담과 하와 부부가 지상의 낙원인 에덴동산에서 하나님과의 약속을 어긴 이후로, 우리는 문제 속에서 살아가며 사탄과의 영적 싸움 속에서 살아가고 있습니다. 그러므로 하나님을 떠난 문제해결은 결코 쉽지가 않습니다.

하나님은 우리를 세상이라는 바다에서 부부가 같이 항해하며 세상 공중권세 잡은 자와 싸워 승리할 수 있도록 남편과 아내 두 사람을 한 팀으로 묶어 주셨습니다. 그런데 우리는 인생의 험난한 파도와 문제 앞에서 너무나 쉽게 좌절하며 하나님께서 맺어준 부부 팀워크를 깨고, 헤어지자고 요구합니다. 많은 부부들이 한 팀으로 묶어주신 배우자를 동역자가 아닌 원수로 생각합니다. 나쁜 감정에 사로잡혀서 서로 물어뜯고 미워하면서 서로의 마음에 깊은 상처를 안겨주고 돌아서고 있습니다.

형제님! 자신의 삶을, 자신의 결혼생활을 뒤돌아보며 객관적인 통찰을 해 보시기 바랍니다. 나는 과연 하나님 앞에서 어디쯤에 있는 것일까? 우리의 결혼생활은 어디를 향해 가고 있는 것일까?

형제님의 글을 읽으면서, 아내와의 성격 차이와 삶의 스타일의 차이를 지적하고 계시는데, 부부간의 성격 차이는 있을 수밖에 없고 그것은 너무나 자연스러운 일입니다. 같은 부모 밑에서 거의 같은 시간대에 태어난 쌍둥이도 서로 다른 성격을 가지고 태어나는데, 서로 다른 남녀가 부부가 되었다고 해서 어떻게 성격이 같아질 수 있겠습니까? 성격은 서로 다를 수밖에 없는데 문제는 서로 다른 성격을 어떻게 조화를 이루며 부부의 삶을 이루어 가느냐가 문제인 것입니다.

제 연구에 의하면 건강한 부부는 서로의 차이점과 특성에 관심을 갖고 이해할 수 있는 공간을 만들어 줍니다. 반면 취약한 부부는 서로의 차이점에 대하여 이해의 공간보다는 통제의 공간을 만들어 서로를 수용하는 힘이 부족하다는 것입니다. 그러므로 행복하고 건강한 부부가 되기 위해서는 서로의 차이점을 수용하면서 직면한 문제에 대처하는 능력을 기르는 것이 중요합니다.

둘째로 형제님의 부부 관계에서 칭찬이나 격려보다는 서로의 부정적인 면, 연약한 면에 초점을 두고 상대방의 약점을 공격의 무기로 삼고 있다는 것입니다. 인간은 부족하고 불완전하고 상처받기 쉬운 연약한 질그릇과 같은 존재입니다. 동시에 하나님은 우리에게 우리 개개인에게 꼭 맞는 재능과 장점을 주셨습니다.

때문에 부부가 부정적인 면보다는 긍정적인 면에 초점을 두고 배우자를 바라본다면 칭찬할 만한 것들을 많이 찾아낼 수 있습니다. 불행한 부부는 서로의 차이점을 항상 불만과 불평으로 말하지만, 행복한 부부는 그 차이점을 항상 관심과 흥미의 대상으로 생각하여 연구하고 찾아내어 칭찬하고 격려해 준다는 것입니다. 가트만 박사 연구에 의하면 행복한 부부는 긍정적인 것 네 번에, 부정적인 것 한 번 정도의 비율로 대화한다고 합니다. 불평과 불만으로 가득 찬 부정적인 사고의 패러다임 속에서는 결코 감사가 나올 수 없습니다.

셋째로 사업의 실패와 경제적인 어려움으로 처가의 신세를 질 수밖에 없는 상황에서 남편의 권위와 자존감이 많이 위축되어 있는 것을 봅니다. 그로 말미암아 좌절감과 자신감 부족으로 아내 앞에서 더욱 주눅이 든다고 하였는데, 주눅이 들다보면 아무것도 할 수가 없게 됩니다. 주눅은 자신감을 잃게 하며, 결국 낮은 자존감으로 사업에도 많은 지장을 초래하게 됩니다. 낮은 자존감은 사람들을 기피하게 되고 대인관계에도 문제가 생길 수 있으니 사고의 전환이 필요합니다. 사도 바울이 말씀한 것처럼 어떠한 형편에서도 자족하며 감사하는 마음 자세를 갖도록 노력해 보세요.

끝으로 어려울 때 일수록 자신의 지혜와 명철을 의지하지 말고 범사에 주님을 인정하며 그분을 바라보십시오. 그리고 그분과 상의하고 그분께 모든 것을 맡기십시오. 그리하면 주님께서 형제님의 사업을 잘 경영해 주실 것입니다. 이것은 비단 사업뿐만 아니라 부부생활도 마찬가지입니다.

부부생활은 나 혼자 사는 것이 아니라 배우자와 더불어 사는 것입니다. 때문에 내 자신의 방식만을 주장할 수도 없고 또 아내의 방식만을 따라갈 수도 없는 것입니다. 때로는 아내의 방식을, 때로는 남편의 방식을 섞어가며 서로 양보하면서 살아가는 것이 최선이지요.

형제님! 이제 배우자를 나보다 낫게 여기는 겸손한 마음의 자세로 생활해 보십시오. 이러한 낮아진 마음과 자세에서는 별거나 이혼은 결코 성사될 수가 없을 것입니다. 어떤 형편에서든지 자족하는 마음으로 감사하며 겸손한 마음으로 부부의 정을 다시 일구어 보세요. 행복의 열매가 맺힐 것입니다.

8. 중년의 위기입니다

저는 내년이면 나이 40을 바라보는 중년입니다. 남편은 직장일로 매일 바쁘며 늦게 귀가하고 확장되어가는 사업을 바라보며 만면에 희색이 넘칩니다.

중 2학년이 된 아들과 6학년 딸아이가 있는데, 그들도 이제 사춘기가 되어서인지 말을 잘 듣지 않습니다. 그 동안 말 잘 듣고 착하던 아이들이었는데 요즈음은 멋을 무척 내면서 자주 말대꾸를 합니다. 큰 아이가 그럴 때마다 마음이 무척 상합니다. 내가 저희들에게 얼마나 정성을 쏟았는데……

커 가는 아이들을 바라보며 한편 마음 뿌듯한 면도 있기는 하지만, 마음 상할 때가 더 많습니다.

그리고 밤늦게 귀가하는 남편에게 가끔 바가지를 긁으며 언성을 높이기도 하고, 때때로 그이가 크리스찬이긴 하지만 외도를 하고 있지는 않는지

의심할 때도 있곤 합니다.

학교 다닐 때 활달했던 제 성격은 점점 위축되어져 가고, 아이들은 학교에 아빠는 직장에 가고나면, 혼자 집에 덩그러니 앉아서 이대로 늙어가야 하는지에 대하여 생각해 봅니다. 아이들은 내 손길을 벗어나려 하고, 남편의 귀가는 늦어지고, 내 마음은 점점 공허하며 짜증이 납니다. 정말 못 견디겠어요.

공자는 40을 불혹의 나이라고 하였는데, 실상은 불혹의 나이이기보다 가장 유혹 당하기 쉽고 또 유혹하기 쉬운 나이가 아닌가 생각됩니다. 나이 40에 들어서면서 그 동안에는 별 불만 없이 지내오던 생활이 때때로 불안해 지기도 하고 짜증스럽기도 하며, 전에 느끼지 못했던 우울한 증상들이 나타나기도 합니다.

귀하의 나이가 40을 바라보고 있으니 중년에 접어들어 있고, 이제 중년의 위기를 맞이할 전초전의 준비를 하고 있는 것 같군요. 남자나 여자나 보편적인 중년의 위기를 맞게 되는데 귀하께서 여자이므로 특별히 여자들이 맞는 중년의 위기에 대하여 말씀드릴까 합니다.

연구에 의하면(제 연구를 포함해서), 여성들은 중년기에서 인생의 만족도(life satisfaction)와 결혼생활의 만족도가 최저로 떨어집니다. 반면 남자들은 인생의 만족도와 결혼생활 만족도가 최고점에 있지요. 귀하의 남편께서도 확장되어가는 사업을 바라보며 만면에 희색을 띄고 있다고 했지요.

직장 생활을 하시는 남편들은 그 동안 쌓아온 경험과 축적된 지식으로 부장이니 이사니 하며 직장에서 힘을 가지고 한창 멋있게 일할 나이입니다. 이 시기는 일중독자라고 부를 정도로 일에 집착하며 흥미를 갖게 됩니다. 따라서 남편과 아내 사이에는, 인생에 대한 만족도와 결혼생활에 대한 만족도의 갭(gap)이 가장 크고 깊습니다. 그러한 이유로 이혼율도 두 번 째로 높은 나이입니다.

사춘기에 있는 자녀들은 자신의 정체감을 찾겠다고 부모로부터 떨어져 나와 친구와 가까워지는 시기입니다. 때문에 친구의 말을 부모의 말보다 더 신뢰하며 따르게 됩니다. 뿐만 아니라 그들의 사고가 논리적으로 발달하기 때문에 그 동안 고분고분 순종하던 아이가 말대꾸를 하며 따지기를 좋아합니다. 이러한 모든 현상들은 정상적인 발달단계에서 오는 자연스러운 현상입니다(물론 아이들의 성격에 따라서 차이는 좀 있겠지만).

중년에 들어서면 누구나 자신의 인생을 뒤돌아보며 재평가하는 시기입니다. 덩그러니 빈 집에 남아서 나는 누구인가, 내가 지금까지 무엇을 하며 누구를 위해서 살아왔던가? 남편의 성공을 위해서 또 자녀들을 위해서 온 정성을 바쳐서 키우고 뒷바라지를 했건만 나에게 지금 돌아온 것은 과연 무엇인가? 남편은 늦게 귀가하고, 아이들은 자기들 스스로 자란 것처럼 엄마의 품에서 떠나려 하고 엄마와 세대차이(generation gap)를 느낀다며 제 방으로 쏙 들어가 버릴 때, 어머니의 허전하고 울적한 마음을 어떻게 한 마디로 표현할 수 있겠습니까?

남편과 자식을 위해서 바쳐온 인생이 고작 이것뿐이구나. 나에게 남는 것은 무엇인가? 앞으로의 남은 내 인생을 어떻게 보낼 것인가를 생각하면서, 혼자만이 세상에 뒤쳐져서 낙오된 것 같은 허무감에 빠집니다.

그에 따른 증상으로, 주위 사람과 자기 자신에게 분노하며 늘어나는 신경질로 자책하며, 남편의 하는 말이나 일에 고분고분하지 않고 짜증을 냅니다. 만사가 다 귀찮아지며 우울증에 빠지기 쉬운 시기입니다. 그러나 귀하께서는 중년기 위기의 깊은 늪에 빠져 있지는 않은 것 같아 퍽 다행입니다.

귀하의 우울증을 치료하는 길은 먼저 남편의 사업 확장으로 늦어지는 귀가를 감사하고, 자녀들의 말대꾸는 극히 정상적인 것으로 받아들이십시오. 화를 내기보다 자녀들의 변화를 이해하는 입장으로 생각을 돌리시고 대화하시기 바랍니다. 그리고 무언가 보람된 일을 찾아보세요. 조그마한 일에서부터, 주위에서부터 찾아보세요.

특별히 중년기의 아내는 과거에 비하여 시간의 여유가 있게 되므로 정신적으로나 영적으로 성장할 수 있는 좋은 기회입니다. 매일 시간을 정해서 말씀을 묵상하며 그 가운데서 주님의 세미한 음성을 들을 수 있습니다. 중년기는 여유로운 시간 활용으로 풍성한 삶을 꾸밀 수 있습니다.

자녀들이 내 손길을 벗어나려 할 때에 그들을 위해 더 많이 기도하고, 남편의 늦은 귀가를 기다리는 시간에 불안해 하기보다 두 손 모아 남편을 위해 기도하고, 성경을 읽으며 주님과 대화하십시오.

성경 속에서 가장 좋은 치료자인 주님을 만나게 되며 그분의 품에 안길 때 어려워 보이던 일들, 짜증스럽고 우울해 하던 모든 증상들이 깨끗이 치유될 것입니다.

주님은 공생애를 통해서 많은 병자들을 치료해 주셨고 지금도 치료해 주십니다. 우리를 지으신 분이기에 우리의 허약한 부분도 가장 잘 아시는 분입니다. 그리고 여분의 시간을 자원 봉사 활동으로 당신의 손길을 기다리는 이웃이나 병원에 입원해 계시는 분들을 찾아보시고, 주님의 위로의 말씀들을 전해 주십시오.

'주는 자가 받는 자 보다 복되도다' 하신 말씀처럼 안일하고 우울해 있는 지금의 자리에서 일어나, 지금까지 받아왔던 사랑을 전해 주는 복된 자가 되기를 바랍니다.

9. 나도 한 번 멋진 연애에 빠져 보고 싶습니다

찬바람이 뼈 속을 파고듭니다. 그리고 제 마음 속에도 언제부터인가 확실히는 알 수 없지만 외로움의 그림자가 짙게 몰려옵니다. 오늘같이 바람이 부는 날엔 나도 바람처럼 걷고 싶고 어디론가 떠나고 싶습니다.

요즈음 저는 나 자신을 알 수가 없습니다. 왠지 내 마음이 휑하게 뚫린 것 같아요. 그리고 그 뚫린 구멍으로 때로는 스산한 바람이, 때로는 황소바람이 북풍처럼 세차게 내 마음을 치는 것 같습니다. 현실을 돌아보면 그렇게 꼭 집어서 불만의 요인이 있는 것도 아닌데, 왜 사십이 넘은 중년의 여자에게서 이러한 감정의 흐름이 생기는지 모르겠습니다.

저에게는 대학생인 딸과 고등학생인 아들이 있습니다. 그리고 무덤덤하지만 나이 오십을 바라보는 착한 남편이 있고요. 게다가 신앙생활도 잘하는 믿음의 가족입니다. 지나온 날들을 뒤돌아볼 때 대과 없는 평범한 가족이었지요. 그런데 요즈음은 내 마음에 외로움의 파도가 가끔 밀려오며 남편이 점점 멀리 느껴집니다. 그리고 이유 없이 남편이 미울 때도 있고 짜증도 납니다. 때때로 남편은 "왜 그래? 이상한 여자구만"하며 퉁명스럽게 내뱉지만 그러한 것조차 시큰둥하게 들립니다.

요즈음 베스트셀러라는 '혼자 눈 뜨는 아침, 날마다 이혼을 꿈꾸는 여자' 등을 사서 읽어 보았습니다. 읽던 중 나에게 신선한 감흥을 주었던 것은 가정 밖에 모르던 어느 중년의 여인이 새로운 연애에 빠져 '자기'를 발견하는 모습이었습니다. 마치 나 자신을 훔쳐보는 기분이었습니다. 이러한 일이 현실적으로 가능할까요? '만일 나에게 그러한 기회가 주어진다면 나는 어떻게 할까?' 하고 생각해 보았습니다. 한 마디로 도전해 보고 싶었습니다. 남편의 권위를 내세워 아내를 자신의 편리에 따라 이용하는 도구 정도로 생각하는 남편에게 멋지게 한 번 도전하고 싶습니다. 나도 나인 것을 인정받고 싶으니까요. 그런데 현실을 생각하면 그럴 수가 없어요. 그래서 외롭고 괴롭습니다. 부끄럽습니다만 그러나 이것이 저의 솔직한 심정입니다.

부인의 솔직한 심정을 들려 주셔서 감사합니다. 부인께서 겪고 있는 감정의 변화는 비단 부인만이 겪는 것은 아니라고 봅니다. 부인의 나이쯤 되면 누구나 한번쯤은 감정의 회오리를 경험하게 됩니다.

여자들이 사십을 전후해서 또는 오십대 후반까지도 겪을 수 있는 중년기 여자들의 마음의 변화입니다. 부인의 글을 읽으며 몇 가지 도움의 말씀을 드리고자 합니다.

첫째로 부인께서는 나이가 들어감에 따라 느끼는 육체적인 변화와 심리적인 변화를 인간이 발달해 가는 과정으로, 성숙의 단계로 인정하고 받아들이십시오. 우리 사회는 젊음에 대하여 지나치게 강조하는 경향이 있습니다. 그러다 보니 부인께서도 중년기 여성으로서 필연적으로 느낄 수밖에 없는 변화와 갈등을 더 심하게 경험하고 있는 것 같습니다.

젊었을 땐 부인에게도 탄력 있고 윤기 나는 피부가 있었는데, 지금은 거울 앞에 서기가 두려운 것입니다. 눈가에 쳐진 주름살도 그렇고 탄력 잃은 까칠까칠한 피부도 그렇고, 이곳 저곳을 제멋대로 장식하고 있는 흰 머리는 부인을 더욱 암담하게 할 것입니다. '나도 늙어가고 있구나' 하는 심리적 압박은 젊음에 대한 그리움과 나에게 기회가 주어진다면 멋진 연애를 한번 해 보고 싶다는 충동까지도 느낄 수 있습니다.

그와 함께 전과는 달리 피곤이 쉽게 몰려옵니다. 전에는 집안의 대소사를 힘겨워하지 않고 할 수 있었는데 지금은 모든 것이 귀찮아지고 큰 짐이 되어 나를 누르는 것 같습니다. 심리적인 부담이 오면서 짜증이 나고 주위에 있는 남편과 자녀들에게 짜증을 내게 됩니다. 다행히 짜증내는 아내를 등이라도 어루만져 주며, "그 동안 정말 수고했소. 좀 쉬라고. 내가 대충해 놓을 테니"라고 말한다면, 중년기 부인이 겪을 수 있는 감정의 회오리는 쉽게 잠재워질 수 있을 것입니다.

그러나 대부분의 한국 남편들은 부인께서 언급한 것과 같이 "참 이상한 여자구만" 또는 "뭐가 그리 불만이야, 따듯한 집안에서. 나는 죽도록 밖에서 일하고 오는데" 등 부인의 육체적 변화나 심리적인 변화에는 아랑곳하지 않고 오히려 타박입니다. 이러한 남편 앞에서 부인은 남편이 타인처럼 멀리 느껴지기 마련이지요.

둘째로 이러한 변화와 함께 정체감의 위기가 옵니다. '타인처럼 느껴지는 남편 앞에서 내가 지금까지 남편에게 쏟아부었던 정성이 과연 가치 있고 보람 있는 일일까? 남편 앞에 서 있는 나는 과연 누구일까? 요구하면 항상 무엇이든지 언제든지 들어줄 수 있는 편리한 도구 정도로 생각되는 상대는 아닐까? 나는 남편에게서 무엇을 인정받고 있으며 무엇을 할 수 있단 말인가? 집을 지키는 착한 아내 그리고 애들 엄마 그것이 고작일까?' 등등. 이런 생각들은 부인으로 하여금 살아온 지난날들을 뒤돌아보며 부인 자신의 정체감에 대하여 재점검을 하도록 합니다. 부인 뿐만이 아니라 중년기에 있는 많은 여자들이 겪을 수 있는 정체감의 위기입니다.

저를 찾아오는 내담자 중에는 심한 우울증에 시달려 오는 중년의 부인들이 많이 있습니다. 그런가 하면 전에는 그렇게 순종하고 고분고분했던 부인이 어느 날 갑자기 이혼을 제기함으로 혼돈에 빠진 남편들이 찾아 오기도 하고, 때로는 아내의 외도 사실을 알고 찾아오는 남편들이 꽤 있습니다. 그들이 한결같이 하는 말은 "나에게 왜 이런 일이 일어날까요?"입니다.

중년기 연구 학자들에 의하면 중년기 정체감의 위기는 누구나 겪어야 할 한 과정으로 보고 있습니다. 물론 위기상황 정도는 다르겠지만. 그 부인들의 심리를 분석해 보면, 지금까지 인생의 전반기를 거의 남편과 자녀들 뒷바라지에 전력을 기울이고, 나 아닌 다른 사람과의 관계에 더 신경을 쓰면서 다른 사람에 의하여 자아가 묻혀버린, 자아가 없는 그러한 생활을 해왔다는 것입니다.

그런데 인생의 후반기 시작인 중년기에 들어서서, 자신의 내면세계에 좀더 충실하고 귀를 기울이고 싶다는 것이지요. 심리 용어로는 '개별화'라고 표현합니다만, 어쨌거나 중년기 부인들이 겪는 우울증이나 외도는 개별화 과정에서 자신의 내면세계에 대한 의식과 처해 있는 현실의 장벽으로 인한 괴리감에서 오는 증상이라 하겠습니다. 다시 말해서 현실의 장벽을 뚫고자 노력하는 몸부림이라 할 수 있겠습니다.

이러한 노력은 우울증이나 외도, 알코올 등의 부정적인 방법으로 표출되기도 하지만, 자아 성취를 위해 연장교육이나 종교적인 활동, 사회봉사를 통하여 긍정적인 방법으로 표출되기도 합니다. 위기라는 단어의 의미는 '위험한 기회'와 함께 '좋은 기회'의 뜻도 포함하고 있습니다. 그러므로 중년의 위기를 잘 극복한 부인들은 더 성숙하고 원만한, 인생의 멋을 풍기는 아내, 어머니 그리고 여인이 될 수 있습니다. 그러나 위기를 잘 넘기지 못한 부인들에게는 가정의 파탄과 함께 인생의 파탄도 함께 몰려올 수 있다는 것이지요. 그러므로 부인께서 원숙한 삶을 사느냐, 파탄의 삶을 사느냐는 전적으로 부인의 의지와 행동에 달려 있습니다.

셋째로 시간의 여유에서 오는 외로움을 들 수 있습니다. 중년기의 남성들은 대체로 자신의 직장이나 직업에 꽤 관록이 붙고, 어느 수준의 위치에서 바쁘게 마음껏 일할 수 있습니다. 무언가 할 수 있다는 자신감과 함께 만나야 할 사람도 많고, 따라서 귀가시간이 늦어지기도 합니다.

그에 반하여 중년기 부인들은 과거에 비해 시간의 여유가 있습니다. 하나에서 열까지 돌봐 주어야 했던 어린 자녀들의 뒤치다꺼리에서 한숨 돌릴 수 있고, 남편의 잦은, 늦은 귀가는 많은 여분의 시간들을 부인들에게 허락합니다. 부인에게 주어진 많은 여분의 시간들을 효과적으로 활용하지 못할 때, 외로움과 고독이 물밀듯 밀려오게 되며 그 외로움은 감정의 회오리를 동반하게 됩니다.

외롭고 고독할 때 당신 자신을 찾으십시오. 당신은 누구입니까? 부인 자신을 영화나 연속극, 소설 등에서 찾으려고 하지 마십시오. 부인은 꿈같은 이야기의 주인공이 아닙니다. 부인께서 살아가는 세상은 현실입니다. 부인께서는 지금 깊은 정체감의 위기에 빠져 있다고 볼 수 있습니다. 읽었던 소설 중, 중년의 부인이 연애사건에 빠져 '자기'를 발견하는 모습이 감명적이었다고 하셨습니다. 부인께서 하지 못하는 연애를 소설 속의 주인공이 멋지게 해 주는 것에 대한 통쾌감이겠지요. 즉 부인의 무의식 속에 잠재해 있는, 하고 싶은 연애에 대한 욕망을 소설 속의 주인공이 실현해 줌으로, 그녀를 통해 대리만족을 하고 있는 것입니다.

그러나 한번 생각해 보세요. 부인이 정말 소설 속의 주인공과 같이 다른 남자와 사랑을 하게 된다면 당신의 외로움이 해결될 것 같습니까? 남편이 아닌 다른 남자가 "누구누구의 엄마"라 부르지 않고 부인의 이름 석자를 또박또박 불러 준다고 해서, 그것 자체가 부인의 인격을 올려 주는 것은 결코 아닐 것입니다. 더구나 그 남자와 사랑에 빠졌다고 해서 그 사랑의 감정이 당신의 정체성을 확고하게 해 주는 것은 더더욱 아닙니다. 다른 남자와의 관계에서 자기를 발견한다는 것은 큰 위험이 따릅니다. 그러한 관계에서 발견되는 당신의 모습은 실상이 아닌 허상이며 진실한 모습이 아닌 가장된 모습입니다.

연애관계란 이성적, 이지적인 관계의 만남이 아니라 감정적 관계의 만남이기 때문이지요. 다른 남자가 부인의 이름 석 자를 불러 주는 것보다, 남편이 부인을 향하여 부르는 '여보'라는 이름이 얼마나 정감이 갑니까? 외도나 연애관계에서는 결코 불리울 수 없는 특별한 호칭이지요.

넷째로 당신 자신을 주어진 현실에서 찾으십시오. 당신 안에서, 당신이 처해있는 부부관계에서, 자녀관계에서 당신을 발견하십시오. 놀라운 기쁨과 보람이 있을 것입니다. 여기에는 물론 남편의 적극적인 이해와 지원이 필요합니다만 남편에 대한 설명은 지면 관계상 다음 기회로 미룹니다.

마지막으로 부인의 신앙생활을 점검해 보십시오. 외로울 때 친구가 되어 주시는 주님을 얼마나 의지하셨는지요? 세상적이고 육신적인 것에 너무나 마음을 빼앗기지는 않았는지요?

제가 존경하는 분이 있습니다. 그분은 독신인데, 어느 날 너무 외로워서 이곳 저곳을 방황하며 친구, 친척들로부터 위로받기를 원했습니다. 때로는 음악이나 독서를 통해서 위로받기를 원했습니다. 그럼에도 불구하고 외로운 감정은 사라지지를 않았습니다. 조용히 눈물을 흘리며 묵상하고 있었습니다. 그런데 그 때에 주님의 세미한 음성이 들려왔습니다.

"미희야! 내가 너를 안다. 나도 너처럼 혼자였다. 그리고 외로웠다. 그러니 내가 세상 끝 날까지 너와 항상 함께하며 위로해 주마"라는 음성이었습니다. 비로소 뼈 속 깊이 파고들었던 외로움은 사라지고 진정한 평화를 누릴 수 있었다고 합니다. 부인께서 현재 겪고 있는 외로움을 계기로 부인 자신을 발견하고, 남편과 함께 주님 안에서 멋진 중년의 삶을 장식하시기 바랍니다.

10. 이혼할 수밖에 없어요

저는 결혼생활 15년째 접어든 중년 부인입니다. 자녀는 둘을 두고 있으며 아들은 중 3이고 딸은 중 1입니다. 아이들은 참 예쁘게 잘 자라고 있습니다. 아이들을 바라보면 열심히 살아야겠다는 생각이 솟구칩니다. 그런데 남편을 생각하면 화가 나고 분노가 치밉니다. 아버지라는 사람은, 다른 사람들까지도 예쁘다고 하는 아이들을 싫어하고 돌볼 생각을 하지 않습니다. 어떻게 아버지라는 사람이 아빠노릇 하기를 그렇게 싫어하는지 모르겠어요. 그러니 남편 노릇인들 온전하겠어요. 남편 역할은 말할 것도 없습니다.

남편은 여자들을 무척 좋아하고 여자들도 잘 따릅니다. 결혼 초부터 지금까지 여자 문제로 속을 썩인 것이 한두 번이 아닙니다. 제가 아는 여자만 해도 열 명은 족히 넘을 것입니다. 이제는 아주 돈 많은 여자와 함께 살림을 차리고 있습니다. 결혼 이후 남편은 줄곧 고정적인 수입이라고는 없었고, 벌었다 해도 어느 여자에게 갖다 주는지, 유흥비로 쓰는지, 저에게 주는 돈은 생활비에 턱없이 부족한 돈이었습니다.

어쩔 수 없이 제가 가게를 내어 생활 전선에 뛰어들었습니다. 이제는 생활비를 주기는커녕, 한술 더 떠 돈을 요구하고 돈을 주지 않으면 손찌검까지 합니다. 아이들 보기에도 민망하고, 자녀들까지도 공격적으로 변해 가고 있습니다.

저는 예수를 믿는 사람으로 아무리 어려운 상황이라 할지라도, 이혼만은 절대 안 된다는 것이 저의 신념이었습니다. 남편이 어떠한 생활을 하든지 아내로서 어머니로서 내 할 도리를 하자. 그러면 언젠가 남편이 마음을 잡고 돌아와 안정된 생활을 하겠지 라고 다짐을 하며 살아왔습니다.

그런데 그렇게 강하게 다짐했던 결심도 요즈음은 회의가 옵니다. 내 자신이 이렇게 희생하면서 살아야 할 것인가? 자녀들에게 다투는 모습, 싸우는 모습을 자주 보여주기 보다는 차라리 이혼해서 아이들과 함께 평화롭게 사는 것이 나을 것 같다는 생각이듭니다. 저의 마음은 이혼 쪽으로 기울어져 가고 있는데, 제가 어떻게 결정을 내리는 것이 현명할까요?

자매님, 정말 어려운 상황에서 잘 견뎌오셨습니다. 어느 누구라 해도 그 상황과 그 처지에 놓이면 이혼을 생각해 볼 수 있겠습니다.

하나님이 아담과 하와를 만드시고 그들에게 결혼을 하게 한 목적이 무엇이었을까요? 하나님은 결혼을 통하여 남자와 여자가 서로 연합하여 서로의 부족한 부분들을 채워가며, 행복한 삶을 누리기를 원했습니다. 그런데 그들은 하나님의 명령에 순종하기보다 사탄의 유혹에 빠져, 그만 에덴동산에서 쫓겨나는 비운을 맞게 되었습니다.

그러나 하나님을 배반했음에도 불구하고 하나님은 그들을 끝까지 사랑하시어서 그들이 서로 도우며 살 수 있도록 할 일들을 주셨습니다. 그것이 바로 남편의 역할이고 아내의 역할이지요. 남편은 주로 밖에 나가 땀 흘려 얻은 소산으로 가족에게 경제적인 안정을 갖게 해 주는 것이었으며, 아내는 가족구성원들의 심리적 안정과 정서적 안정을 갖게 해 주는 것이 주된 역할이었습니다.

그런데 지금 남편께서는 가족의 경제적 안정을 위한 남편의 의무와 책임을 다하지 않고 있는 것 같습니다. 뿐만 아니라 하나님께서 싫어하시는 음행을 하면서 폭력까지 휘두르고 있으니 남편에게 무슨 정이 있겠습니까.

요즈음 우리 사회에도 이혼율이 많이 증가하고 있습니다. 물론 신자들의 이혼율은 비신자들에 비하여 훨씬 적지만, 신자들의 이혼율 역시 증가 추세에 있습니다. 먼저 자매님의 이혼에 대한 질문에 대하여 답하기 전에, 성경에서는 이혼을 어떻게 말씀하고 있는지 살펴보기로 하지요.

하나님은 원래 이혼을 허락하지 않았습니다. 하나님께서는 사람을 남자와 여자로 만드시고, 그들이 부모를 떠나 서로 연합하여 한 몸을 이루도록 하셨습니다. 이 한 몸은 하나님께서 짝지어 주신 것이기 때문에 인간이 결코 나눌 수 없다고 말씀하셨습니다(마 10:8, 9). 하나님은 이혼을 허락하지 않았을 뿐만 아니라, 이혼을 미워한다고 말라기 2장 14~16에서 말씀하고 계십니다.

구약에서 모세가 이혼을 허락한 것은 사람들의 완악함 때문이었다고 말씀하십니다. 예수님은 결혼이 평생 동안 지속되어야 할 것을 강조하면서도 음행한 연고로 인한 이혼의 가능성을 허락합니다.

사도 바울 역시 고린도 전서 7장 10~15절에서 믿는 자들은 배우자들과 헤어져서는 안 될 것을 가르치면서도, 믿지 아니하는 남편이 이혼을 요구하면 이혼을 할 수 있다고 말씀하십니다.

그러므로 위의 내용을 정리해 보면, 음행한 연고와 믿지 아니하는 남편이 예수 믿는 것을 핍박하며 이혼을 요구하면 이혼이 성경적으로 가능하다는 것입니다. 그러므로 이 말씀에 비추어 볼 때 자매님의 상황에서는 이혼이 가능하다고 볼 수 있겠습니다. 그러나 사도 바울은 "하나님은 화평 중에서 너희를 부르셨나니, 아내된 자여, 네가 남편을 구원할는지 어찌 알 수 있으리오"(고전 7:15~16)라고 말씀합니다.

바로 이 말씀입니다. 자매님의 현 상황에서 성경적으로 이혼은 가능하나, 현 시점에서 꼭 이혼만이 최선의 선택인가? 자매님 자신에게 한 번 물어 보십시오. 물론 이혼에 대한 선택은 자매님의 결정에 달려 있다고 봅니다. 어느 누구도 자매님에게 이혼을 하라, 마라 할 수는 없는 것입니다.

그러나 사도 바울의 말씀에 자신을 비추어 보면서, 정말 미운 남편이지만, 남편의 영혼을 한 번 생각해 보면 어떨까요. 자매님이 그동안 남편의 영혼을 위하여 얼마나 간절히 기도했는가? 자매님이 이혼을 하고 갈라선다면 그 영혼은 어떻게 될 것인가?

섣부른 결단보다, 시간을 두고 작정기도를 드리면서 하나님의 뜻을 구해 보십시오. 하나님은 사랑하는 자녀의 울부짖는 기도를 들으시고, 자매님을 선한 길로 인도하시며 평강을 주실 것입니다. 하나님께 나아가 하나님께 도움을 요청하십시오.

남편의 영혼을 위하여 하나님께 간절히 기도하면서 이혼에 대하여도 하나님께 간절히 물어 보십시오.

"내가 환난에서 여호와께 아뢰며 나의 하나님께 부르짖었더니 저가 그 전에서 내 소리를 들으심이여 그 앞에서 나의 부르짖음이 그 귀에 들렸도다"(시편 18:6).

11. 가장의 권위를 세워 주세요

저는 중년에 접어든 가장입니다. 지난 46년 동안 일과 직장 밖에는 모르고 살아왔습니다. 제가 열심히 일을 해야 돈을 벌고, 돈을 벌어야 저의 가족을 편안하게 건사할 수가 있지 않겠어요. 그래서 저는 정말 일밖에 모르고 살아왔습니다.

그런데 제 아내와 우리 자녀들은 아빠는 일밖에 모른다고 불평이 대단합니다. 이웃집 남편들은 어떻고, 친구 남편들은 어떠어떠한데, 당신은 일 외에 하는 것이 뭐 있냐 이거지요. 그러니까 아이들도 덩달아 친구들 아빠와 비교하면서, 일밖에 모른다고 불평을 합니다.

세상 참 많이 변했지요. 옛날 같으면 끽소리 못하고 살아갈 여자들이 요즈음은 하늘 높은 줄 모르고, 자기 소리를 내며 살아가고 있어요. 애들도 마찬가지입니다. 옛날 같으면 아버지의 말이 얼마나 무게가 있었습니까?

제가 자랄 때만 해도 아버지의 말이 곧 법인 줄 알고 따랐는데, 요즈음 아이들은 아버지의 말을 그렇게 듣지 않습니다. 내 앞에서는 듣는 척하고, 뒤에 가서는 저희들 하고 싶은 대로 다 하고 있으니 아버지의 권위가 서지를 않습니다. 거기에다가 아내는 항상 아이들 편만 들고 있으니 아버지로서 가장으로서 체면이 말이 아닙니다.

요즈음 아빠들은 자녀들에게 인기작전을 쓴다는데, 그것도 참 우스운 일이라 생각됩니다. 아빠로서 돈 벌어다 집안 걱정 안하게 해 주면 됐지, 무슨 인기작전을 쓴다는 말입니까?

그러한 모든 것들은 아내가 살펴주어야 하는 것 아닙니까? 요즈음 세상이 어떻게 돌아가고 있는 것인지 정말 혼란스럽습니다. 아버지로서, 남편으로서의 권위, 가장의 권위를 찾을 수 있는 방법을 알려 주십시오.

요즈음 우리 사회는 경제적으로 많이 불안합니다. 중소기업 뿐만 아니라 대기업의 잦은 부도사태로 많은 아빠들이 불안해하고 있습니다. 혹시 나에게도 조퇴(조기퇴직), 명퇴(명예퇴직), 또는 황퇴(황당한 퇴직)의 거센 바람이 몰아치지는 않을지 불안해하고 있습니다. 이미 조기퇴직, 명예퇴직으로 말미암아 고개 숙인 아버지들도 많이 있습니다.

여러 가지 불안과 스트레스로 말미암아 밤잠을 설치는 분도 많이 있다고 들었습니다. 이러한 아버지의 고민을 아내와 자녀들이 이해해 주기는커녕 일밖에 모른다고 불평할 때, 정말 어디론가 멀리 사라지고 싶은 생각이 들거예요. 거기에다 아내와 자녀들이 가장의 체면이나 권위는 아랑곳하지 않고, 아버지의 말을 잘 듣지 않고 아버지의 권위에 도전해 올 때, 얼마나 속상합니까. 어느 아버지는 이러저러한 생각과 고민들로 밤 두세 시 경이면 여지없이 잠이 깨어 일어나는데, 일어나 보면 식은땀이 등에 흠뻑 젖어 있다고 하더군요. 정말 가장의 수난의 시대라 아니 할 수 없습니다.

가장이 힘들 때 일수록 온 가족의 결속력이 필요합니다. 이럴 때, 지혜로운 아내는 남편의 마음을 더 잘 이해하려고 노력하고, 남편을 격려하며 지지와 위로를 아끼지 않겠지요. 이러한 아내와 사는 남편은 직장 일이 아무리 힘들고, 직장과 사회로부터 위협당하는 일이 생겼다 할지라도, 그렇게 크게 두려워하지 않을 것입니다.

내 아내와 내 가족들은 어떠한 일이 있어도 내 편에 서서 나를 지켜 주며 지지해 주고, 위로해 줄 것이라는 믿음이 있기 때문이지요. 이러한 가족과 함께 사는 남편들은 낙심 가운데에서도 실망하지 않고 쉽게 일어설 수 있을 것입니다. 이러한 현명한 아내와 결속력이 있는 가족과 함께 사는 남편들은, 그 어느 누구보다도 복 있는 사람이라 생각됩니다.

가장의 권위를 세워달라고 하셨는데, 가장의 진정한 권위는 아내나 자녀들에게 요구하거나 주장한다고 해서 세워지는 것은 아니라고 봅니다. 요구나 주장 보다는 가장에게 주어진 의무와 책임을 먼저 다하려고 노력할 때, 가장의 권위는 저절로 얻어지며 세워진다고 봅니다.

그런데 우리 나라의 많은 가장들이 가장으로서의 의무와 책임보다는, 가장에게 주어진 권위를 인위적으로 얻고자 아내와 자녀들에게 군림하는 태도가 더 많았던 것 같습니다.

성경은 가장으로서의 권위를 가장 강하게 부각시켜 주는 책입니다. 창세기 3장 17절에는 가족들의 생계를 유지하기 위해서는, 남편들이 종신토록 땀을 흘리며 수고해야 한다는 남편의 역할에 대하여 말씀하고 있습니다. 동시에 창세기 3장 16절 후반부에 "너(하와)는 남편을 사모하고 남편은 너를 다스릴 것이니라"라고 말씀하십니다. 가정 안에서 남편의 위치와 한 가족의 머리인 가장의 역할에 대하여 말씀하고 있습니다. 여기에서 '다스린다'라는 히브리어는 지배한다는 뜻이라기보다, 노동하며 봉사한다는 의미가 있다고 합니다.

그런데 남편들이 땀을 흘리며 가족을 위해 봉사하며 섬기기보다, 오히려 반대로 군림하며 섬김받기를 아내에게 강요하고 있습니다. 에베소서 5장 25절에서, "남편들아, 아내 사랑하기를 그리스도께서 교회를 사랑하시고 위하여 자신을 주심같이 하라"는 아가페 사랑을 남편들에게 요구하고 있습니다.

그러므로 한 가정의 머리이며 지도자인 남편은 죽음까지도 감당하는 사랑으로 가족들을 보살피며 봉사해야 한다는 의미입니다. 가장인 남편이 그러한 사랑으로 아내를 돌볼 때, 그리고 자녀들을 돌볼 때, 그의 아내는 남편에게 복종하기를 주께 하듯 할 것이며, 그의 자녀들도 아버지를 열심히, 신실하게 공경할 것입니다. 가장이 아가페 사랑으로 가족을 돌볼 때 가장이 갖는 최고의 권위는 저절로 주어집니다. 가장의 권위가 확고하게 세워진 가정은 반석 위에 세워진 집처럼 어떠한 폭풍이 불어와도 흔들림이 없는 견고하고 안정된 가정입니다.

그러므로 아내가 남편의 권위에 도전하고, 자녀들이 아버지의 권위에 도전하여 아버지의 권위가 땅에 떨어졌다고 불평하기 이전에, 아버님 자신을 먼저 돌아보세요. 내 자신이 아버지로서 얼마나 가족들을 사랑하며 섬겨왔는지. 아버님이 아내와 자녀들을 사랑으로 섬길 때, 인기 작전을 쓰지 않아도 가장의 권위는 저절로 찾게 되며 높이 세워질 것입니다.

"너희 중에 누구든지 크고자 하는 자는 너희를 섬기는 자가 되고, 너희 중에 누구든지 으뜸이 되고자 하는 자는 너희 종이 되어야 하리라. 인자가 온 것은 섬김을 받으려 함이 아니라 도리어 섬기려 하고, 자기 목숨을 많은 사람의 대속물로 주려 함이니라"(마태복음 20:26~28).

12. 'Hot Sex'와 'Cool Sex'

일전에 모 학회에 참석했다가 놀라운 사실을 발견했습니다. 요즈음 우리 사회에 가장 심각하게 대두되는 문제가 성문제 아닙니까? 올 한해 신문에 보도된 초·중·고 여학생들의 출산사태가 손가락으로 꼽을 수 없을 정도로 많고, 성폭력 사건들 역시 나이에 관계없이 쏟아져 나오고 있는 실정입니다. 이러한 시점에서 우리 나라의 석학들이 모여서 성문제에 관한 연구를 발표하고 토론하는 것은 매우 뜻깊은 일이라 사료되었습니다.

그런데 그 회의에 참석해서 받았던 놀라운 사실은, 모교수의 논문발표에서 오늘날 성문화를 'Hot Sex'로 요약하고, 그 대안으로 'Cool Sex'를 제안한 점이었습니다. 교수님께서 그분의 논문발표에 대한 토론자로 나오셔서 냉철하게 분석하고, 비판해 주셔서, 50년 묵은 체증이 내려가는 듯한 통쾌감을 맛보았습니다. 독자들을 위해서 'Hot Sex'와 'Cool Sex'에 대한 개념을 다시 한 번 정립해 주시고, 그에 대한 교수님의 의견을 다시 한 번 듣고 싶습니다.

학회에 참석하신 후 느낌과 함께 질문을 주셔서 감사합니다. 저 역시 토론자로서 그분의 논문을 처음 읽었을 때 몹시 기분이 언짢았습니다. 그러나 연구 활동이란 감정에 의한 것이 아니라 논리적인 사고와 판단에 의한 지적 활동이기 때문에 그분의 관점을 이해하면서 저 자신의 관점을 전개해 나가려고 노력했었습니다. 다행히 참석한 많은 분들이 저의 관점에 호응해 주셔서, 아직은 희망이 있구나 하는 느낌을 받았습니다.

그분의 요지는 한 마디로, 오늘날 우리의 성문화를 'Hot Sex'로 요약하고 'Hot Sex'에서 나타나는 문제해결을 위한 방안으로 'Cool Sex'를 제시하고 있었습니다. 그런데 그 제안이 우리 나라 뿐 아니라 현대를 살아가는 모든 이들에게 과연 적절한 것인가가 토론의 안건이었지요.

'Hot Sex'와 'Cool Sex'의 개념은 독일의 성문제 전문가인 프랑케르 박사가 표현한 것입니다. 'Hot Sex'는 단지 육체적 접촉만을 의미하는 뜨거운 성으로, 인격과 속사람과의 만남 대신 성기중심의 관계만을 집착하는 것을 의미합니다. 뿐만 아니라 'Hot Sex'는 가부장 사회의 유물이며 여성의 성은 남성의 소유물인 상품으로서의 성이라는 것입니다. 그리하여 그 상품의 성을 소유하고 정복하는 것은 남성의 특권이며, 그 특권을 달성하고자 노력하는 것이 '남성다움'의 표징이라고 합니다.

'Cool Sex'는 성을 남성의 정복이나 소유 등에 대한 특권으로 보지 않고, 결혼제도의 개방성을 인정하는 것입니다. 개방성이란 결혼의 일차적 관계를 유지하면서 이차적 관계를 허용하는 제도입니다. 여기에서 이차적 관계는 부부 합의하에 배우자가 아닌 제3자와의 혼외관계를 수용하고, 그러면서도 부부의 결혼관계는 깨지 않고 일차적 결혼관계를 유지하는 관계를 말합니다.

이러한 관계가 건설적이고 상호보완적이며 평등적인 관계라고 진술하며, 이러한 'Cool Sex'가 21세기를 향한 대안책이며, 바람직한 성문화라고 제시하고 있으니 아연실색할 수밖에 없었습니다. 'Cool Sex'를 대안책으로 제시하는 그 기저에는 이러한 사고가 숨겨져 있었습니다.

요즈음은 평균 수명의 연장으로 많은 사람들이 장수하게 되었고, 결혼 후 한 배우자와 40년, 50년의 긴 세월을 함께 살아가야 한다는 것은 너무 부당하다는 것입니다. 그 긴 세월동안 배우자의 변화무쌍한 욕구와 소망을 어떻게 한 사람이 충족시켜 줄 수 있겠는가? 그것은 불가능하므로 결혼에서 죽음까지 최소한 세 명 정도의 파트너가 있어야 인간적 욕구가 충족될 수 있다는 것입니다. 이러한 논지를 들었을 때 참으로 당혹스러웠고 암울한 기분이었으며 21세기를 향한 우리의 성문화의 방향은 어디로 가는 것일까?

'Cool Sex'에 대한 글을 읽으면서, 첫째 현대의 성문화를 'Hot Sex'로 요약하는 자체가 문제라는 생각이 들었습니다. 일부 어떤 사람들에게서 'Hot Sex'의 특징들이 보인다고 해서 현대를 살아가는 모든 사람들을 'Hot Sex'의 성문화에 젖어있다고 표현하는 것은 정말 무리입니다. 사과 광주리에 한두 개의 사과가 썩어 냄새를 피운다고 해서 광주리 안의 사과 전체가 다 썩은 것은 아니니까요.

둘째로 성경적 관점의 성문화가 정착되지 않은 것이 문제라고 생각됩니다. 우리 나라에 기독교가 들어 온지 100년이 넘었습니다. 100년의 역사에 걸 맞는 성경적 관점의 성문화가 아직 정립되어 있지 않아, 열심히 신앙생활하고 있는 기독교인들 사이에도 많은 성적인 문제가 대두되고 있음을 봅니다. 이에 대한 책임을 절감하면서 제2장 '아름다운 성'을 참고하시기 바랍니다.

서두에서 진술된 'Hot Sex'와 'Cool Sex'는 모두 사탄에 의하여 창출된 성문화입니다. 사탄은 지금 이 시간도 우는 사자와 같이 두루 다니며 삼킬 자를 찾고 있습니다. 근신하며 깨어 있어 대적 마귀의 유혹을 물리치는 지혜가 우리 모두에게 필요합니다.

끝으로 오늘 아침 Q.T.의 말씀을 적어 봅니다. 묵상해 보십시오.

"나 여호와가 말하노라. 그러므로 보라 서로 내 말을 도적질하는 선지자들을 내가 치리라. 나 여호와가 말하노라. 보라 그들이 혀를 놀려 그가 말씀하셨다 하는 선지자들을 내가 치리라

나 여호와가 말하노라. 보라 거짓 몽사를 예언하여 이르며 거짓과 헛된 자만으로 내 백성을 미혹하게 하는 자를 내가 치리라. 내가 그들을 보내지 아니하였으며 명하지 아니하였나니 그들이 이 백성에게 아무 유익이 없느니라. 여호와의 말이니라"(예레미야 23:30~32).

13. 첫사랑의 연인을 만나고 싶습니다

왠지 과거가 그리워지는 요즈음입니다. 그 동안 잔손질이 많이 가던 아이들도 이제는 어느 정도 자라서 저희들 나름대로 학교생활과 친구관계를 유지하고 있습니다. 남편 역시 성실하게 직장생활을 하고 있어서 그렇게 큰 욕심을 부리지 않는다면, 저는 그런대로 행복합니다. 저의 삶을 돌아본다면 그렇게 넘치지도 부족하지도 않은, 아주 잔잔한 극히 평범한 삶이라고 할 수 있습니다.

그런데 언제부터인가 거울 앞에 서기가 두렵습니다. 팽팽하던 얼굴에 기미와 잔주름이 단장을 하고, 머리엔 흰머리가 물결을 이룹니다.

벌써 중년이라니!

시간의 흐름도 뒤로한 채, 얼마나 바쁘게 살아왔는지. 거울 앞에 서서,

이제야 처음으로 나를 만난 것 같습니다. 불현듯 친구들도 보고 싶고.

유난히 궁금한 것은 첫사랑의 연인입니다. 이성에 대하여 내 눈이 열렸을 때, 처음으로 내 시야에 들어왔던 남자. 지금쯤 어디에서 무얼 하고 있을까? 멀리 외국으로 이민 간 것은 아닐까? 사고 많은 세상인데 세상을 이미 떠나지는 않았을까? 다른 사람들은 소식도 교환하고 만나기도 한다는데.

아무튼 첫사랑의 연인을 한 번 꼭 만나 보고 싶습니다. 이 일에 대하여 교수님은 어떻게 생각하십니까? 남편에겐 미안하지만 때때로 그 사람에 대한 생각으로 잠 못 이루는 밤도 있었습니다.

참으로 어려운 질문을 해 주셨습니다. 이 문제에 대한 해답은 자매님 자신의 가치관에 의하여 선택될 문제라고 봅니다. 그러나 저의 생각을 물어 오셨으니 저 나름대로의 생각을 말씀드리고자 합니다.

글 내용으로 보아 중년기 초반의 주부라는 생각이듭니다. 중년기에 들어서면 누구나 과거가 그리워지고 젊음이 그리워집니다. 인생의 중간지점에 서서, 자신이 걸어온 길을 뒤돌아보며, 자기 자신에 대한 중간 평가와 함께 앞으로의 남은 생애에 대한 계획도 세워보게 됩니다.

그리고 중년기에서 눈에 두드러지게 나타나는 현상은 육체적인 변화와 함께 나타나는 심리적인 변화입니다. 왠지 과거가 그리워지고 첫사랑의 연인이 보고 싶고, 전에 없이 과거의 기억들이 생각나는 것은 극히 정상적인 일입니다. 한 번쯤 만나볼 수도 있는 일입니다.

그러나 여기에서 주의해야 할 일이 있습니다. 첫사랑의 연인에 대한 기억이나 생각은 정상이라 할지라도 그 사람을 만나는 행위에는 큰 위험이 따릅니다. 한 번 만나는 것으로 만족하며 끝나거나, 또는 좋은 친구 관계를 유지할 수만 있다면 그 만남은 성공적이라고 할 수 있겠습니다. 그런데 그러한 만남이 과연 가능할까요?

물론 개개인의 인격의 성숙도와 신앙의 성숙도에 따라서 어떤 사람들에게는 가능할 수도 있겠지만, 대부분의 사람들에겐 극히 위험한 행동이라고 생각됩니다. 부인께서 다음 사항들을 점검해 보면서 만날 것인가에 대한 여부를 결정해 보시기 바랍니다.

첫째로, 부인께서 첫사랑의 연인과 만나기 전에, 그 만남에 대하여 남편과 상의를 할 수 있겠습니까? 또는 부인이 첫사랑의 연인을 만난 후에 만난 사실을 남편에게 아무런 거리낌 없이 이야기할 수 있겠습니까?

만일 부인이 남편에게 거리낌 없이 이야기할 수 있고, 그 일로 인하여 부부 사이에 아무런 문제가 일어나지 않을 것을 확신하다면 만나도 좋을 것이라는 생각이듭니다. 그리고 부인에 대한 남편의 신뢰도가 그렇게 높다면, 그 사람을 만난 후에 이야기하는 것보다는 만나기 전에 미리 이야기하여 남편의 승인이나 동의하에 만나는 것이 더 현명하다고 생각합니다.

둘째로, 꼭 한 번만의 만남으로 끝낼 수 있겠습니까? 저에게 상담하러 오신 분들 중에는 한 번의 만남으로 끝낸 분들도 더러 있었습니다. 그러나 대부분이 부부관계가 위기상황으로 진전되었던 것을 기억합니다.

한번으로 끝낸 분들의 이야기는 한 마디로 서로에게 너무 실망했다는 것입니다. 이제는 더 이상 보고 싶거나 만나고 싶지 않다고 하였습니다. 그 이유가 무엇이었을까요? 아마도 서로 실망한 이유는 젊었을 때의 신선하고 발랄했던 그 모습들은 사라지고, 나이든 낯선 중년 아줌마, 아저씨의 모습에서 세월의 흐름에 대한 변화와 함께 느끼는 인생의 무상함과 왠지 모를 쓸쓸함 등을 서로에게 깨닫게 해 주었으리라는 것입니다. 차라리 만나지 않았더라면 아름다운 마음의 연인으로 영원히 마음 한 구석에 남아 있었을 텐데 하며 아쉬워하는 분들도 있었고, 반대로 오히려 만나고 나니 속이 후련하고 홀가분하다는 분들도 있었습니다.

셋째로, 한 번의 만남으로 끝내지 못할 때는 큰 위험이 따릅니다. 꼭 한 번만 만나겠다던 처음의 의도와는 달리 감정의 변화와 마음의 변화가 올 수 있습니다. 감정의 변화는 위험신호입니다. 자신의 감정을 억제하지 못하면 깊은 관계로 빠질 수 있으며, 이러한 관계로 진전이 되면 가정은 풍비박산이 나고 말 것입니다. 저를 찾아온 내담자 중에도 이러한 일로 깨어진 가정들도 있었습니다.

넷째로, 첫사랑의 연인을 만나고자 하는 동기를 한 번 점검해 보십시오. 부부생활에 대한 권태로움 때문인지, 또는 이루지 못한 첫사랑에 대한 아쉬움 때문인지 등에 대하여. 만남에 대한 열망을 승화시킬 수 있는 다른 방법을 모색해 보면 어떨까요. 예를 들면, 취미생활을 한다든지, 자원봉사를 한다든지, 신앙생활이나 다른 교육활동을 한다든지 등등.

인간은 성적인 존재입니다. 우리에겐 매우 강한 성적 충동이 내재되어 있어, 때로는 밀물이나 썰물처럼 어느 순간 밀려왔다가 어느 순간에 밀려갈 수 있음을 기억하십시오. 또한 우리는 너나 나나 할 것 없이 언제 넘어질지 모르는 극히 연약한 존재임을 기억하십시오. 그러므로 선줄로 생각하는 자는 넘어질까 조심하라는 말씀을 우리 마음에 깊이 새겨두는 지혜가 필요합니다.

만일 자매님께서 어떠한 일이 있다 해도 꼭 만나야겠다는 마음의 결정을 하신다면, 한 가지 조언을 드리겠습니다.

주님 안에서 정말 아름다운 만남이 될 수 있도록 간절히 기도하십시오. 서로의 만남에 주님께서 동행하시며 감정의 동요가 없도록 간섭해 주시라고 기도하십시오. 만나기 전에 기도하고, 만남 후에도 기도 하십시오. 기도로 무장된 만남은 아름다운 만남이 될 수도 있습니다. 그러나 무엇보다도 중요한 것은 내 감정에 따라 행동하는 것이 아니라, 성령님의 인도하심을 따라가는 것입니다. 현명한 판단을 하시기 바랍니다.

14. 남편의 형편없는 여자

너무나 어이가 없습니다. 이 일을 어떻게 풀어가야 좋을지 답답하기 그지없군요. 세상에 어떻게 이러한 일이 저에게 일어날 수 있단 말입니까? 맑은 하늘 아래에서 날벼락을 맞는 기분입니다.

저희 부부는 일류대학을 나와 모두가 다 부러워하는 결혼을 했습니다. 결혼 후 저는 직장을 그만두고 자녀와 남편에 대한 뒷바라지로 행복해 하며 살아왔습니다. 항상 남편과 아이들의 건강에 신경을 쓰며 살아왔습니다. 때로는 너무 신경 쓴다고 남편이 짜증을 내기도 했지만, 그래도 저는 그것이 내 일이라고 생각했었습니다.

그런데 언제부터인가 남편의 성관계 횟수가 뜸해지면서 전에 없이 짜증을 내기에 저는 직장생활에 대한 스트레스와 피로가 겹친 것이라 생각하고, 보약을 정성껏 다려 주곤 했었지요. 저에게도 가끔은 성욕구가 일어나기도 했었지만 남편의 몸을 생각하여 거의 절제해 왔었습니다. 나중에 알게 된 일이지만, 어이없게도 남편에게는 숨겨둔 여자가 있었습니다. 그것도 3년이라는 오랜 기간 동안.

외도보다 나를 더 비참하게 했던 사실은, 남편의 숨겨둔 여자는 너무나도 형편없는 여자였습니다. 얼마나 예쁘고 똑똑한 여자이기에 남편이 그렇게 정신없이 빠졌을까? 잔뜩 긴장과 기대를 가지고 남편의 여자를 만났을 때의 실망과 절망이란 이루 표현할 수가 없더군요.

저는 너무나 어이가 없었습니다. 세상에 이럴 수가……

그 여자는 저의 기대와는 전혀 다른 여자였습니다. 예쁘지도 않았고, 몸매가 늘씬한 것도 아니었으며, 직장이나 학벌은 더 형편없었습니다. 죄송한 말씀입니다만, 젊다는 것 외에는 저보다 나은 구석이라고는 한 곳도 찾아볼 수가 없었습니다.

남편에 대한 분노가 치밀어왔습니다. 남편의 외도보다도 저를 더 화나게 했던 것은 너무나 형편없는 여자와 관계해 왔다는 사실이었습니다. 그것은 남편이 저를 그 여자보다도 더 못한 여자, 더 형편없는 여자로 생각하고 있다는 것을 직감했기 때문이었지요.

처음엔 이혼을 생각해 보았지만, 시간이 지나면서 이혼만이 최선은 아니라는 생각이 들었습니다. 남편도 그렇고 저도 그렇고 어렵지만 이혼은 하지 않기로 마음먹었습니다. 지금으로선 이 분한 감정이 빨리 처리되었으면 좋겠고, 부부관계도 빨리 회복되었으면 좋겠습니다.

정말 어려운 상황에서 현명한 결정을 내리고 상담의 글을 보내주셔서 감사를 드립니다. 지금 상황에서 부인의 남편에 대한 미움과 분노는 지극히 정상적이라고 봅니다. 남편의 외도에 관해서는 부처님도 돌아앉는다는 말이 있습니다. 그 만큼 감정 컨트롤이 힘들다는 뜻이겠지요. 그러나 미움과 분노는 인간의 감정이니까 시간이 가면 가라앉을 것입니다.

글 내용에서 보면, 남편의 외도 사실보다도 남편의 외도 대상이 형편없는 여자라는 사실에 부인이 더 화가 나고 힘들어하는 것 같습니다. 남편이 외모나 학벌 등, 모든 면에서 아주 괜찮은 부인을 놔두고, 부인보다도 훨씬 못한 여자와 관계한다는 것은, 남편이 부인을 그 여자보다도 더 형편없는 여자로 생각하며 무시하고 있기 때문이라고 부인은 생각하는 것이지요. 충분히 그렇게 생각하실 수 있고 또 부인의 생각에 대하여 이해가 갑니다.

부인의 부부문제를 해결하기 위해서는, 물론 남편의 자아성찰과 관계개선에 대한 노력이 필수적 입니다. 그러나 이 지면에서는 부인께서 글을 주셨으니 부인에게 초점을 두고자 합니다. 부인이 먼저 자신을 그리고 남편과의 관계를 돌아보았으면 합니다.

중년의 남자들이 외도를 할 때, 그들의 외도 대상이 자신의 부인보다 못한 사람들인 경우가 많습니다. 저에게 온 케이스들도 그러한 경우들이 꽤 있었습니다. 중년의 남자들이 젊고 나이 어린 여자와 바람을 피우는 것은 남자들이 회춘하고 싶어서 그런다고 우리는 일반적으로 믿고 있습니다. 그런데 외도한 중년 남자들만을 대상으로한 연구에서, 뜻밖에도 중년 남자가 젊은 여자와 바람을 피우는 것은 청춘을 회복하려는 시도보다는 오히려 젊은 여자로부터 능력있는 남자로 인정받고 대접받기 원해서이며, 또 다른 이유로는 그들로부터 편안한 안식을 얻기 위해서라는 것입니다.

필자의 연구(1994)에서도 남편들은 자신의 부인으로부터 존경받는 남편, 인정받는 남편, 대접받는 남편이 되고 싶은 강한 욕구를 갖고 있었습니다. 부인이 남편을 존경하면 존경할수록 남편의 부부만족도는 높아질 수 있다는 것입니다. 이 부분에서 부인께서는 남편을 얼마나 존경하며, 인정하며, 대접해 왔는지 한번 자문해 보십시오.

남편이 관계해 왔다는 그 형편없는 여자를 한번 생각해 봅시다. 그 여자는 자신의 용모나 학벌 등 객관적인 외형 조건으로는 너무나 형편없어, 감히 남편 같은 사람을 상대할 수 없는 처지입니다. 여자가 감히 가까이 할 수 없는 그러한 남자로부터 관심과 사랑을 받고 있다고 생각할 때 여자는 자기를 선택한 그 남자에게 자신의 모든 것을 드려 대접하게 될 것입니다.

부인이 형편없다고 생각하는 그 여자는 분명히 당신의 남편에게 최상의 존경과 대접 등, 자신이 보일 수 있는 최선의 봉사와 존경을 당신의 남편에게 보였을 것입니다. 자신을 왕처럼, 영웅처럼 대접해 주는데 누가 싫어하겠습니까?

어쩌면 부인에게서는 전혀 느껴 보지 못한 남자로서의 자존심, 성취감, 만족감 등을 그 여자에게서 느꼈을 것입니다. 그렇게 대접을 받는데 인물이 못났으면 어떻고, 학벌이 없으면 어떻겠습니까? 남편에게서 그런 것들은 하등의 문제가 되지 않았을 것입니다. 그러므로 남편이 부인을 무시했다고 생각하기 보다는, 부인께서 남편의 인정받고자 하는 욕구와 존경받고자 하는 욕구를 얼마나 충족시켜 주었는지를 한 번 생각해 보십시오.

두 번째로 생각해 볼 문제는 남자들은 가정 안에서는 똑똑한 여자보다는 자신을 편안하게 해 주는 여자를 더 좋아한다는 사실입니다. 논리적으로 따지며 바가지를 긁는 아내는 남편을 피곤하게 합니다. 남편이 집에서 쉴만한 안식처를 찾지 못할 때, 남편은 밖에서 안식처를 찾고자 노력할 것입니다.

셋째로, 부부의 성생활에 대하여 생각해 보고자 합니다. 남편의 건강을 위해서 성 욕구를 절제하며 지내왔다고 하셨는데, 좋은 방법은 아니라고 생각합니다.

옛날에는 부부 성생활의 주도권은 남편에게 있었고, 여자는 수동적이며 정숙한 아내는 성에 관심이 없고, 성적 욕구를 표현하는 것은 수치스러운 일이라고 생각하여 왔습니다. 그러나 현대는 더 이상 성은 금기시되거나 회피해야 할 문제가 아니라 부부가 대화로 함께 풀어가야 할 문제이며, 때에 따라서는 여자인 아내가 먼저 요구할 수도 있다는 것입니다.

"오르가즘을 즐기는 여자치고 수동적인 여자는 한 사람도 보지 못했다"는 어느 성치료 전문가의 말처럼 부부의 행복을 위하여, 또는 남편의 외도를 예방하는 한 방법으로, 부인께서도 성생활에 적극성을 보일 필요가 있습니다.

상담글 내용이 너무 일방적으로 부인에게 초점이 맞추어져 있어 죄송합니다. 어떠한 상황에서도 남편의 외도는 용납될 수 없습니다. 백번 비난을 받아 마땅하며 성경도 이혼까지 허락하고 있습니다.

그러나 부인은 "이혼만이 최선의 선택은 아니다"라는 현명한 판단과 함께 남편의 심리적인 욕구를 이해하고, 자신의 생활을 뒤돌아보며, 부부의 행복을 위해 노력하면, 분함이나 미움은 점점 사라질 것입니다. 허다한 허물을 덮으며 용서하는 자가 승리하는 자입니다.

불행한 느낌에 젖어 보지 못하면, 참된 행복을 느낄 수 없다고 말합니다. 이 모든 어려운 경험들이 전화위복의 계기가 되어 참으로 진정한 행복을 누리는 부부가 되었으면 합니다.

15. 며느리와의 갈등, 영원한 것인가?

며느리 얘기를 꺼내 놓으려고 하니까 가슴이 두근거리고 머리가 지끈지끈 아픕니다. 여느 사람들처럼 이곳 저곳 다니는 것을 좋아하는 것도 아니고, 친한 친구나 말동무가 있는 것도 아니니까, 누구에게 내 마음을 이야기할 사람이 없습니다.

그렇다고 내 며느리와 아들 이야기를 아무에게나 함부로 할 수도 없어서 이렇게 박사님께 이야기합니다. 내 가족 이야기를 남에게 하는 것이 내 얼굴에 침 뱉기지만 하도 답답해서 말씀드립니다.

제 아들이 3살 때 남편은 사고로 인하여 먼저 하늘나라로 갔습니다. 그때 제 나이 28살, 정말 꽃다운 나이였습니다. 그때 주위 사람들은 저더러 재혼하라고 많이 권유하고 유혹도 많이 받았습니다.

그러나 하나 있는 아들에게 마음의 상처를 주지 않고 잘 키워 보려고 오로지 일만 했습니다. 어린자식을 데리고 안해 본 일이 없습니다. 다행히 아들은 어미의 마음을 알고 어미의 뜻을 잘 따라주었습니다. 성실하고 공부도 잘해서 일류대학을 나와 분에 넘치는 며느리를 얻었습니다. 그 동안의 모든 괴로움과 시름이 한 순간 봄눈 녹듯이 녹아내리는 것 같았습니다.

그런데 시간이 지나면서, 저와 며느리와 아들과의 관계가 소원해지기 시작했습니다. 외며느리 노릇이 힘들다는 것을 저도 잘 압니다. 하나 밖에 없는 귀한 며느리에게 시어머니 노릇 하지 않고, 친정어머니처럼 잘해 주려고 내 딴에는 많이 노력하며 살아왔습니다.

그런데 내 뜻은 몰라주고 며느리가 가끔 거짓말을 합니다. 밖에 나가는 것, 친정에 가는 것, 친구 만나는 것…… 이야기하면 다 들어줄 텐데 슬금슬금 내 눈치를 보며 거짓말을 해요. 거기에다 아들까지 합세하니까 아주 기분이 나쁘고 며느리가 점점 더 미워집니다. 소외감이 들기도 하고 아들녀석이 괘씸하게 생각되기도 합니다. 내가 저를 어떻게 키웠는데. 하늘에서 뚝 떨어져 저절로 큰 것 마냥 나 몰라라 하니까 더 괘씸하군요.

게다가, 며느리는 유복한 가정에서 높은 교육을 받으며 자란 신세대라고 시어머니 앞에서 티를 내며 가끔 이 시어머니를 무시합니다. 애지중지 키워온 아들이 행복하면 그것으로 나도 행복한 것이지 하는 생각이 들다가도 가끔은 나를 무시하고 짝짜꿍이 된 아들 며느리가 밉습니다. 그런 생각을 할 때면 가슴이 답답하고 머리도 아프며, 때로는 잠도 오지 않습니다. 이것이 내 팔자려니 하면서도, 어떻게 해야 좋을지 모르겠네요.

어머님, 힘들고 어려운 상황에서도 꿋꿋하게, 건강하게 살아오신 어머님께 경의를 표합니다. 어머님의 지나온 인생 여정을 들으면서,

실로 험하고 힘든 세월이었음에도, 아주 건실하게 아름답게 잘 지내온 것을 알 수 있었습니다.

아들의 성공이 곧 어머니 자신의 성공인줄 알고 열심히 키워 장가까지 보내어 이제 어머니로서 할 일은 다 했다라고 생각하며, 잠시 안주하려고 하는데 뜻밖에도 아들 며느리의 문제로 심히 힘들어 하는 상황에 놓여 있게 되었군요.

어렵고 힘든 상황에서 문제를 그냥 방치해 두지 아니하시고, 그 연세에도 문제를 해결하고자 노력하시는 어머님의 모습이 참으로 아름답습니다. 어머님께서 상담을 요청하셨으니 몇 가지 말씀드리니 너무 서운하게 생각하지 마시고 참고하시기 바랍니다.

첫째로, 어머님께서 가슴이 답답하며 잠 못 드는 이유 중의 하나는 어머님의 유일한 분신이며 사랑과 애정의 대상인 아들을 며느리에게 빼앗겼다는 심리적인 허탈감이라고 생각됩니다.

'내가 어떻게 키운 아들인데, 얼마나 고생하면서 키운 아들인데……'

그 동안 아들은 어머니의 애정의 대상으로 어머님께서 있는 정성, 없는 정성 다 들여 키워 왔습니다. 그런데 어느 날 아들 앞에 나타난 며느리, 그 며느리로 말미암아 어머니는 혼란을 느낍니다. 그동안 아들은 어머니에게 있어서 사랑과 애정의 대상으로, 어머니는 언제라도 아들 앞에 서 있을 수 있었습니다.

그런데 결혼 이후, 며느리가 어머니의 아성을 공격해 들어온 것입니다. 이제는 어머니의 애정의 대상인 아들 앞에, 아들이 사랑하는 젊고 아름다운 며느리가 버티고 서 있으니, 어머님께서는 위축될 수밖에요.

아들의 행복을 기원하면서도 한편 며느리에게 아들을 빼앗겼다는 심리적 패배감과 허탈감, 어머니의 아성을 침범한 며느리를 시샘하고 미워하는 것은 어쩌면 인간의 당연한 심리라고 생각합니다. 실컷 아들 길러 놓으니까 며느리 좋은 일 시키는구나 하는 생각과 서운함은 당연히 있을 수 있지요.

게다가 퇴근 후에 아들은 며느리가 좋아서 자기들 방으로 쏙 들어가 버릴 때, 어머니의 마음이 얼마나 아프겠습니까? 그래서, 아주 드물게 보여 지는 사례이긴 하지만, 어느 시어머니는 아들의 잠자리까지 간섭하며, 때로는 아들 며느리 사이에 끼어서 잠을 자기도 한다고 합니다.

어머님께서 아무리 애지중지 키웠다 할지라도 결혼 후의 아들은 이제 어머니 곁을 떠나 아내 곁으로 가야 합니다. 그러므로 어머니뿐만 아니라 모든 어머니, 아버지들은 자녀를 결혼시키기 전에 그들을 떠나보낼 준비를 해야 합니다. 어머님께서도 아들을 결혼시키기 전에 아들을 떠나보낼 준비를 미리 했더라면, 덜 서운하고 덜 허탈해 했을 거라는 생각이듭니다.

결혼을 계기로 남자와 여자가 그 부모를 떠나 서로 연합하여 한 몸을 이루는 것은 하나님의 의도입니다. 창세기 2장 24절에 "이러므로 남자가 부모를 떠나 그 아내와 연합하여 둘이 한 몸을 이룰 지로다"라고 말합니다. 하나님의 뜻을 우리가 따르지 못할 때, 결혼한 아들이나 딸이 부모님을 떠나지 못하거나, 부모가 아들과 딸의 곁을 떠나지 못할 때 문제가 생깁니다.

하나님은 우리를 지극히 사랑하시고 행복하게 살기를 원하기 때문에, 에덴동산에 있었던 인류 최초의 결혼식인 아담과 하와의 결혼식에서 부모의 곁을 떠날 것을 말씀하고 있습니다.

물론 여기에서 '떠나다'의 의미는 육체적인 떠남과 심리적인 떠남을 의미하지만, 육체적인 떠남보다는 심리적인 떠남이 훨씬 더 중요하다고 봅니다. 그 이유는 부모와 자녀가 심리적으로 서로 떠나지 못할 때 더 많은 갈등이 있음을 보아왔기 때문입니다. 옛날부터 외아들이나 외딸에게 시집 장가 보내지 않으려 했던 이유가 무엇이었겠습니까? 외딸이나 외아들은 심리적으로 부모를 떠나기가 쉽지 않기 때문에 부부간의 문제, 고부간의 문제가 훨씬 많이 일어나기 때문이지요. 그러므로 어머님께서는 지금이라도 늦지 않았으니 심리적으로 아들이 며느리에게로 떠나가도록 마음의 준비를 하십시오. 그러면, 서운함이나 허탈감은 점점 사라지게 되고 잠도 잘 올 것입니다.

둘째로, 며느리가 가끔 거짓말을 한다고 하셨는데, 혹시 어머님께서 며느리에게 너무 권위적인 행동을 보이지는 않았는지요. 어떠한 상황에서도 거짓말을 용납할 수는 없지만, 며느리가 어머니의 권위에 눌리다보니, 본의 아니게 자신의 의견을 솔직하게 이야기하지 못하고 어머니의 눈치를 살피다가 상황에 따라서 거짓말을 하게 되지 않았나 생각해 봅니다.

어머니의 거절이나 분노를 두려워하고, 때로는 어머니의 잔소리가 귀찮아서 순간순간을 쉽게 무마하려고 하는 거짓말일 수도 있을 것입니다. 어머님께서 사랑하는 딸에게 다가가듯이 사랑으로 먼저 며느리에게 다가가 보십시오. 며느리의 행동에 변화가 있을 것입니다.

물론 아들과 며느리는 어머니를 마땅히 존경하고 대접해 드려야 합니다. 이것은 하나님이 우리에게 명령한 십계명 중 제 오계명입니다. 그리고 어머님께서는 그 어느 어머니보다도 아들 며느리로부터 존경과 대접을 받아야 할 권리가 있습니다.

그러나 아무리 권리가 있다 할지라도 어머님 자신이 너무 권위적이거나 권위자로서의 권익을 추구하게 되면, 그것은 고부간의 관계뿐만 아니라 사랑하는 아들과의 관계도 불편하게 되어 심각한 가족문제를 야기하게 됩니다. 물이 위에서 아래로 흐르듯이, 위에 계시는 어머님께서 먼저 며느리를 사랑해 주십시오.

셋째로, 며느리가 교육을 제대로 받지 못한 어머니를 무시하는 것 같다고 하셨는데, 이점에 대해선 어머님께서, 며느리와의 차이를 인정해 주는 것이 좋을 것입니다.

우선 며느리와의 나이 차이부터 인정하십시오. 어머니 세대와 며느리 세대는 많은 세대 차이가 있습니다. 어머니 나이로는 도저히 이해할 수 없는 일들이 신세대에서는 보통의 일처럼 일어나고 있습니다. 그리고 유복한 가정에서 자랐기 때문에 환경의 차이에서 오는 거리감도 있을 것입니다.

그러나 이러한 것들로 어머니를 무시한다면 그것은 며느리의 인성과 인격의 문제라고 생각합니다. 그러므로 서로 마음을 열고 서로 솔직하게 대화를 하십시오. 별일도 아닌 것을 가지고 서로 오해할 수가 있습니다. 대화는 서로를 알 수 있는 참으로 좋은 방법이며 무기입니다. 좋은 무기를 사용하여 고부간의 갈등을 해결하시고 행복한 가족관계를 유지하시기 바랍니다.

넷째로, 어머니는 아들과 며느리의 한 발 뒤에 서서, 그들을 지켜

봐 주어야 합니다. 경험이 많고 나이가 많은 어른이라고 해서, 또는 시어머니라고 해서 아들과 며느리 위에 군림해서는 안 됩니다.

이제 아들과 며느리는 성인입니다. 결혼은 그들이 성인으로 한 가정을 새롭게 형성한다는 것을 모든 사람들에게 알리는 의식입니다. 이제 그들의 일은 그들이 하도록 한 발 물러서 있어야 합니다. 어머님이 미주알 고주알 캐물으며 모든 것을 주관, 통제하려고 할 때, 고부간의 갈등은 계속될 것입니다.

그러나 어머님이 한 발 뒤에 서서 그들의 하는 일을 지켜보며, 그들이 어머님의 고견을 들으려고 올 때 그들에게 좋은 생각과 제언들을 해 주시기 바랍니다. 그렇게 할 때, 아들과 며느리는 진실로 어머니를 지혜 있는 분으로 존경하며 대접해 드릴 것입니다. 그것이 바로 성경이 말하는 '떠나다'의 의미이며 성취이며 심리적 분화 개념입니다.

마지막으로, 아들을 빼앗겼다는 서운함과 아들 며느리로부터 소외감을 느낄 때, 주님께 나아가십시오. 어머님께서 느끼고 있는 모든 감정들을 하나님께 고하세요. 사람들에게 어머니의 감정을 이야기할 때는, 때때로 부풀려져서 어머님 귀에 다시 들려옵니다. 그러나 하나님 아버지께 상한 마음을 고할 때는 항상 아버지의 영원한 위로가 있습니다.

"사랑하는 내 딸아. 내가 네 고생을 안다. 너의 아픈 마음을 안다. 위로해 주마"라고. 하나님은 세상이 주는 일시적인 평안이 아닌, 영원한 평안을 우리에게 주십니다. 하나님 아버지 곁에서 영원한 위로와 평화를 누리시기 바랍니다.

어머님! 주님 안에서 늘 건강하시고 행복하세요.

16. 시어머니와의 갈등, 영원한 것인가?

저는 결혼생활 5년째로 접어든 딸 하나를 둔 젊은 엄마입니다. 내 나이 또래의 다른 사람들을 보면 그들은 결혼생활을 재미있게 잘 하고 있는 것 같은데, 나는 왜 이렇게 삶이 고달픈지 모르겠어요. 저는 삶에 기쁨이 없습니다. 매사에 쉽게 짜증을 내며 쉽게 화를 냅니다. 과거에는 그렇지 않았는데 결혼 후부터 성격이 바뀐 것 같습니다.

저는 시어머니를 모시고 사는데, 어머님은 아들이 여러 명 있지만, 다른 아들은 다 놔두고 막내아들인 저희 남편과 함께 살겠다며, 결혼 당시부터 계속 같이 살고 있습니다. 시어머님 모시는 것은 문제가 아닙니다. 자식된 도리로서 누가 모시든 부모님을 모시는 것은 당연한 일이지요.

그런데 문제는 시어머님이 사사건건 간섭하는 것이 문제입니다. 사소한 집안일에서부터 시작하여 우리 부부 관계일, 아이 키우는 일, 저 외출하는 것 등등. 그 외에도, 저와 다른 동서들을 비교하면서 저의 마음을 자주 상하게 합니다. 그럴 때마다 '어머님이 살면 얼마나 사시나, 돌아가신 후에 후회하지 말고 살아생전에 최선을 다하여 모시자'라고 마음의 결단을 하루에도 몇 번씩 해봅니다.

그런데 어머님이 저의 마음은 아랑곳하지 않고, 저에게 마음의 상처를 줄 때는 어머님이 한없이 미워집니다. 어머님에 대한 서운함과 미움은 짜증과 분노로 변하여 결국 나이 어린 딸과 남편에게 퍼붓게 되지요. 그러다 보니 우리 부부관계는 삐걱거리며 소원해지고, 아이와의 관계도 그렇게 큰 애정이 가지 않습니다.

이렇게 살아서 뭐하나 하는 생각도 하게 되고 남편의 행동도 전과 같지 않은 것 같아 속이 상합니다. 아이만 없다면 이혼이라도 했으면 좋겠는데 그럴 수도 없고, 어떻게 해야 할지 모르겠군요.

자매님, 그 동안 마음고생이 많았군요. 자매님의 글을 읽으면서 문제의 초점을 시어머니와의 갈등관계로 좁혀서 생각해 보고자 합니다. 고부간의 갈등은 흔하게 일어나는 우리 나라 가족문제 중 하나로서 시어머니와 함께 살고 있는 가정이라면 어느 가정이나 겪을 수 있는 필연적인 문제라고 생각합니다.

고부간의 갈등은 한 가족관계 안에서 여성들이 겪는 가장 큰 스트레스 원이라고 하겠습니다. 고부간의 갈등 원인은 여러 가지가 있겠지만, 자매님이 보내 주신 글을 중심으로 살펴보면 시어머님께서 자매님이 하는 일에 사사건건 간섭하고 참견하는 것이 문제가 되고 있는 것 같습니다. 집안의 크고 작은 일에 관계없이 항상 웃어른과 부딪히며 산다는 것은 참으로 힘든 일이지요. 자매님, 시어머님이 사사건건 간섭하시고 나오는 원인이 어디에 있을까요?

일반적으로, 전통적인 우리 나라 가족구조 면에서 볼 때, 시집 온 여성의 지위는 아들을 낳음으로써 그 가족 안에서의 위치가 확고해집니다. 따라서 아들에 대한 어머니의 애정과 정성은 각별했고, 특히 장남과 막내아들에 대한 모자관계는 밀착될 수밖에 없었던 것이 특징이었습니다.

통계조사에서도, 장남과 함께 사는 어머니의 숫자가 가장 많고, 막내와 함께 사는 어머니의 숫자가 그 다음이라고 합니다. 특히 막내아들과의 관계는 나이 들어 늦게 얻은 아들이기 때문에 밀착관계가 대단하다고 하겠습니다. 그런데 어머니와 아들과의 밀착관계는 아들을 성인아이로 키우게 되며 결혼 후에는 고부 갈등의 주원인이 되고 있습니다. 우리가 흔히 말하는 마마보이가 이 모자 밀착관계의 산물이라고 보면 되겠습니다.

이 모자 밀착관계는 어머니가 아들이 독립적으로 자랄 수 있도록 모자관계에 공간을 허락해 주어야 하는데, 아들에게 선택의 공간을 허락하지 못하고 아들의 일거수일투족에 관심을 갖고 사사건건 관여하며, 어머니의 의견에 따라 주기를 강요하는 것이지요. 이러한 타입의 어머니들은 일반적으로 성격이 강하며 내 주장이 강한 것이 특징입니다.

어머니의 과잉보호, 과잉관심이 아들을 분화시키지 못하고, 성인아이로 자라게 하여 문제의 사람으로 성장시키는 것이지요. 이 관계는 며느리에게로 이어져 며느리를 힘들게 합니다. 자매님이 모시고 계시는 시어머니도 위에 진술한 타입에 속하지 않나 생각됩니다. 어쩌면 그러한 시어머니의 생활방식이 자매님이 자라면서 친정 어머니로부터 받은 양육방식이나 태도와는 너무 많이 달라서, 이해되지 않는 부분들이 많아 혼돈이 오기도 할 것입니다.

시어머니는 당신이 선택한 남편의 어머니입니다. 지금 그분의 생활방식을 바꾼다는 것은 참으로 어려운 일입니다. 그분 자신이 스스로 노력한다면 몰라도. 특히 며느리의 입장에서 시어머니의 삶의 태도를 바꾸려고 하는 것은, 그분에게 있어서는 큰 반란이라고 생각하여 더 고된 시집살이를 강요할 수도 있습니다.

성숙한 사람들은 자신의 선택에 책임을 질 줄 아는 사람입니다. 그러므로 시어머님의 행동에 좀 여유를 갖고 관대해질 필요가 있습니다. 더 열심히 정성껏 섬기며 포용하십시오. 사랑은 모든 허물을 덮는다고 하였습니다. 자매님의 넓은 사랑과 아량이 시어머님과의 갈등을 해결해 주셨으면 합니다.

둘째로는 자매님과 시어머니와의 대화 패턴에 대하여 말씀드리고자 합니다. 어느 자매님은 친정어머니와는 대화가 잘되는데, 시어머니와 대화를 하게 되면 가슴이 답답하고 두근거리며 커다란 장벽에 부딪힌 기분이라고 말합니다.

왜 친정 어머니와는 대화가 그렇게 잘 되는데 시어머니와는 대화가 안 될까요? 그것은 신뢰관계 때문이라고 생각합니다. 친정 어머니는 자매님이 무어라고 말씀하시든지 간에 비난과 꾸중보다는 이해와 사랑으로 격려해 주기 때문이지요. 설사 비난과 꾸중을 하신다 해도 친정 어머니 마음의 근본은 사랑이 전제되어 있다는 것을 알기 때문입니다. 그래서 똑같은 꾸중이라 할지라도 친정 어머니의 꾸중은 결코 고깝게 들리지 않고 고맙게 들리는 것이지요.

그러나 시어머니와의 관계는 사랑과 신뢰의 관계라기보다는 의무와 책임의 관계가 더 크다고 봅니다. 똑같은 말씀을 하여도 시어머니의 말은 질책이나 비난으로 들리기 때문에 상호이해가 힘들며 서로가 마음을 열고 대화하기가 힘들어집니다. 그러므로 시어머니와의 대화 패턴을 친정 어머니와 하듯이 솔직하게 애정을 갖고 대하는 것이 필요합니다. 처음엔 어렵지만 노력하면 이루어집니다.

또 글 내용 중에 시어머님의 말씀이 종잡을 수가 없고 혼돈이 온다고 하였는데, 시어머님께서 때때로 자매님에게 이중 메시지를 보내지 않나 생각해 봅니다. 메시지는 보내는 사람의 전달 내용이 분명해야 하는데, 이중 메시지는 전달내용이 분명하지 않고, 또 전달내용을 수신자가 수행했다 할지라도 전달자가 결코 만족할 수 없는 메시지입니다.

때로는 말의 내용과 보내는 사람의 표정이 상반되어 메시지를 받는 사람이 혼란과 혼돈을 경험하게 됩니다. 그래서 이중 메시지를 오래 받게 되면 자존감이 낮아지고 자신감이 없어지며, 자신이 점점 바보가 되어가는 느낌을 받게 되어 정신적인 문제가 생길 수 있습니다.

그러므로 시어머님과 대화를 할 때는 마음을 열고 솔직하게 그리고 명료하게 대화를 하도록 노력하십시오. 그리고 시어머님과의 대화 내용을 다시 한 번 자매님 자신의 말로 반복하여 시어머님께 말씀 드리세요. 시어머님께서 후에 다른 내용의 말씀을 하지 않도록 확실히 할 필요가 있습니다. 또 참는 것만이 능사가 아닙니다. 희망을 갖고 변화된 미래를 바라보면서 참을 때, 그 인내가 보람이 있는 것이지, 미래에 대한 아무런 변화를 기대하지 않으며 그냥 혼자서 일방적으로 참는 것은 화병이나 정신적인 마음의 병을 얻기 쉽습니다. 그러므로 감정조절과 함께 시어머니를 이해하며 자신의 감정을 표현할 수 있도록 대화 훈련을 하시기 바랍니다.

자녀 양육에 관한 것도 시어머니의 방법은 구식이라고 일방적으로 일축하기 보다는 대화를 통하여 시어머니 방법을 이해하면서 자매님의 현대식 자녀양육 방식을 설명하여 시어머님께서 이해하실 수 있도록 노력하는 것이 필요하다고 봅니다. 이러한 모든 노력에 대한 결과는 시간을 두고 서서히 변화로 나타나기 때문에 조급하게 서두르지 마십시오.

마지막으로 짜증이나 화내는 일은 절제할 필요가 있습니다. 남편과 자녀에게 화풀이를 한다고 해서 결코 문제가 해결되는 것이 아니며, 오히려 문제를 더 깊게 얽히게 합니다. 화는 부정적인 에너지이기 때문에 화를 내면 낼수록 더 화가 나고, 자신이나 상대방이 더 미워지고 싫어집니다. 서로가 피해자가 되는 것이지요.

인간은 감정의 존재이기 때문에 때때로 우리의 뜻대로 되지 않을 때, 우리는 화를 내며 화를 낼 수 있습니다. 그러나 화는 자기 통제가 중요하며 통제가 가능할 때 자신의 감정을 말로 표현할 수가 있습니다. 자신을 통제하지 못하고 화나 짜증을 낼 때에는 자신과 상대방에게 너무 많은 피해를 주게 됩니다. 특히 가장 가까이에 있는 사람에게 화나 짜증을 낼 때 그 부정적인 영향은 참으로 큽니다. 그러므로 자신의 화의 감정을 절제할 줄 아는 성숙한 삶을 살아가시기 바랍니다.

"노하기를 더디 하는 자는 용사보다 낫고 자기의 마음을 다스리는 자는 성을 빼앗는 자보다 나으니라"(잠언 16:32).

17. 샌드위치 남편의 고민

저는 결혼생활 3년 된 남편입니다. 제 자신이 외아들이기 때문에 뭐라고 할 말은 없습니다. 그러나 고부간의 갈등은 영원한 것인지 묻고 싶군요. 저희 어머니와 아내와의 갈등은 제가 결혼한 이후로 거의 하루도 빠진 날이 없었어요. 어머니의 말을 들어 보면 어머니의 말이 옳은 것 같고, 아내의 말을 들어 보면 아내의 말이 옳은 것 같아 어느 장단에 춤을 추어야 할지 정말 난감할 때가 많았습니다. 그러나 그럴 때마다, 저는 주로 어머니 쪽에 서게 되었습니다. 왜냐하면 어머님이 지금의 제가 있도록 키워 주었기 때문이며, 연로하신 어머님이 이제 사신다면 얼마나 사시는가 하는 마음에서였습니다.

살아생전에 효도하는 것이 자식된 도리라 생각되어, 아내에게 조금만 더 참아보라고 애원할 때가 많았습니다. 그러나 아내는 섭섭하다며 불평만을 일삼습니다. 아내도 처음엔 참아보려고 노력하는 것 같더니만 언제부터인가 서로 점점 팽팽하게 맞섭니다. 서로가 아주 강한 성격의 소유자들이기 때문에 한 발짝도 물러나려 하지 않습니다.

요즈음은 제 자신이 너무 힘들어 직장에서도 일이 손에 잡히지 않고, 집에 가면 집은 더더욱 쉴만한 곳이 못됩니다. 어디론가 훌쩍 떠나고 싶은 마음 밖에는 없습니다. 어머니는 저에게는 그렇게 관대하면서 아내에게는 왜 그렇게 냉정하신지, 아내 역시 나에게는 그렇게 잘해 주면서 어머니에게는 왜 그렇게 공격적인지 도저히 이해가 가지 않습니다. 여자들은 다 이렇게 성격이 강하며 이중적인지요.

형제님, 어머니와 아내 사이에서 샌드위치 같은 입장이라 무척 힘드시겠군요. 글을 보내 주셔서 감사하구요. 시어머니와 며느리와의 갈등은 영원한 것인가에 대하여 물어오셨는데, 개인에 따라 다르긴 하지만 제 생각으로는 결코 영원하다고 보지는 않습니다. 서로가 사랑으로 이해하려고 노력한다면 얼마든지 갈등을 해결할 수 있습니다. 먼저 왜 같은 여자끼리, 그것도 한 집안에서 그렇게 갈등하며 살아야 하는지, 왜 갈등이 일어나고 있는지에 대하여 말씀드리고자 합니다.

첫째로, 가족 구조적인 면에서, 어머니가 며느리를 보게 되면 같은 여자라는 조건 때문에, 자신의 위치에 대하여 불안과 위기의식을 느낄 수 있습니다. 어머니와 아내는 결혼을 함으로써 자신의 본가를 떠나 남편의 집에 들어왔기 때문에, 어찌 보면 시집 온 며느리의 위치는 거의 없는 것과 같지요.

따라서 그 집안에서 위치를 확고히 하기 위해서는 자녀를 낳아야 하는데, 그것도 아들을 낳아야 자신의 위치가 더 견고하고 안정됩니다. 아들로 말미암아 자신의 위치가 견고해지니까 시집 온 여자는 자신의 아들을 있는 정성 없는 정성을 다 쏟아 키우게 됩니다. 이러한 이유로 어머니와 아들 간에는 특수한 애정의 밀착 관계가 성립됩니다.

이렇게 돈독한 애정관계로 묶여진 모자관계에 어느 날 며느리가 들어옴으로써 어머니의 심리적 아성이 무너지게 되는 것이지요. 반면 며느리는 며느리대로 남편 한 사람만을 믿고 시집을 오게 되었고, 부부는 일심동체라는 말을 철썩 같이 믿고 들어왔습니다. 때문에 남편과 친밀한 관계를 유지하려고 하는 것은 당연한 일인데, 친밀한 관계를 유지하려고 하면 그 자리에 시어머니가 버티고 있으니까 눈치를 보게 되며 시어머니를 부부 애정관계의 침략자로 보게 되는 것이지요.

그러니까 한 남자를 애정관계의 대상으로 놓고 시어머니는 기득권을 빼앗기지 않으려고, 며느리는 기득권을 쟁취하려고, 서로 경쟁과 질투가 시작되는 것이지요.

그리고 고부간의 갈등은 때대로 시부모님의 부부관계를 반영하기도 합니다. 즉 시부모님의 부부관계가 좋으면 고부간의 관계가 좋고, 시부모님의 부부관계가 갈등관계이면 고부간의 관계도 갈등관계일 가능성이 높다는 연구가 있습니다. 어떤 면에서 시부모의 부부관계와 고부관계는 정비례한다고 볼 수 있습니다.

시어머니와 며느리는 결혼으로 말미암아 본가를 떠나 시댁에 들어온 같은 유형의 여자이기 때문에 더 잘 이해하고 더 가까울 수도 있는데, 가까운 관계보다는 갈등과 어려운 경쟁의 관계로 가는 것이 통례인 것 같습니다. 그래서 시어머니는 아무리 잘해 주어도 "그래도 시어머니는 시어머니다"라는 말이 생기게 되었나 봅니다.

또 다른 갈등 요인은 시어머니와 며느리가 같은 여자로서 집이라는 같은 공간에 활동영역이 거의 같다는 것입니다. 같은 생활공간에서 거의 같은 집안일을 하는 주부라는 역할이 똑같습니다. 그런데 시어머니와 며느리는 서로 다른 가족 환경에서 살아왔기 때문에 서로의 경험이 다르고 가치관이 다르며 구세대와 신세대라는 세대 차이가 있습니다. 서로 다른 경험과 가치관은 같은 공간에서 활동하는 시어머니와 며느리에게 많은 갈등을 유발시킬 수 있는 조건을 허락하지요.

여기에서 시어머니는 자신의 위치와 권위를 내세우기 위해 집안의 가풍 운운하면서 며느리 하는 일, 행동 전반에 걸쳐 참견하게 되고, 자신의 위치에 위기를 느낄 때면 며느리 가정교육이 어떻고, 요즈음 신세대들은 아무것도 모른다는 식으로 인격 모독에 가까운 말을 하게 되어 갈등이 심화되어 가는 것입니다. 시어머니는 이미 가지고 있는 기득권과 권위로 며느리와의 힘겨루기에서 일방적으로 이길 수밖에 없지요. 때문에 우리의 선조들은 그 모진 시집살이를 잘 견뎌내도록 벙어리 3년, 귀머거리 3년, 장님 3년이라는 말을 시집가는 딸에게 해 주게 되었지요.

요즈음 신세대 며느리에게 그렇게 지내라고 하면 택도 없는 소리라고 할 것입니다. 벙어리, 귀머거리, 장님으로 보내라고 하는 말은 며느리에게 완전히 입과 눈과 귀를 봉하고 살라는 말은 아니었을 것입니다. 우리 선조들이 의미했던 것은 해서는 안 될 말은 벙어리처럼 말하지 말고, 들어서는 안 될 말은 귀머거리처럼 못 들은 척하고, 보아서는 안 될 것은 장님처럼 못 본 척하면서 살라는 것이었지요. 이렇게 9년을 살다 보면 아들 딸 낳아 자신의 위치도 견고해지고 그렇게 사는 동안 시댁에 적응이 되어 행복한 삶을 누릴 수 있을 것이라는 우리 선조들의 지혜라고 생각합니다. 그러므로 좋은 말, 들어서 좋은 말, 보아서 좋은 것들은 얼마든지 말할 수 있었으리라 생각됩니다.

요즈음 신세대들이 최소한 벙어리 1년, 귀머거리 1년, 장님 1년, 도합 3년을 이러한 방식으로 살아간다면 얼마나 좋겠습니까? 신혼부부들이 그렇게 실행한다면 결혼생활 적응은 말할 것도 없고, 이혼하는 사람도 거의 없을 것이며, 모두가 행복한 결혼생활을 할 것입니다.

마지막으로 형제님께 드리고 싶은 말은, 어머니와의 관계에서 분화가 이루어져야 아내와의 관계가 원만해지고 부부생활이 행복해집니다. 어머니와 아들과의 관계는 그 동안 아주 가깝게 밀착되어 왔는데, 이제는 그 밀착 관계에 어느 정도 거리를 두어야 합니다. 약간의 거리를 두어야 아내가 들어갈 공간이 생기며 그 공간에 아내의 위치가 만들어집니다. 이것이 바로 분화의 개념입니다.

고부간의 갈등에서는 남편의 위치가 중요하며 남편의 중재가 중요합니다. 특수한 경우를 제외하고는 남편의 위치는 중립이어서는 안 됩니다. 남편이 중립에 있게 되면 고부간의 갈등은 영원하게 됩니다. 결혼 후 남편의 위치는 아내 쪽으로 기우는 것이 부부행복과 가정의 평화에 유익합니다.

남편의 위치가 아내 쪽으로 기운다고 해서 어머니를 공경하지 말라는 것은 아닙니다. 뿐만 아니라 아내의 불의한 행동에도 아내 쪽에 서있으라는 말은 아닙니다.

남편은 친밀한 관계의 수평적 측면에선 아내 쪽에 서 있어야 하며, 공경과 존경의 상하 관계적 측면에선 어머니 쪽에 서 있어야 합니다. 이 수평적 관계와 상하 관계적 측면에 조화를 이룰 때, 고부간의 갈등은 쉽게 해결 될 수 있습니다.

형제님, 부부 친밀의 관계와 부모 공경의 관계를 지혜롭게 대처하여 평화로운 가정생활을 유지하시기 바랍니다.

18. 재혼가족의 갈등을 해결해 주세요

저는 요즈음 심각한 고민이 있어 밤이면 잠이 잘 오지 않습니다.

저의 시어머니는 서모이면서 본인이 시집오셔서 낳은 아들들이 있고, 전처의 소생들도 있습니다. 서모인 어머니는 전처의 소생들과 관계가 원만하지 못하고, 어머니가 욕심이 많아 재산을 거의 독점하다시피 하고 있습니다. 그러니까 저의 남편이나 저, 그리고 나이 드신 시아주버님 내외분께서도 이복 형제와의 관계가 그렇게 좋지가 않습니다.

아버님께서 이 관계를 잘 정리해 주셔야 하는데 아버님은 거의 100% 어머니 편에 서 계시니까 남편이나 시아주버님 쪽과는 관계가 아주 소원합니다. 그리고 명절이나 무슨 때에 가족이 모여도 분위기가 냉랭하고 아주 무겁습니다.

요즈음 시어머님 건강이 좋지 않아 병원에 입원하고 계시는데, 시어머님이 전처 자식들과 화해하지 않고 갈등의 상태로 돌아가시면 형제간에 가족 분쟁이 일어나지 않을까 걱정이 됩니다. 기독교인인 제가 어떻게 관계를 완화시키고 싶은데 마땅한 방법이 생각나지 않는군요.

자매님의 가족관계를 한 단락의 글로 이해하기는 어렵습니다만, 서모와 전처 자녀와의 가족관계에서 오는 갈등관계인 것 같습니다. 먼저 자매님께서 가족 간의 갈등을 해결하고자 노력하는 마음이 참 아름답습니다.

자매님께서 보내 주신 문제는 재혼가정에서 흔히 겪게 되는 가족 간의 갈등문제라고 생각합니다. 재혼가정에서 가장 어려운 점이 새로 들어오신 새엄마 또는 새아버지와 자녀간의 적응문제입니다. 특히 전처의 자녀들과 현재 어머니와의 관계, 그리고 현재 어머니의 자녀들과 서로 혼합된 형제관계가 큰 문제입니다. 재혼가족에서 야기될 수 있는 많은 가족갈등의 문제요인들이 있습니다만, 지면관계상 일반적인 것 몇 가지만 요약해서 말씀드리고자 합니다.

첫째로, 갈등의 요인은 전처 자녀에 대한 부모님의 차별대우입니다. 인간은 누구나 사랑받기를 원하며 정당하게 대우받기를 원합니다. 자녀들이 자랄 때 어머니의 죽음은 큰 슬픔이었을 것이며 마음의 큰 상처였을 것입니다. 다행히 새엄마가 들어오시어 전처 자녀들의 마음의 상처를 잘 다독거리며 격려해 준다면, 큰 위로가 되고 쉽게 새엄마와 가까워지며 서로 사랑하고 사랑받는 관계로 발전할 것입니다.

그런데 새엄마가 전처 자녀들에게 사랑을 보여주기보다는 차별대우를 하여 마음의 상처를 더해 준다면 이것은 큰 문제이지요. 거기에다 아빠마저 엄마 편에 서 있게 되면 자녀들은 새엄마가 아버지의 사랑마저 빼앗아버린 미운 엄마, 고약한 엄마라고 생각하면서 소외된 감정을 갖고 성장할 것입니다.

자라면서 어린 자녀들의 마음 속에 미운 엄마라는 이미지가 새겨지면 새엄마가 하는 모든 일에 수긍하기보다는 불만으로 대응하기 쉽습니다. 그러다 보면 가족관계는 화목하고 원만한 관계로 발전하기보다는 매우 불편하고 소원한 관계로 발전되어, 서로 미워하고 반목하는 역기능 가족의 분위기를 창출하게 됩니다.

둘째로, 아버지의 역할 혼돈으로 가족 간의 갈등이 심화되는 사례들이 많이 있습니다. 자매님 가정에서 시아버지가 재혼했으므로 이 가정의 갈등의 문제를 효과적으로 해결하실 분은 바로 시아버지라고 생각합니다. 아버지는 가족 구조적인 면에서 가장 높은 지위를 가진 한 가정의 지도자입니다. 새로 맞이한 아내와 전처 자녀와의 관계에서도 한가정의 머리인 지도자로서 화목한 가정을 이끌어 가야할 책임이 있습니다.

훌륭한 지도자는 자신에게 주어진 권위를 가지고 명령과 질책, 요구를 강요하기보다는 사랑으로 구성원들을 돌보며 섬기는 자 일 것입니다. 예수님처럼 “내가 섬김을 받으러 온 것이 아니라 섬기러 왔노라”라는 말씀처럼 훌륭한 지도자는 어느 한쪽에 치우치기보다는 모두의 이야기를 들어 중립의 위치에서 객관적으로 일관성 있게, 정당하고 타당하게 판단할 줄 아는 지혜를 갖춘 자 일 것입니다. 특히 재혼가족의 아버지는 객관적이고 일관성 있는 행동과 함께 사랑과 지혜가 더욱 필요하다고 봅니다.

어떠한 종류의 갈등이든지 갈등은 불편한 것입니다. 그 갈등이 가족관계에서 오는 것일 때 더욱 힘들지요. 어머님이 돌아가시기 전에 가족 간에 쌓인 마음의 상처들을 서로 꺼내 놓고 마음에 맺힌 한을 푸는 것이 좋겠습니다.

우리의 전통적 가족구조는 한 가족 안에서 다른 사람들이 어떻게 느끼고 반응하며 행동 하는가 등의 감정적인 면은 거의 도외시해 왔습니다. 자신의 느낌과 생각을 표현하는 의사 전달방식이 폐쇄적이었으며 문제해결 방식이 극단적이었습니다.

때문에 살아생전에 경험한 갈등이나 미움들을 해결하지 못하고 마음 속에 미해결 과제로 묻어 두고 세상을 떠나는 분들이 많았습니다. 이러한 미해결된 과제들은 살아있는 가족들의 전반적인 가족생활에 많은 역기능을 초래하게 되었습니다.

그러므로 자매님이 하실 일은 먼저 어머님을 찾아가 감사의 말씀부터 전하십시오. 내 자식 키우기도 힘이 드는데 전처의 자식들을 키운다는 것은 여간 힘든 일이 아닐 것입니다. 어머님의 잘잘못을 따지기 전에, 사정이야 어찌 되었든, 어머님께서 지금까지 집안을 지켜 주신 것만으로도 감사할 일이라는 생각이 듭니다. 어머님의 그 동안의 노고를 치하해 주시고 그 동안에 겪었을 마음고생들에 대하여 인정해 주십시오. 어머님의 마음을 이해하고 인정해드릴 때, 어머님께서 마음을 여시고 마음에 쌓인 것들을 하나 둘씩 꺼내 놓을 것입니다.

셋째로, 자매님 자신이 가족들 한분 한분을 만나면서 서로에게 쌓인 감정들을 자연스럽게 꺼내 놓을 수 있도록 그분들의 감정을 인정해 주고 존중해 주십시오. 그 후에 온 가족이 함께 모여 대화할 시간을 마련하십시오. 중요한 것은 가족구성원들이 자매님의 노력으로 변화가 있을 것이라는 긍정적인 사고를 갖는 일입니다.

나이 드신 분들에게 변화란 쉬운 것은 아니겠지만, 기도하면서 화평케 하는 자의 복을 열망하십시오. 마음에 쌓인 과거의 악몽 같은 사건들, 이미 일어난 과거의 사건들을 변화시킬 수는 없지만, 그 사건으로부터 받은 영향, 즉 그 사건으로 인하여 갖게 된 현재의 좋지 않은 감정들은 변화시킬 수 있습니다. 그것은 과거를 수용하고 이해하며 감사할 때, 가족 간의 미움이나 갈등들로부터 자유로워질 수 있으며 문제가 해결될 수 있습니다.

넷째로, 우리는 모두 우리 자신이 삶의 주인공이며 주체입니다. 그러므로 우리는 우리의 삶의 순간순간을 결정하고 선택해야 합니다. 가족 간의 문제해결의 열쇠 역시 우리 자신 스스로에게 있음을 알려 주시고, 과거의 부정적인 방식이 아닌 새롭고 긍정정인 대화의 방식을 선택하여 서로의 느낌이나 감정을 개방할 수 있도록 가족모임의 기회를 제공해야 합니다. 서로의 감정을 개방할 때 가족 간의 감정의 공유가 일어나게 되며 감정의 자유함을 얻게 됩니다.

마지막으로 재산이 있다면 재산에 대한 욕심을 줄이고 서로에 대한 이해타산을 줄이는 것입니다. 욕심이 잉태한즉 죄를 낳고 죄가 장성한즉 사망을 낳는다(약 1:15)고 성경은 말합니다. 욕심은 항상 화를 부르게 되어 있습니다.

욥기에 나와 있는 것처럼 우리는 적신으로 왔다가 적신으로 돌아가는 자임을 깨달아야 할 것입니다. 주신 자도 여호와시요 취하신 자도 여호와시니 오직 여호와의 이름만이 찬송을 받으실 것입니다. 우리는 우리에게 주어진 현재의 것들에 자족하고 주신 자에게 감사하며 찬양드릴 것밖에 없지요. 자매님, 주님 안에서 승리하시고 화평케 하는 자의 축복을 누리시기 바랍니다.

19. 좌절의 계곡에서

저는 중소기업 사장인 남편과 두 자녀를 둔 50을 바라보는 중년 여인입니다. 너무나 답답해서 펜을 들기는 했지만 무엇을 어떻게 써야 할지 갈피를 잡을 수가 없군요.

저는 지금까지 고생이라는 걸 모르고 살아왔습니다. 제가 어린 시절, 보릿고개가 있어 많은 사람들이 어려웠던 그 시절에도 부모님 덕분에 남이 부러워하는 유복한 가정에서 티 없이 맑게 자랄 수 있었고, 대학도 내가 원하는 곳에 진학하여 마음껏 내 재능을 키울 수 있었습니다.

남편도 능력과 재력을 갖춘 사람이어서 그런대로 결혼생활도 평탄하게 유지해 올 수 있었습니다. 저의 일생을 뒤돌아보면 너무나도 평탄하고 안정된 삶이었던 것 같습니다.

그런데 요즈음 중소기업들이 자금난을 겪고 있다는 것을 박사님도 아시지요. 작년부터 몇 차례의 부도 위기와 함께 남편의 회사 운영은 힘들어지고, 그와 함께 우리 가정은 풍전등화와 같은 나날을 보내고 있습니다. 생전 겪어 보지 못했던 위기가 엄습해 오며 나의 목을 조르고 있습니다. 아파트 고층에서 뛰어내릴까 하는 자살 충동을 느끼기도 하며 죽음이 이 모든 것을 안아줄 것 같은 착각에 빠지기도 합니다.

그러나 현실로 돌아와서 보면 중학생이 된 막내가 그렇게 불쌍할 수가 없습니다. 내 죽음 뒤에 자녀들이 당할 수모 등을 생각하니 차마 자살을 단행할 수가 없었습니다. 그러나 삶은 여전히 힘들고 어떻게 자신을 추스려야 할지 막막합니다. 아이들과 교회는 나가고 있지만, 믿음도 없는지라 나에게 이러한 시련을 주신 하나님이 원망스럽기만 합니다. 어떻게 이 고난을 헤쳐 나가야 할지 막막합니다.

굉장히 힘들고 어려운 상황에서 상담을 요청해 주신 것에 먼저 감사를 드립니다. 자매님의 글을 읽으며 저 역시 이 문제에 대하여 어떻게 도움을 줄 수 있을까 고심해 보았습니다.

요즈음 자금 회전이 여의치 않아 중소기업들이 많은 어려움에 처해 있다는 것을 저도 매스컴을 통하여 잘 알고 있습니다. 제가 알고 있는 어려움의 정도가 실제 부딪히고 있는 자매님의 어려움의 정도를 얼마나 헤아릴 수 있을지는 모르겠습니다만, 주님이 주시는 지혜로 도움을 드리고자 합니다.

자매님의 지나간 날들이 더없이 안정되고 행복한 나날들이었기에 현재 직면해 있는 시련 앞에서 더 힘들어하지 않나 생각해 봅니다. 우리의 인간사는 누구에게나 희로애락으로 점철된 굴곡이 있는 삶이라고 생각됩니다.

항상 성공과 기쁨만이 계속되거나 또는 좌절과 슬픔만이 계속되는 것은 아니지요. 우리의 삶이 항상 성공과 기쁨의 연속이라면 우리는 너무나 쉽게 교만해질 것입니다. 그리하여 자신의 능력으로 성공한 것처럼 '하나님이 누구냐? 나는 하나님을 모른다' 할 것이며 반대로 우리의 삶이 너무나 많은 실패와 좌절의 연속이라면 이것 역시 '하나님이 계신다면 어찌 이럴 수가!'라며 하나님을 쉽게 배반하며 뒤돌아설 것입니다. 하나님은 친히 우리를 창조하셨기에 우리의 속성을 너무도 잘 압니다. 우리의 교만과 좌절로 하나님을 등질까 봐 하나님께서는 우리에게 필요한대로 가장 적절한 때에 성공과 실패를, 기쁨과 슬픔을 허용하시면서 인생의 아름다운 삶의 곡선을 그리도록 하십니다. 그 하나님은 우리의 성공뿐만이 아니라 실패까지도 요긴하게 사용하십니다.

자매님, 좌절의 계곡에서 심히 괴로울 때 먼저 주님을 바라보십시오. 하나님이 아주 멀리 계시어 침묵하고 나를 외면해 버린 것 같은 그러한 암담한 상황에서 주님을 바라보십시오. 좌절의 늪 속에서 '하나님, 왜 저에게 이런 가혹한 시련을 주시나이까? 왜 하필이면 저입니까? 당신은 살아계십니까?'라고 절규하는 상황에서도 주님을 바라보십시오.

하나님은 우리를 너무나 사랑하시기에 우리가 감당할 시험만을 허락하시고 시험당할 즈음에 또한 피할 길을 내사 우리로 능히 감당하게 하신다(고전 10:13)고 말씀합니다.

자매님이 눈을 들어 주님을 바라볼 때 멀리 계셨던 그 하나님, 침묵하고 계셨던 그 하나님께서 인자한 모습으로 당신 곁에서 자매님을 붙드십니다. 제가 항상 힘들고 어려울 때면 읊조리는 시가 있습니다. 이 시를 통하여 주님의 큰 위로가 있기를 기대합니다.

발자욱 (Foot Prints)

어느 날 나는 꿈을 꾸었네.
주님과 함께 해변 가에서
거니는 모습을

나는 보았네.
모래 위에 나와 있는
두 개의 발자욱들을
하나는 주님의 발자욱
하나는 나의 발자욱

나는 또 보았네.
두 발자욱의 모습에서
지나간 나의 과거 생활들을

그 곳에는
한 개의 발자욱만이 남아있는 것도 보았네.
한 개의 발자욱만 남아있는 그 곳은,
나의 생애에
가장 어렵고 힘든 때였던 것을 나는 알았네.

내 마음 속에 갈등이 일었네.
왜 주님은
내가 가장 필요로 할 그때에
내 곁을 떠나셨을까?

나는 물었네.
주님, 저에게 말씀하셨지요.
내가 주님을 믿고 따르기로 결심할 때에
주님께서 항상 같이 하시겠다구요.
그러나, 보십시오.
내가 가장 어렵고 힘든 때에
주님은 내 곁을 떠나셨어요.

주님은 대답하였네.
나의 사랑하는 아들아,
나는 결코 네 곁을 떠나지 않았었노라.
네가 가장 힘들 때에
너 홀로 걸어갈 수 없을 그때에
내가 너를 안았노라.
그 하나의 발자욱은
나의 발자욱이었노라 하였네.

둘째로 하나님을 의지하십시오.

우리의 작은 머리로 생각할 때에 모든 것이 막혀 있어서 암담해 보이고 숨쉴 곳이라고는 바늘구멍만큼도 없는 것 같습니다. 희망이 없고 좌절의 연속일 것 같습니다. 그리하여 최후의 가장 안전한 수단이 자살일 것 같은 충동과 혼돈이 옵니다. 그러나 자살은 결코 좋은 해결방법이 아닙니다. 인간의 힘으로 도저히 헤쳐갈 수 없는 상황에서도 주님을 보라보며 그를 의지할 때 다윗 왕이 불렀던 승리의 노래가 자매님의 승리의 고백이 될 것입니다.

"내가 환난 중에 여호와께 부르짖었더니 내게 응답하셨도다. 여호와여 주는 나의 등불이시니 여호와께서 나의 흑암을 밝히시리이다. 내가 주를 의뢰하고 적군에 달리며 내 하나님을 의지하고 성벽을 뛰어넘나이다.

하나님의 도는 완전하고 여호와의 말씀은 정미하니 저는 자기에게 피하는 모든 자에게 방패 시로다"(시 120:1, 삼하 22:30~31).

셋째로 감사의 생활을 하십시오.

'왜 하필이면 저 입니까?'라고 반문, 불평하기보다 '저에게 이러한 고난을 주심에 감사합니다'라는 감사의 고백이 있을 때 고난은 축복으로 전환될 것입니다. 욥은 고난을 통하여 귀로만 듣던 주님을 눈으로 보는 영적 축복과 함께 갑절의 물질적인 축복도 받았습니다. 자매님에게도 욥에게 주셨던 그 축복이 함께 하기를 기원하며 주님과 함께 하는 승리를 기대합니다.

저자 소개

❐ **약　력**

서울교육대학교, 사회교육 전공
미국 Manhattan Christian College, 기독교교육 전공
이화여자대학교 신학대학원, 목회상담 전공(석사)
미국 Kansas State University, 청소년상담 전공(석사)
미국 Kansan State University, 가족상담 · 가족생활교육 전공(박사)
고신대학교 가정복지학과 교수
한국결혼 · 가족상담학회 회장
한국기독교상담 심리치료학회 부회장
한국상담학회 가족상담학회 부회장
(현) 백석대학교 상담대학원 원장
　　한국상담대학원협의회 회장
　　가족상담 수퍼바이저, 기독교상담 수퍼바이저
　　미국공인 가족생활교육 전문가(CFLE)
　　한국 가족생활교육 전문가
　　한국가족상담교육연구소 이사 및 전문상담위원

❐ **저서 및 역서**

이마고 부부치료,　가족생활교육론,
가족 놀이치료, 행복한 결혼생활 만들기,
가족치료 이론과 기법,
가정폭력치유 프로그램,
형이 동생에게 주는 사랑의 노래,
부부대화법-부부가 함께 말하기와 듣기

❐ **논　문**

이마고 부부치료 내용의 타당성과 적용 효과성 연구,
중년기 부부상담과 이야기치료적 접근,
부부관계 향상을 위한 이마고 부부치료 연구,
기독교적 관점에서 본 Satir 가족치료,
사회심리적 변인에 의한 중년기 부부 위기감 연구,
한국인의 결혼유형과 건강한 결혼 관련 변인 연구,
학교폭력에 대한 청소년들의 심리적 행동적 학교적응강화 프로그램 연구,
대학 내 성희롱·성폭력 예방을 위한 프로그램 연구 외 다수

행복한 결혼 위기의 결혼

초판발행 2006년 8월 25일
5판발행 2014년 8월 30일

저자와의
협의하에
인지생략

저 자 송 정 아
발행인 김 현 태
발행처 태영출판사

주 소 (152-705) 서울 구로구 구로동 104-10 동남오피스텔 201호
전 화 02 · 839-3757, 839-3752
팩 스 02 · 837-3754
등 록 2005년 5월 30일 제12-421호
홈페이지 http://www.taeyeongbook.co.kr
E-mail tys2005@hanmail.net
ISBN 89-91777-52-X 93370
정 가 11,000원

* 잘못 만들어진 책은 교환해 드립니다.